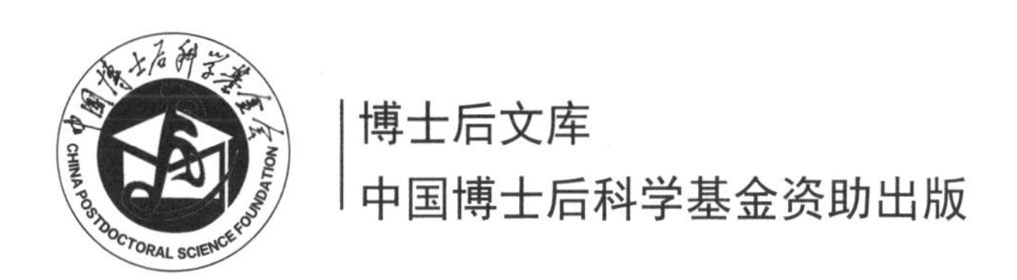

博士后文库
中国博士后科学基金资助出版

采动影响下岩体变形与工程应用

程健维　著

科学出版社
北京

内 容 简 介

本书独辟蹊径，将经典的基于影响函数法的对地表移动、变形预测的模型引入对地下岩层下沉及水平变形的描述当中，通过参数的改造及相关的模型推导，建立一整套新的岩体内部岩层移动变形二维计算模型，并推广三维条件下的数值模型。讨论由于连续采动引发的上覆岩层移动变形动态条件下对岩层孔隙率、渗透率变化的影响，建立应变-孔隙率-渗透率模型。应用建立的岩体内部岩层移动变形模型解决采矿安全工程领域中的工程问题，本书重点展示解决水体下采煤及工作面瓦斯抽采巷道优化等开采方面遇到的安全问题。

本书概念清晰、结构合理、可读性强，可供矿山生产管理、科研、设计部门的工程技术人员参考，也可用作高等院校采矿工程、安全工程专业的相关教学参考用书。

图书在版编目（CIP）数据

采动影响下岩体变形与工程应用 / 程健维著. —北京：科学出版社，2019.6

（博士后文库）

ISBN 978-7-03-061660-9

Ⅰ. ①采… Ⅱ. ①程… Ⅲ. ①采动－影响－围岩变形－研究 Ⅳ. ①TU454

中国版本图书馆 CIP 数据核字（2019）第 116765 号

责任编辑：李涪汁 沈 旭 石宏杰 / 责任校对：杨聪敏
责任印制：师艳茹 / 封面设计：许 瑞

科学出版社 出版

北京东黄城根北街 16 号
邮政编码：100717
http://www.sciencep.com

中国科学院印刷厂 印刷

科学出版社发行 各地新华书店经销

*

2019 年 6 月第 一 版 开本：720×1000 1/16
2019 年 6 月第一次印刷 印张：14 1/4
字数：287 000

定价：99.00 元

（如有印装质量问题，我社负责调换）

《博士后文库》序言

1985 年，在李政道先生的倡议和邓小平同志的亲自关怀下，我国建立了博士后制度，同时设立了博士后科学基金。30 多年来，在党和国家的高度重视下，在社会各方面的关心和支持下，博士后制度为我国培养了一大批青年高层次创新人才。在这一过程中，博士后科学基金发挥了不可替代的独特作用。

博士后科学基金是中国特色博士后制度的重要组成部分，专门用于资助博士后研究人员开展创新探索。博士后科学基金的资助，对正处于独立科研生涯起步阶段的博士后研究人员来说，适逢其时，有利于培养他们独立的科研人格、在选题方面的竞争意识以及负责的精神，是他们独立从事科研工作的"第一桶金"。尽管博士后科学基金资助金额不大，但对博士后青年创新人才的培养和激励作用不可估量。四两拨千斤，博士后科学基金有效地推动了博士后研究人员迅速成长为高水平的研究人才，"小基金发挥了大作用"。

在博士后科学基金的资助下，博士后研究人员的优秀学术成果不断涌现。2013 年，为提高博士后科学基金的资助效益，中国博士后科学基金会联合科学出版社开展了博士后优秀学术专著出版资助工作，通过专家评审遴选出优秀的博士后学术著作，收入《博士后文库》，由博士后科学基金资助、科学出版社出版。我们希望，借此打造专属于博士后学术创新的旗舰图书品牌，激励博士后研究人员潜心科研，扎实治学，提升博士后优秀学术成果的社会影响力。

2015 年，国务院办公厅印发了《关于改革完善博士后制度的意见》（国办发〔2015〕87 号），将"实施自然科学、人文社会科学优秀博士后论著出版支持计划"作为"十三五"期间博士后工作的重要内容和提升博士后研究人员培养质量的重要手段，这更加凸显了出版资助工作的意义。我相信，我们提供的这个出版资助平台将对博士后研究人员激发创新智慧、凝聚创新力量发挥独特的作用，促使博士后研究人员的创新成果更好地服务于创新驱动发展战略和创新型国家的建设。

祝愿广大博士后研究人员在博士后科学基金的资助下早日成长为栋梁之才，为实现中华民族伟大复兴的中国梦做出更大的贡献。

中国博士后科学基金会理事长

前　言

煤炭作为我国工业发展的重要原料和基础能源，其工业的发展关系着我国国民经济的命脉，支撑着国家经济的可持续稳定发展。统计表明，尽管 2003 年以后，我国年度煤矿事故死亡人数呈逐年下降趋势，但事故死亡人数却仍然占全世界煤矿死亡总人数的 70%左右。长壁工作面开采强度大、速度快，煤层上覆岩层在短时间内应力平衡被破坏，会从直接顶到地面产生不同程度的位移变形，给井下开采活动及井上地面基础设施造成很大的影响和破坏。对上覆岩层在开采过程中沉陷规律进行研究，不仅可以提前充分预测开采沉陷所带来的影响，未雨绸缪早做准备，为煤矿安全生产提供保障，还有助于煤层采动卸压瓦斯抽采、指导煤矿地下水资源保护。因此，了解和掌握煤层采动条件下上覆岩层运移规律是实现煤矿绿色安全开采的重要基础，对开展煤层开采上覆岩层运移规律研究具有重要的理论与实践意义。

本书共分为 5 章。第 1 章介绍有关岩层移动与控制研究的现状，提出本书的研究内容及研究方法。第 2 章介绍开采沉陷导致地表移动变形研究，着重介绍影响函数法在其中的应用。第 3 章介绍开采沉陷导致岩体内部岩层移动变形研究，将第 2 章所述的影响函数法模型用于对地下岩层下沉及变形的预测，通过相关参数的改造与推导，建立一套新的岩体内部岩层移动变形二维计算模型，并推广至三维条件下的数值模型。第 4 章介绍采动影响下引发岩层渗透率变化的相关研究，讨论岩层移动变形对孔隙率、渗透率变化的影响，建立应变-孔隙率-渗透率模型。第 5 章应用建立的岩体内部岩层移动变形模型解决生产中的工程问题，重点展示解决水体下采煤及工作面瓦斯抽采巷道优化等开采方面遇到的安全问题，显示出模型良好的应用效果。

本书的研究成果得到了中国博士后科学基金面上项目（2015M581897）、中国博士后科学基金特别资助项目（2016T90528）、煤矿安全高效开采省部共建教育部重点实验室开放基金（JYBSYS2015108）、国家自然科学基金（513042032）、江苏省自然科学基金（BK20130191、BK20181355）、高等学校博士学科点专项科研基金（20130095120001）等科研项目的资助。成书过程中研究生李思远、赵刚和本科生戚凯旋做了相关内容的研究工作及大量的文本编辑工作，在此一并表示衷心的感谢！

由于本书所研究问题的复杂性，在未来的研究中，还需要在以下几个方面的问题做更加深入的探讨：①本书建立了针对倾斜煤层开挖后地表沉陷的预测模型，但是对倾斜煤层开挖后其上覆岩层的移动变形的微观特征没有给出清晰的描述；这对于揭示倾斜煤层采动后岩层运动的规律具有重要意义。②渗透率的变化影响因素很多，本书仅在宏观角度研究了岩石介质在变形条件下与渗透率的粗略关系，在低围岩应力状态下，由于裂隙的膨胀，剪切应变总是可以引起渗透系数的增加。但其适用范围仍主要受单一裂隙中立方定律的有效性和岩石基质及岩体变形弹性行为的限制，所以在使用时需注意其应用是否超出了适用范围。

由于作者水平有限，书中疏漏之处在所难免，敬请读者不吝指正。

程健维

2018年11月

于中国矿业大学

目　录

第1章 绪 论

1.1 引 言

我国能源资源储量的基本格局为“富煤、贫油、少气”，以煤炭为主的一次能源消费量在2011～2015年仍然保持在较高水平，如图1-1所示。“十二五”规划期间，煤炭、石油、燃气资源探明储量都有较大的增加。其中，燃气资源新增探明储量近$4.5\times10^{12}m^3$，石油新增探明储量超60×10^8t，而煤炭新增探明储量近$3\times10^{11}t$[1]。而我国作为世界上煤炭开采量最大的国家，每年都会开采和新探明大量的煤炭资源，2015年我国原煤产量为3.75×10^9t，换算为标准煤大约为2.68×10^9t。如图1-2所示，在2015年我国一次能源消费比例结构中，原煤贡献值占据了最庞

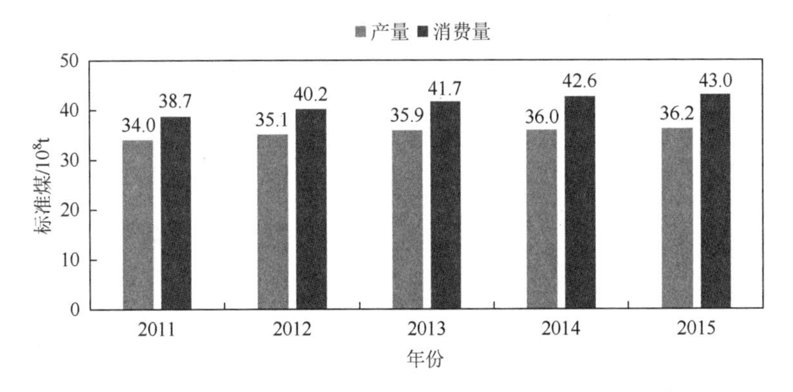

图1-1 2011～2015年中国一次能源产量与消费量变化情况

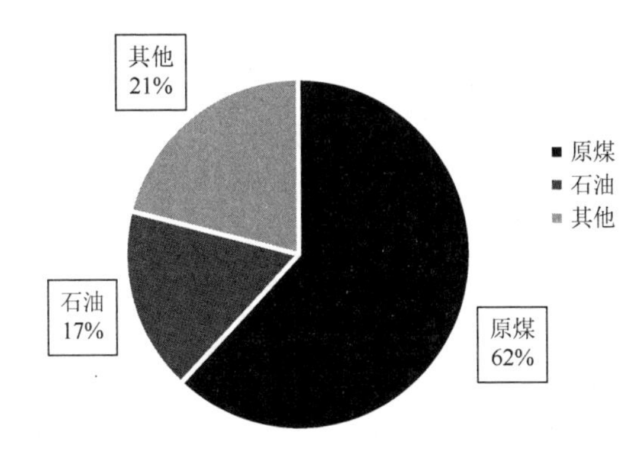

图1-2 2015年中国一次能源消费比例结构

大的份额，达到 62%，这也表明煤炭在我国能源结构中的主导地位。根据相关文献[2]的预计：即使到 2050 年，煤炭占我国一次能源消费比例也不会低于 50%。由此可见，煤炭作为我国一次能源的主体，在相当长的时期内不会产生较大的变化。煤炭资源在保障我国的能源安全方面同样发挥着举足轻重的作用，煤炭产量关乎国家经济社会发展的全局性、战略性稳定。然而大量煤炭资源在开采、运输等过程中产生的一系列连锁性的生态地质问题，成为制约煤矿矿区乃至因矿而兴的资源型城市、省份可持续发展的重要因素。

由于大量煤炭资源的开采，在地下会产生大面积的采空区，上覆岩层就会失稳垮落，这种岩层移动经过层层传播最后到达地表就表现为地表的下沉、沉陷和开裂。根据调查测算[3]，每开采 1×10^4t 原煤，采空区上方地表就会形成 50～800m^2 的土地沉陷，平均值为 200～300m^2，若以 2015 年我国总体原煤产量为基准进行计算，则在 2015 年我国因煤炭开采新增的地表沉陷面积可达到 75～112.5km^2。而在浅埋深、大采厚、赋存条件简单的矿区，如我国陕西省榆林市神府煤田，每万吨煤炭开采后会使高达 3100m^2 的土地发生沉陷，部分地区开采每万吨煤炭后地表沉陷面积高达 6000m^2[4]。该矿区某工作面上方地表出现不同程度的龟裂、裂缝，以及山体裂缝和漏斗状塌陷，现场图片如图 1-3 所示。上覆岩层在采动影响条件下的移动会引起地表沉陷，岩层内部形成的采动裂隙分布也会影响地下水层位的稳定，破坏区域地下水，导致地下水流失。如图 1-4 是地表水因开采沉陷的影响出现的不同程度的河流干涸和断流现象。同时开采沉陷还会在地表造成采动损害和其他的危害自然环境的衍生问题。

图 1-3 榆林市神府煤田地表开采沉陷

地下开采造成采空区上覆岩层垮落，进而传播所形成的地表沉陷，可能对地面建筑物、地表水系统和土地等造成巨大损害。与此同时，地层岩体移动可能对地下隧道、蓄水池及天然气管井等构筑物的稳定性产生巨大的影响。

图 1-4　榆林市神府煤田地表水资源破坏

许多研究工作和研究方法（理论分析、现场调研、数值模拟和物理模拟等）已被广泛应用于地表沉陷工程的预测研究。地表沉陷实际上始于在井下长壁工作面采煤形成的巨大采空区，采空区上覆岩层的垮落引起所有覆岩层的运动。一般具体描述为：由于开采活动的进行，煤矿采空区体积不断扩大，当采空区体积发展到足够大时，则开采矿层上覆的直接岩层将随即垮落，从而导致在直接岩层以上的上覆岩层继续弯曲并断裂；随着采矿活动的进行，该过程也持续不断地进行，直到垮落的岩块到达能够支撑悬顶的高度。此时，悬顶不再垮落，只是弯曲并支撑在下方地层或采空区落石上。岩层的弯曲则不断向上发展，直到地面，最终在地表形成了沉陷盆地。图 1-5 显示了长壁开采对上覆岩层的扰动形成的四个区域。

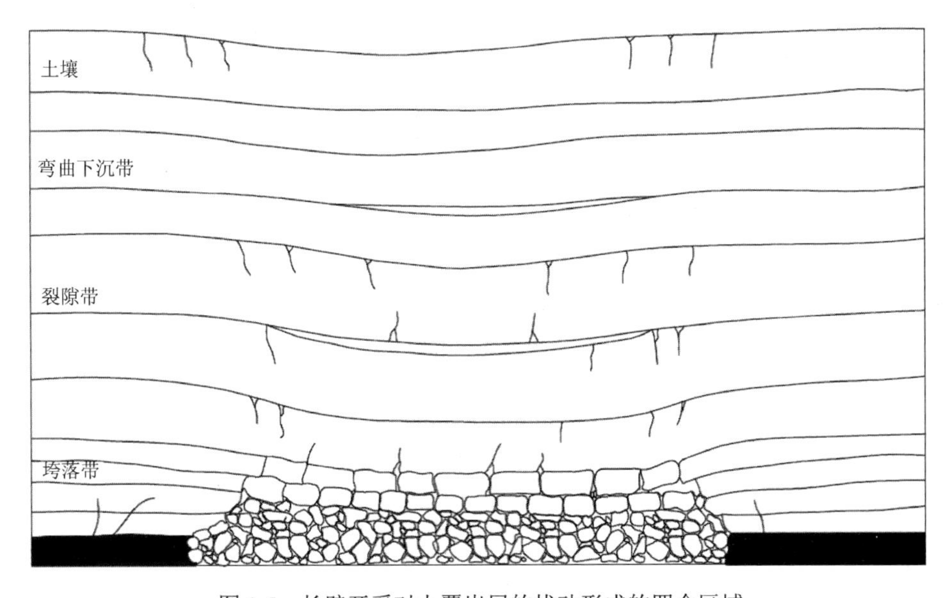

图 1-5　长壁开采对上覆岩层的扰动形成的四个区域

为了加深对大型煤矿采空区上覆岩层变形的理解，对地表下的岩层运动进行预测模拟是非常有必要的。而通过上一段的论述，地层岩层和地表下沉运动之间存在一定的联系，这就使得利用地表沉陷的理论来研究岩层的运动成为可能。因此，用于研究地表沉陷的许多方法和模型可以转而用于研究地表下岩层的沉陷。最常见的一种方法是采用多锚钻孔伸长计直接进行现场监测。一些研究人员[5-7]曾进行过地下沉陷的现场调查。2009 年，Du[8]安装了多锚钻孔伸长计来监测地下垂直运动。现场监测虽然可以提供直观的关于长壁开采时上覆岩层运动的第一手数据，但是由于经济成本巨大且操作耗时，所以这种方法并非最优的选择。

另外，理论分析、物理和数值模拟等其他方法[9, 10]，也常用于研究岩层的移动，每种方法都有各自的优势和劣势[11]。Kratzsch[12]和 Peng[13]做了一些分析和建模，研究地表下岩层的沉陷。用三种形式的本构模型来研究和预测单一与多个长壁工作面上方的岩层沉陷，在计算方法上采用有限元法来进行计算[14]。Whittaker 等[15]使用物理建模进行了一些实验室实验，研究不同地质条件的长壁工作面上的地面活动。他们详尽地描述了长壁开采地下岩层裂隙的发展，讨论了与维度有关的应变模式的意义及岩石强度方面地质背景的影响。有限元方法[16, 17]、有限差分法和边界元法[18, 19]也被用来预测开采水平到地面之间的地层运动的相互关系。Kwinta[20]进行了一项研究，预测地下沉陷引起的矿井周围水平和垂直的应力。Sheorey 等[21]适当地修改了影响函数法来预测不同形状和大小的长壁工作面的沉陷。Luo 和 Qiu[22]得出了一个改进的地下沉陷预测模型，涉及上覆岩层分层思想，即在长壁采空区的上覆岩层被分为几个有限数量的厚度相等的岩层，然后重复依次计算自开采水平到地面间的各层面，利用影响函数法进行岩层活动的预测。

大量现场经验和实验室研究表明，煤层开采后会引起上覆岩层的移动，进而在覆岩中形成采动裂隙，并成为井下各种流体（如瓦斯、漏风气体、水体等）运移的通道。通过研究矿区地质情况、开采方式、地貌特征等，应用岩层移动模型来发现采煤引起的岩层移动、地表沉陷的时间及空间规律，并对沉陷进行计算，进而对开采活动引起的地表沉陷进行有效地预防和控制；结合岩层移动模型研究采动覆岩应变-孔隙率-渗透率之间的关系，整体把握岩层移动应变及采动岩层渗透率分布，可以有效保障煤矿井下的安全生产。

1.2 本书研究的意义及目的

煤炭作为我国工业发展的重要原料和基础能源，其工业的发展关系着我国国民经济的命脉，支撑着国家经济的可持续稳定发展。国家“十三五”规划提出大力推进煤炭的清洁高效利用，并制定了“限制东部，控制中部和东北，优化西部”的煤炭资源发展战略，同时，大力推进煤炭基地的绿色化开采和改造，并鼓励采用新技术发展绿色煤电。由此可见，在我国的能源结构中，煤炭在一定时期内仍将处于主体地位，并在国民经济的发展中起到不可替代的作用。煤矿企业的安全生产是国家安全生产的重中之重，随着国家安全生产的监管力度的进一步增强、煤矿企业对其安全生产的重视程度的加强及全国相关领域科技工作者的不懈努力，我国煤矿安全事故的发生次数和死亡人数均大幅下降；同时，煤矿企业的安全生产形势开始呈现出持续好转的趋势。但是当前我国煤矿企业的安全生产形势仍旧很严峻，特别是煤矿瓦斯安全事故，依然是煤矿企业安全事故的预防重点。

长壁工作面开采强度大、速度快，煤层上覆岩层在短时间内应力平衡被破坏，会从直接顶到地面产生不同程度的位移变形，给井下开采活动及井上地面基础设施造成很大的影响和破坏。对上覆岩层在开采过程中沉陷规律进行研究，可以提前充分预测开采沉陷所带来的影响，未雨绸缪，为煤矿安全生产提供保障。

研究开采后煤岩层移动规律，开发相应的模型，主要可以解决如下问题：

（1）当上覆岩层产生位移、变形时，不可避免地会在岩体中产生裂隙和孔隙，这成为煤体中逸散出的瓦斯的聚集场所。瓦斯的大量聚集会成为煤炭开采过程中重要的安全隐患，一旦瓦斯大量地、意外地从裂隙中释放，容易引起瓦斯灾害事故。通过对瓦斯分布场和岩体裂隙场的耦合规律的研究，可以充分了解瓦斯分布的规律，优化瓦斯抽采系统的布置参数，高效抽采煤层瓦斯，降低瓦斯灾害发生的概率，避免造成人员伤亡、设备损坏及经济损失，达到安全生产目标。

（2）浅埋深煤层（150m 以内）具有薄基岩、上覆松散层较厚的赋存特征。以神东矿区为例，该区内各矿井开采的第一层煤（12 煤、22 煤或 31 煤），普遍距地表较浅，各矿井大巷全部采用条带式沿煤层布置，井田内无盘区划分，采用从大巷两翼直接布置长条带的方式，实行采煤面无隔离煤柱开采，形成以“大断面、低负压、多通道”为主要特点的矿井通风系统。回采工作面之间的煤柱宽 15～25m，每隔 50m 设置一个联络巷道。采空区之间联络巷道多，加之封闭不及时、封闭质量不好，上覆岩层的移动垮落导致采空区与地表经常连通，采空区漏风普遍存在。神东矿区各矿井主要采用抽出式的通风方法，随着下层煤的开采，上覆采空区内与开采煤层之间的漏风通道将更多、更复杂。如果防范措施不到位，采空区遗煤自然发火的可能性便会大大增加。充分预测开采沉陷所带来的影响，可以有效地找到漏风源与漏风通道，提前进行安全评估，采取封堵、均压等防灭火措施，可以有效控制浅埋深煤层的发火危害。

（3）在水体下采煤时，各类水体对矿井的威胁程度不同。尤其是松散层水构成的水体是否能够对工作面形成溃水问题，是煤矿生产者需要考虑的重要安全问题，主要涉及以下两个方面：①长壁开采沉陷是否会引起泄漏问题并改变储层的持水能力；②从储层泄漏的水是否会影响地下长壁作业。为了解决这两个问题，需要对上覆岩层在开采过程中移动变形过程进行全面的研究，尤其是讨论上覆岩层的连接表面层和地下开采采空区会形成连续的破碎带渗透率的变化是很重要的。

本书的写作目的在于：

（1）对当前开采沉陷导致地表移动变形的研究进行综述，同时将经典的基于影响函数法的地表的移动变形的预测模型引入对地层岩层下沉及水平变形的描述，建立一整套新的岩体内部岩层移动变形模型，尤其完善建立二维、三维条件下的数值模型。此外，依据影响函数法发展对水平、倾斜矿层开采造成上覆岩体运动的统一计算模型；讨论岩层移动变形的动态变化条件对孔隙率、渗透率的影响，建立应变-孔隙率-渗透率模型。

（2）应用建立的岩体内部岩层移动变形模型解决生产中的工程问题，重点展示其在水体下采煤安全性评定、采空区漏风通道确定、工作面瓦斯抽采巷道优化等方面的应用。

1.3　当前国内外研究动态及评述

1.3.1　地表沉陷工程的研究

开采沉陷学最早来自德文 Bergschadenkunde 和英文 mining subsidence，国外对于开采沉陷的研究始于 19 世纪 50 年代左右，这是一门研究地下有用矿物开采引起岩层和地表移动及相关问题的科学。随着欧洲工业革命的兴起，科学技术不断发展，人类社会对于使用成本较低的一次能源的需求也在不断提高。煤炭是一种可以直接点燃发热的常规一次能源，大规模的开采引发矿区地表的大面积沉陷，造成大量的人员伤亡和财产损失，因此地表沉陷成为最初开采沉陷学研究的主要对象。

工业起步早而又具有一定资源储量的部分欧洲国家率先展开了关于地表沉陷方面的研究并进行了大量的观测记录，奠定了部分开采学的基础理论；具有庞大资源储量、第二次世界大战后期强调优先发展重工业的苏联继续对开采沉陷学进行完善研究和补充，开始在前人研究的基础之上对地表沉陷的动态移动进行研究；发展中国家如中国也对开采沉陷学的发展做出了重要的贡献，在岩层移动方面取得了巨大的成就。开采沉陷学在世界不同区域的发展趋势及研究重点分析如下。

1）欧洲

在世界范围内，1838 年欧洲学者最早开始关注开采沉陷问题并且开展了相关研究，其中关于地表沉陷方面的研究工作为开采沉陷学奠基了基础。众学者在 19 世纪主要侧重于在地表观测的基础上进行研究，对具体岩层的移动变形计算研究还略显空白。虽然已经出现现代开采沉陷理论的雏形，但对于开采沉陷规律还是依靠推断来认识的，提出的理论与实际情况有较大的出入。

比利时科学家通过研究提出了一些对开采沉陷学的基本认识。例如，在 1825 年和1839年比利时组织专门的调查组对列日城的开采影响进行了调查，得出了垂线理论，认为采空区上下边界开采影响范围可用相应点的层面法线确定[23]；1858年，戈诺（Gonat）进一步研究垂线理论，提出法线理论；1882年耳西哈（Oesterr）提出了自然斜面理论，该理论具备了现代开采沉陷理论的雏形，发现了岩层移动与岩层性质是存在联系的，但该理论是基于水平开采的矿体提出的。1884年德国依琴斯凯（Jlcinsky）提出了二等分线理论；1885年法国人法约尔（Fayol）在提出了圆拱理论；1907年德国克尔顿（Korten）提出了采空区地表的水平方向移动变形的分布规律；1949年德国克拉奇（Kratzsch）出版了第一本关于开采沉陷的代表性著作*Bergschadenkunde*。波兰布德雷克（Budryk）解决了克诺特（Knothe）提出的下沉盆地中的水平移动及水平变形问题，这一理论现在称为布德雷克-克诺特理论。

在有关开采沉陷比较早期的研究中，地表沉陷是主要的研究方向，对于岩层移动更深入的研究比较少。总而言之，欧洲学者对地表沉陷的机理进行了大量的研究，提出了较多至今仍具有非常大参考价值的理论和方法。

2）苏联

苏联的学者开始从地表沉陷的研究延伸到了岩层移动，他们认为当新采空区逐渐靠近老采空区时，岩层移动加剧、移动角变小；20世纪30年代开始了有关地表移动的计算，1935年，苏联中央矿山测量科学研究所提出地表下沉速度的概念，标志着地表动态移动研究的开始。1947年，苏联学者阿维尔申利用塑性理论对岩层移动进行了分析，并结合实践经验建立了地表移动计算方法，下沉剖面方程呈指数函数形式，提出了水平移动距离与地面倾斜角度成正比的著名观点[24]。1974年阿维尔申通过大量研究得出了对沉陷预测有重大影响的理论：地表倾斜与地表水平移动成正比，地表曲率与地表水平变形成正比。在阿维尔申的影响下，各国学者开始不断深入了解开采沉陷形成机理和规律，建立了大量的预测方法和公式。

部分苏联开采沉陷研究学者已经开始将研究目光聚焦到岩层移动问题上，其主要研究方法的基础仍然是来自前人有关地表沉陷的研究思想和理论。

3）中国

我国是从中华人民共和国成立后开始对开采沉陷进行研究，至今积累了大量的实测资料，并根据不同监测矿区的差异性建立了不同采矿条件下地表移动变形的计算方法，为采煤工作提供了科学指导，并取得了显著的社会、经济和环境效益。

1953年，北京矿业学院（中国矿业大学的前身）在国内最早开展沉陷学方面的教学工作，聘请苏联采矿沉陷方面的专家为部分矿院师生讲授“岩层与地表移动”课程，并将此作为矿山测量专业的第一门专业课，1955年开始招收第一批矿山测量专业的大学生；1954年，我国在开滦矿区林西矿建立了第一个地表移动观测站点并于1956年由开滦煤炭科学研究所矿山测量研究室开展岩层和地表移动的实地观测研究工作[25]；1959年煤炭科学研究总院开始从事开采沉陷及沉陷防护的研究工作；1960 年在峰峰矿区建立了 30 多个地表移动观测站并开始研究岩层与地表移动规律及建筑物下采煤的试验工作。刘宝琛和廖国华在 1965 年出版专著《煤矿地表移动的基本规律》，将概率积分法全面引入我国[26]。20 世纪 80 年代，我国对煤矿开采沉陷基本规律的研究进入了蓬勃发展时期，这一时期我国一些学者就岩层移动及地表沉陷提出了许多理论和模型。长期以来，国内许多学者一直致力于采煤工作面采动影响下地表沉陷规律和上覆岩层移动、变形规律的研究，形成了许多系统性的理论研究成果，提出了基于各种条件下的预计预测方法。刘宝琛和廖国华编著的《煤矿地表移动的基本规律》，标志着国内开采沉陷学的系统性研究的开始；何国清首次提出了矿山地表下沉盆地剖面的韦布尔分布偏态表达式；张玉卓等提出了关于岩层移动的位错理论和边界元法；钱鸣高创新性地提出了关于上覆岩层下沉的砌体梁理论[8]；邓喀中提出了关于岩体开采沉陷工程的结构效应；谢和平等利用相似材料模拟对煤层上覆岩层节理分布的研究表明，节理的存在使得煤层覆岩的破坏加剧并控制着采动覆岩裂隙的发育状况；郭文兵对厚煤层综采放顶煤开采引起的沉陷情况进行了实际观测并分析了关于厚煤层综采放顶煤开采条件下的地表下沉规律；余学义等以概率积分法为基础，结合 Knothe 理论，采用极坐标的闭合回路积分法，开发了采空区覆岩沉陷的数学预计模型，该模型可针对任何形状采空区域的开采沉陷进行预计预测。除此之外，相关学者还开发了基于弹性或者塑性理论的沉陷预计预测方法，例如，邓喀中的损伤有限元法；张玉卓的模糊内时有限元法；何满潮的非线性光滑有限元法；谢和平的损伤非线性大变形有限元法等，这些方法均为矿山开采沉陷的科学预计预测提供了新的思路。代表性的研究成果如表 1-1 所示。

表 1-1　20 世纪 80 年代以来部分我国学者在开采沉陷领域的研究成果

学者	代表性研究成果
何国清	矿山地表下沉盆地剖面的韦布尔分布偏态表达式
李增琪	提出基于多层梁板的弯曲理论的岩层与地表移动模式
杨伦	岩层二次压缩理论
张玉卓等	岩层移动的位错理论和边界元法
宋振骐	老顶岩梁运动与支护系统之间的力学关系，提出了传递岩梁假说
邓喀中	岩体开采沉陷工程的结构效应
吴立新 王金庄	条带开采覆岩破坏的托板理论
麻凤海等	初步探索出一条新的基于神经网络预测矿山开采沉陷的理论方法
蔡少华 王金庄	对 GIS 在开采沉陷中的应用问题进行探讨

续表

学者	代表性研究成果
傅东明 疏开生	借助 ADINA 程序对矿方提出的不同条采方案进行模拟计算，分析了覆岩应力状态、弹塑性规律
黄庆享	针对浅埋煤层提出的短砌体梁结构和台阶岩梁结构
谢和平等	《FLAC 在煤矿开采沉陷预测中的应用及对比分析》
吴侃等	《采空区上覆岩层移动破坏动态力学模型的应用》
袁灯平等	《利用 ANSYS 进行开采沉陷模拟分析》
杨帆等	利用离散单元法研究地下开采引起岩层移动的动态发展过程
毕忠伟等	应用 MATLAB 神经网络工具箱对矿山开采沉陷进行预测
余学义 张恩强	编纂《开采损害学》教程
缪协兴等	厚关键层大块滑落失稳的两种典型模式
于保华等	揭示深部与浅部开采地表沉陷差异的内部岩层移动机理
徐杨青 吴西臣	利用 $FLAC^{3D}$ 软件对山西平朔安太堡煤矿 B902 工作面进行沉陷模拟及边坡稳定性分析
刘纯贵	实验室中以大同煤业集团马脊梁煤矿为原形进行了相似模拟实验，摸清了“两硬”浅埋煤层覆岩活动的基本规律
罗毅	利用影响函数法建立岩层移动预测模型并在美国阿巴拉契亚矿区开展了现场应用
刘文静等	采用相似材料模拟实验研究山西河东煤田北部某大埋深煤矿上覆岩移动变形规律
王鹏	应用岩梁断裂理论和 UDEC 离散元计算模拟软件，揭示了地表裂缝分布形态与覆岩断裂结构演化的内在关系
王娜等	利用雷达差分干涉测量（DIn SAR）技术进行地面沉陷监测研究

从数值理论研究、岩层变形力学分析，逐渐发展到应用多样性的计算机模拟软件对开采沉陷进行研究，例如，利用 FLAC 仿真计算软件、GIS、ANSYS 有限元分析软件、MATLAB 数学软件及 DInSAR 雷达差分干涉测量技术等不同的现代电子手段辅助研究岩层及地表沉陷。我国在开采沉陷方面的研究开始蓬勃发展，并取得了大量的科研成果。

1.3.2 岩层移动与控制研究

由于工作面上覆岩层的不可触性和隐蔽性，在采动影响下地表的沉陷和覆岩的移动、变形规律是非常复杂的过程，针对这一复杂过程的理论研究和预计一直是众学者的高度关注的重点。很多学者为探究采动覆岩的位移场和应力场的演化过程，采用 $FLAC^{3D}$ 软件对工作面开采沉陷进行了数值模拟，并取得了很好的成果。另外，长期以来国内外学者针对工作面开采沉陷过程中上覆岩层的应力应变状态及采动覆岩渗透性的变化做了大量的研究工作，并取得丰硕且重要的研究成果。以下对国内外研究现状和取得的成果进行综述。

计算机仿真研究方面，以 FLAC^{3D} 为代表的计算软件，通过显式算法来获取模型运动方程的时间步长，并追踪材料随计算步长的破坏与垮落，对于研究开采沉陷的空间效应及时间效应具有重要帮助。另外，该程序允许用户输入各种材料类型，也可以在软件计算过程中更改某个局部材料的参数，用来模拟采动沉陷区域的垮落过程。FLAC^{3D} 软件还拥有较强大的后期处理功能，用户能够直接在屏幕上绘制或者以文件的形式创建并输出多种形式的图形。谢和平等[27]应用 FLAC^{3D} 软件对河南鹤壁煤业集团 4 号矿的开采沉陷进行了数值模拟，通过对比概率积分法与 FLAC^{3D} 软件计算的结果，发现 FLAC^{3D} 软件可以较真实地模拟现场的地质条件，且简单易行，并能够弥补一般方法的不足；赵洪亮[28]在现场实际观测的基础之上，采用 FLAC^{3D} 软件对开采沉陷进行了模拟计算，研究了综采放顶煤开采工作面上覆岩层的应力、变形及其破坏机理随工作面推进速度不同而显现的特征，并获得了地表破坏形态与变形速率和开采速度之间的内在联系；武崇福等[29]利用 FLAC^{3D} 软件对南马圈煤矿采空区的稳定性进行了定量的分析，并通过监测地表的沉陷过程及观测采场围岩的破坏形态，较真实地反映了围岩变形、破坏的过程；程东全等[30]针对工作面采动过程中覆岩的破坏特性，在数值模拟 FLAC^{3D} 中对厚表土层采用莫尔-库仑（Mohr-Coulomb）屈服准则，而对煤岩体采用赫克-布朗（Hoek-Brown）屈服准则，模拟分析了雷坡村庄下开采煤层的地表移动与变形。李敏等[31]采用 FLAC^{3D} 软件，对百善煤矿的 6123 工作面开采引起的南沱河堤的移动、变形进行了数值模拟，得出了地表移动与变形的基本特征；侯志鹰和王家臣[32]针对山西大同矿区马脊梁矿 2 号盘区刀柱式开采所引发的矿井工作面顶板的大面积突然垮落与地表的整体塌陷，采用了 FLAC^{3D} 软件进行采场的力学行为分析，从煤层开挖到地表塌陷，全面分析了煤层开采过程中的位移场、应力场和破坏场的演化。

在上覆岩层的应力应变状态及渗透率变化的研究方面，采煤工作面上覆岩层在采动影响下的应力应变的变化和煤岩层渗透率的演化对工作面瓦斯的抽采和治理有着重要的指导意义，国内外学者针对这一课题做了大量的研究工作并取得了许多研究成果。钱鸣高和刘昕成[33]提出了关于煤层开采引起的围岩应力的重新分布规律，将作用于煤壁煤岩体上的垂直压力称作支承压力，将作用于煤壁前方和巷道两侧、采空区的煤层底板的压力分别称作超前支承压力、侧向支承压力和后支承压力；Mostofa 等[34]针对孟加拉国煤层开采经验较少的形势，采用 C + + 语言以威尔逊（Wilson）经验公式为基础对工作面的开采应力分布规律进行了研究；Schatzel 等[35]采用分段压水试验对矿井煤层开采引起的上覆岩层渗透率变化进行了测试，指出了煤层开采引起的煤壁前方24～46m范围内上覆岩层的渗透率的变化规律；姜德义等[36]通过研究煤岩层的有效应力和煤岩层渗透率之间的关系，指出了有效应力和渗透率之间存在三次多项式关系，并且通过实验得到了验证；Qiu和Luo[37]研究了采动影响下覆岩的应变变化规律，并根据应变与煤岩层孔隙率、渗透率之间的理论公式，得出了采动覆岩孔隙率和渗透率的演化规律，对分析瓦斯的运移路径和导水裂隙带高度的确定具有重要的借鉴意义；薛东杰等[38]研究了工作面推进过程中，煤岩体体积膨胀和瓦斯渗透率的演化规律，得出了两者的演化分布具有一致性，同时指出上保护层的渗透率演化稍滞后于保护层渗透率的演化；李祥春等[39]通过分析煤岩体骨架在瓦斯吸附变形情况下膨胀变形与孔隙率、渗透率之间的关系，得出了煤岩层中瓦斯的压力越大，煤岩体发生的膨胀变形越大，其孔隙率越小，煤岩层中瓦斯的渗透率越小；王广荣等[40]通过应力-应变过程中渗透率的测试和CT扫面实验，指出煤岩体的应力-应变曲线和应变-渗透率曲线之间具有相似的变化规律，并且煤岩渗透率表现为应变滞后性。

关于覆岩移动计算，涉及的影响因素众多，关于采动覆岩中瓦斯运移规律的研究也不十分完备，仍有以下问题值得研究。

（1）在以往的研究中关于地表沉陷、岩层移动的研究方法区分比较明显。地表沉陷、岩层移动作为煤炭开采引起的两种结果，只是表现形式有所不同，但是目前的研究多数是孤立两者间的关系，还没有较为完整的、统一的计算方法。

（2）在对岩层移动、地表沉陷进行计算分析时，关键参数的取值对计算结果影响较大。为了使得计算结果更可靠，需依据岩层岩性、移动的规律对参数的取值进行优化，目前用于地表沉陷研究的相关参数较为完备，但是若能将其合适地应用到对岩层移动的描述中，尚需要合理的改进。

（3）岩层是否发生垮落、破碎对于岩体裂隙分布具有较大的影响，因此需要针对采空区上覆岩层冒落带（又称垮落带）、裂隙带、弯曲下沉带（简称“竖三带”）各自的特征，提出相应的岩层移动、渗透率的计算模型与方法。

总之，煤层开采引起的覆岩移动变形、渗透率分布变化规律比较复杂，涉及的影响因素多，为地表沉陷移动、地层移动变形计算，以及涉及的含水层水体运动、邻近层瓦斯流动等研究带来较大的挑战，需要对研究分析方法、理论进行不断地改进和优化。

1.4 本书主要研究内容

岩层移动研究发展到今日，迫切需要建立岩层由下至上移动过程的整体认识，迫切需要建立地表沉陷与岩层移动之间的内在联系。指导地表沉陷及覆岩移动的预计与控制，需要掌握岩层移动过程中的裂隙分布规律及渗透率的动态演化过程。

指导瓦斯抽放或者保水开采等生产活动，需要分析清楚岩层在特殊条件下的变形、裂隙通道的形成等问题。进一步发展岩层控制理论对采矿工程具有较为重要的实践意义。本书拟在下述四个方面展开研究。

1）开采沉陷导致地表移动变形研究

在简要介绍了一些典型的地表沉陷预计的方法及其优缺点的基础上，以影响函数法为基础，建立地表沉陷模型，主要有：①水平煤层开挖后主断横面地表终态移动变形模型的二维模型；②水平煤层开挖后的地表移动变形模型的三维模型；③倾斜煤层开挖后地表终态移动变形模型的二维模型。本书对所使用的理论思路及数学模型做了详细的探讨与分析，并给出了部分的算例。

2）工作面上覆岩层开采沉陷预计模型的开发与实例应用

开发基于矿山沉陷工程的煤层顶板至近地表区间的工作面上覆岩层移动模型，主要包括有：①水平煤层工作面上覆岩层终态二维开采沉陷预计模型，包括单一连续模型和分层计算模型两种不同的计算策略模型；②水平煤层工作面上覆岩层终态三维开采沉陷预计模型；③水平煤层工作面上覆岩层在开采时期的动态二维开采沉陷预计模型；④倾斜煤层工作面上覆岩层终态二维开采沉陷预计模型。本书将第 2 章描述地表移动变形的预测模型通过科学、合理的改造，引入对地层岩层下沉及水平变形的描述，建立一系列描述岩体内部岩层移动变形的新计算方法。

3）工作面上覆岩层采动影响下渗透率变化及瓦斯运移路径研究

通过理论分析，建立工作面上覆岩体移动的二维和三维条件下的全应变概念，并建立全应变与孔隙率和渗透率之间的理论耦合函数关系的数学模型，分析覆岩渗透率变化和瓦斯运移路径，包括：①采动影响下煤岩体渗透率变化的表征；②分析终态二维和终态三维条件下采空区覆岩渗透率变化及瓦斯运移规律；③分析动态二维条件下，工作面推进过程中覆岩渗透率变化规律。

4）应用工程案例分析

将上述模型应用于解决生产中的工程问题，显示出其良好的应用效果，重点探讨了以下四个方面的成果：①工作面开采参数对岩体内部移动变形破坏的敏感性研究；②水体下采煤工作面推进过程的安全性评定及对水体的影响；③浅埋藏矿井工作面间保护煤柱的留存对上覆岩层破坏影响范围的界定及漏风通道的确定；④覆岩采动影响的演化分级及对工作面瓦斯抽采系统优化。

第 2 章　开采沉陷导致地表移动变形研究

2.1　概　　述

在研究和处理煤层开采后地表沉陷的相关问题时，如果事先能够对采矿活动可能诱发的地表沉陷特征有一个准确的预计，就可以评估开采煤层导致上覆岩层垮落而造成的地表沉陷对地表建筑物结构或者地面环境的可能影响，从而能够提高人们对可能造成的灾害的认知。然后，在此基础上，可以通过对煤矿设计方案的改进或者相关开采顺序的优化，设计和实施相关有针对性的措施来达到减缓地表变形的目的，最终减少地面沉陷造成的破坏性效应。广义上讲，地表沉陷预测工作包括：①预测采矿活动进行期间的地表随时间变化过程（动态沉陷）；②采矿活动完成后的最终沉陷盆地的形成与预计（终态沉陷）。矿山开采地表沉陷预计结果的准确性取决于所使用的预测方法和数学模型的合理性，以及描述各种典型的沉陷现象所需的各类关键计算参数的准确性。

目前已有许多地表沉陷终态预测方法，这些方法大致可以分为四类：经验法、影响函数法、物理建模法和数值模拟法。

经验法，包括图形法和剖面函数法。该方法简单易用，仅通过手工计算或借助简单的科学计算器即可进行。将前期测量获得的沉陷数据应用到各种列线图（图形方法）或拟合到选定的数学函数（轮廓函数方法），导出拟合图或轮廓函数，用于对类似开采条件下的地表沉陷进行预测的工作，此种方法在 2.2 节详细介绍。

影响函数法，是当前阶段较为流行、准确和灵活的方法，这种方法需要有更多计算步骤及更长的时间。其重点在于找到一个合适的数学函数来表示一个煤层开采单元导致的地表沉陷影响程度。最终在地表表面某点的沉陷即为所有煤矿采空区中开采单元的影响的总和，此种方法在 2.3 节详细介绍。

物理建模法，使用各种真实的岩石或相似物理材料所建造的小规模模型来模拟地面沉陷过程的方法。这类方法需要精确的计算来建立等比例模型，另外材料的铺设也需要大量人工的参与。模型完成后，可以开展模拟“采矿活动”，然后再通过观测设备记录模型变化，最终通过换算反映原型矿井开采过后可能发生的岩层移动现象。

数值模拟法，是应用流行的专用数值模拟计算软件来模拟计算岩层的运动和地表面的变形。当前最流行的数值模拟工具有 FLAC、UDEC 等，各种软件计算的数学方法也有多种，如有限元方法、离散元方法等。

2.2 经 验 法

经验法分为图形法和剖面函数法。本节引用英国国家煤炭局（National Coal Board，NCB）编制的《沉陷工程师手册》来说明图形法，而在美国，则是开发了剖面函数法并得到了广泛的使用。

2.2.1 图形法

在世界范围内主要的煤炭生产国，已经有许多图形法被开发并应用于当地煤矿开采造成的地表沉陷的预计中。1950 年德国开发的交角法是最古老的图形法之一，此法到目前为止仍然在萨尔矿区使用。不过，目前在采矿工程地表沉陷领域，NCB 编制的《沉陷工程师手册》中的图形法（NCB 法）是最全面、最流行的图形法[41]。1950～1965 年，NCB 从 200 多个英国煤田的沉陷现象的观测中获得大量的基础数据，经过对数据的处理和修正，分别于 1965 年和 1975 年出版了两个版本的《沉陷工程师手册》。可以利用各种图表来确定最大沉陷呈现的指数函数及其分布。但它仅可以预测在采空区主断面上的地表表面运动和变形，以及假设以采空区为中心的地表运动和变形。

在 NCB 法使用过程中，坐标系的原点位于工作面纵向中心线处，而轴向则指向工作面的左侧或右侧。使用 NCB 法预测最终表面运动和变形的步骤如下。

确定表层沉陷系数（a'）。图 2-1 显示了如何运用工作面宽度（W）和上覆岩层深度（H）来确定表层沉陷系数；其可以在亚临界、临界和超临界条件下确定 a' 的值。例如，在深度为 305m、宽度为 243.84m 的长壁采区工作面，表面沉陷系数约为 0.765。最大沉陷量（S_0）的计算公式为

$$S_0 = a' \times m \tag{2-1}$$

式中，m 是煤层厚度。

极限工作面推进过程中动态沉陷量 S_d 的校正。如果矩形采区的长度小于临界尺寸或极限工作面推进长度，则可利用修正系数（S_d/S_0）来获得先前确定的亚临界状态下的动态沉陷量（S_d）。图 2-2 显示了修正系数取决于工作面回采长度（L）与埋深（h）比及上覆岩层深度。对于深度大于 200m 的矿井，如果开采面的距离已经超过先前设置的采区口深度的 1.4 倍，则不需要对最大沉陷量进行更多的修正。

确定最大变形量。为了确定最终的表面变形（即应变和斜率），最大变形量和变形发生的位置应该通过表 2-1 确定。应该指出的是，最大拉伸应变系数（$+E$）与最大压缩应变系数（$-E$）不同。对于具有 $W/h = 0.8$ 的先前实例，最大压缩应变系数约为 $0.70S_0/h$，并且位于离采区中心线约 $0.12h$ 的位置处，但最大拉伸应

变系数为 $0.65\,S_0/h$。在最大压缩应变系数大于最大拉伸应变系数这种情况下，沿着采区横向的沉陷剖面是亚临界的。

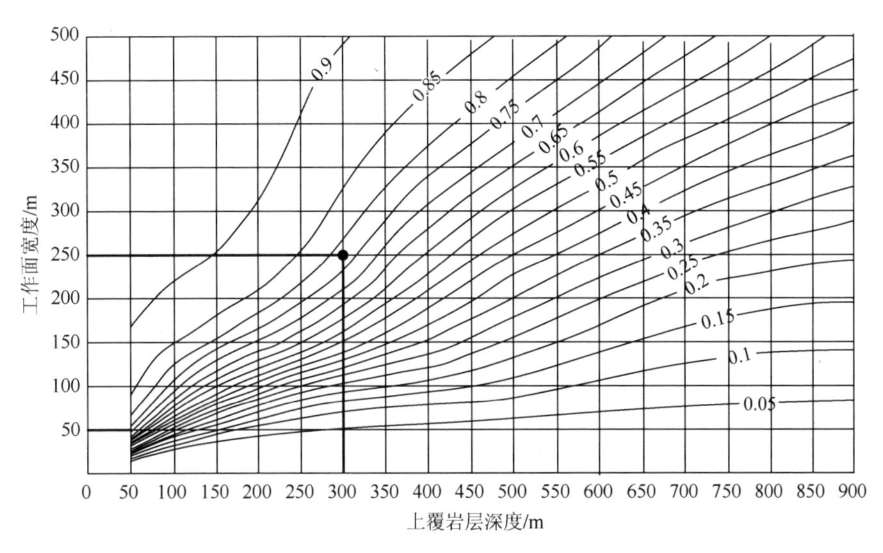

图 2-1　确定地表沉陷系数

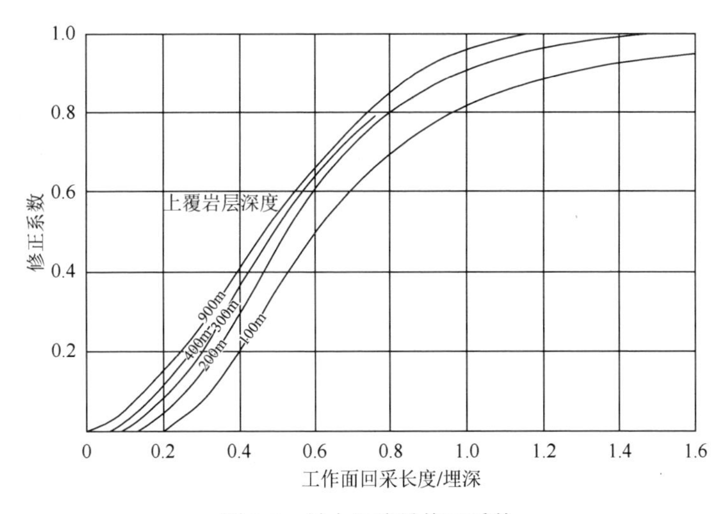

图 2-2　最大沉陷量修正系数

表 2-1　最大变形量和变形位置

工作面宽度/埋深（W/h）	最大沉陷系数（S_0/m）	最大压缩应变系数（$-E$）	离采区中心线位置（−）	最大拉伸应变系数（$+E$）	离采区中心线位置（+）	地面点的最大倾斜	中心线的位置
0.2	8%	$2.2S_0/h$	0	$0.5S_0/h$	$0.49h$	$2.2S_0/h$	$0.32h$

续表

工作面宽度/埋深（W/h）	最大沉陷系数（S_0/m）	最大压缩应变系数（$-E$）	离采区中心线位置（–）	最大拉伸应变系数（$+E$）	离采区中心线位置（+）	地面点的最大倾斜	中心线的位置
0.25	12%	$2.15S_0/h$	0	$0.65S_0/h$	$0.42h$	$2.6S_0/h$	$0.27h$
0.33	22%	$1.9S_0/h$	0	$0.75S_0/h$	$0.34h$	$3.15S_0/h$	$0.22h$
0.5	45%	$1.35S_0/h$	$0.02h$	$0.8S_0/h$	$0.32h$	$3.35S_0/h$	$0.21h$
0.75	70%	$0.75S_0/h$	$0.10h$	$0.65S_0/h$	$0.40h$	$2.85S_0/h$	$0.26h$
1	84%	$0.55S_0/h$	$0.20h$	$0.65S_0/h$	$0.51h$	$2.75S_0/h$	$0.26h$
1.4	90%	$0.5S_0/h$	$0.39h$	$0.65S_0/h$	$0.70h$	$2.75S_0/h$	$0.56h$

沉陷分布。图 2-3 提供了确定沿横向采区主截面沉陷分布的方法，图中曲线表示最终沉陷的分布。由图可知，被标记为 1.0*S* 的完全沉陷线位于最左侧，因此可以读出在位于 1.0*S* 线（$W/h \geqslant 1.4$ 即英国标准中的超临界条件）左侧的区域中将达到最大沉陷（S_{max}）。图中还标记了沉陷极限线。为了使用该图，可将得到的工作面宽度与埋深比（W/h）垂直绘制水平线，然后在水平线上选择点读取给出的分数位置。

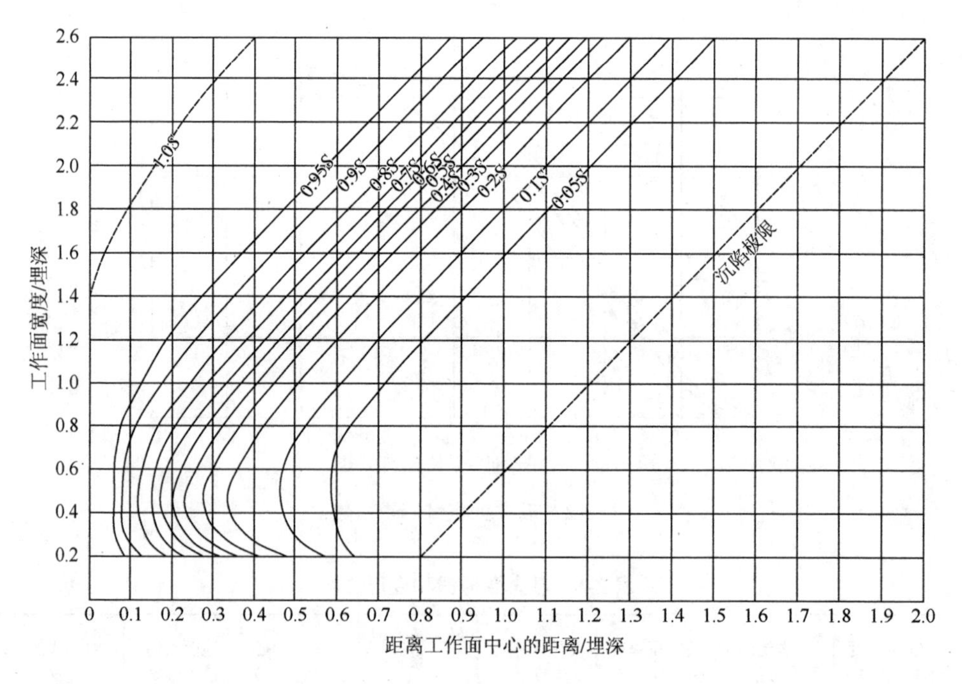

图 2-3　最终沉陷分布图

应变分布。同样地，应变分布横向沿着从图 2-4 中导出的主截面从左到右的五个虚线分别是：零应变的内边缘、最大压缩应变系数（–E）、拐点处的零应变、最大拉伸应变系数（+ E）和零应变的外边缘。当计算拐点（零应变处）左侧的压缩应变时，应该选择最大拉伸应变系数（–E）带入计算。当计算拐点（零应变处）右侧的压缩应变时，应该选择最大拉伸应变系数（+ E）带入计算。

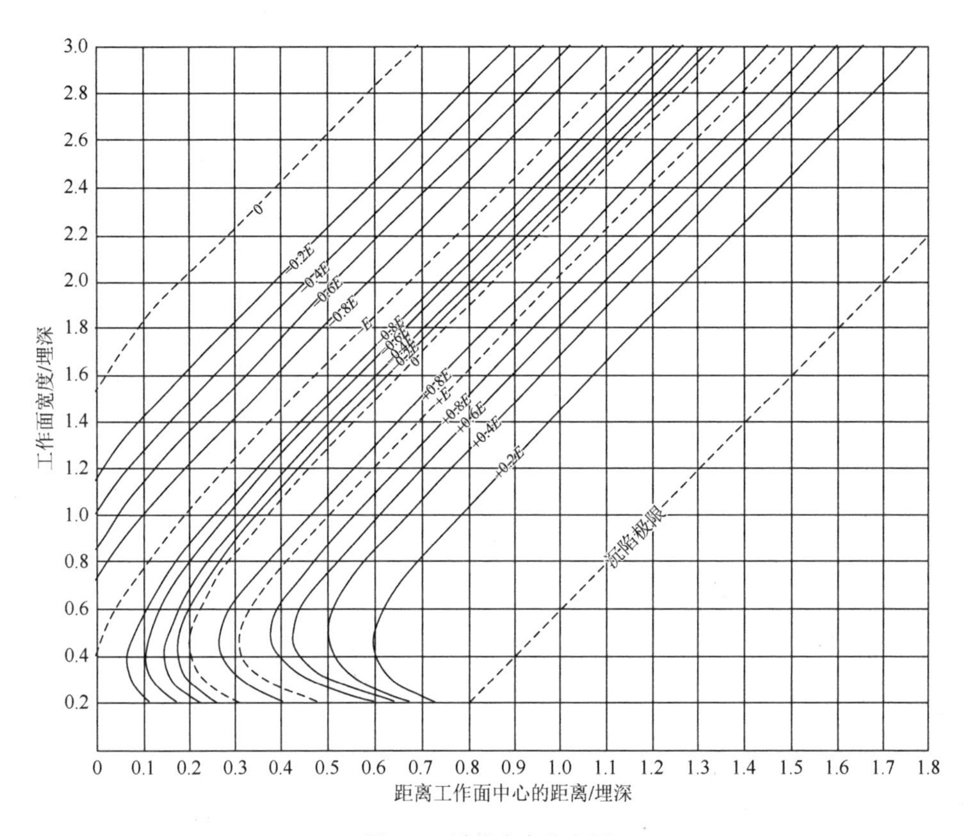

图 2-4　最终应变分布图

2.2.2　剖面函数法

剖面函数法将测量的最终沉陷曲线（全部或一半）拟合到所选择的数学函数中。如果拟合得到满意的结果，则使用该数学函数和获得的参数或系数来预测某些具有相似的地质和采矿条件的沉陷监测点的最终沉陷分布。本部分介绍了一些在美国和俄罗斯煤矿开采领域研究人员开发和使用的剖面函数法。通常都是沿着矩形采空区主横截面来应用这些方法。

1. 负指数函数法

Syd S. Peng 在分析了阿巴拉契亚北部煤田的长壁工作面沉陷案例后，提出负指数函数［式（2-2)］，可用于预测长壁开采条件下的最终沉陷。在使用这种方法时，横截面上的坐标系与 NCB 法相同，其原点位于采区中心线处，轴线指向外，如图 2-5 所示。

$$S(x)=S_0\mathrm{e}^{-c\left(\frac{x}{W_\mathrm{c}}\right)^d} \tag{2-2}$$

式中，S_0 是最大沉陷量；x 是预测点到工作面中心线的距离；W_c 是沉陷盆地的半宽，$W_\mathrm{c}=W/2+h\tan\delta$，$\delta$ 是下沉角；c 和 d 是敏感系数。基于数据分析，建议 c 和 d 的取值为 8.97 和 2.03。

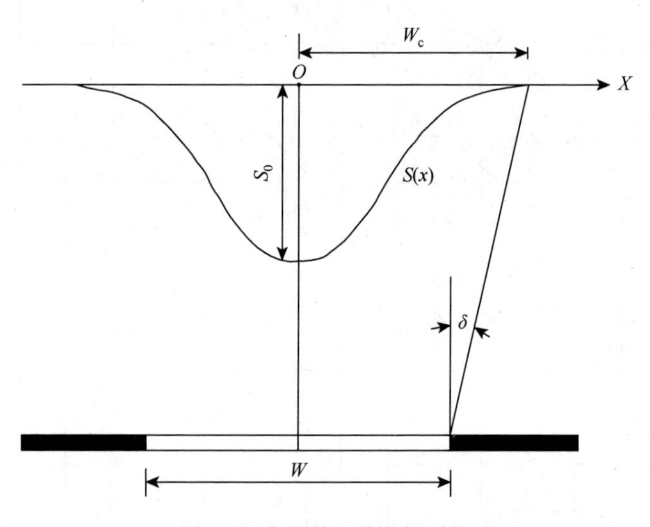

图 2-5　负指数函数坐标系统

斜率和曲率分别是关于 x 下沉的一阶导数和二阶导数。两个变量的表达式如式（2-3）和式（2-4）所示。为了减少这些方程计算的复杂性，先前计算的 $S(x)$ 直接用于斜率 $i(x)$ 的计算。同样地，$S(x)$ 和 $i(x)$ 运用在曲率 $K(x)$ 的表达式中。

斜率：
$$i(x)=\frac{-cd}{W_\mathrm{c}}\cdot S(x)\cdot\left(\frac{x}{W_\mathrm{c}}\right)^{d-1} \tag{2-3}$$

曲率：
$$K(x)=\frac{-cd}{W_\mathrm{c}}\cdot\left(\frac{x}{W_\mathrm{c}}\right)^{d-2}\cdot\left[i(x)\cdot\frac{x}{W_\mathrm{c}}+S(x)\cdot\frac{d-1}{W_\mathrm{c}}\right] \tag{2-4}$$

基于式（2-3）中最大斜率和零曲率的交点，根据沉陷剖面的重要性可以找到拐点。

$$x_d = W_c \cdot \left(\frac{d-1}{c \cdot d} \right)^{\frac{1}{d}} \tag{2-5}$$

在沉陷理论中，通常假定水平位移量和应变量与斜率成比例。最大水平位移可以确定为$U_0 = b \cdot S_0$。系数b为水平位移因子，取值在 0.12～0.30。因此，负指数函数方法中最终水平位移和应变的表达式如式（2-6）和式（2-7）所示，q是比例系数。

位移量：
$$U(x) = q \times i(x) \tag{2-6}$$

应变量：
$$\varepsilon(x) = q \times K(x) \tag{2-7}$$

比例系数：
$$q = \frac{bW_c}{cd} \cdot \left(\frac{d-1}{cd \cdot e^1} \right)^{\frac{1-d}{b}} \tag{2-8}$$

图 2-6 显示了负指数函数法生成的两个最终沉陷剖面。举例：h= 304.8m，S_0 = 1.29m。两个工作面的宽度分别是 243.84m 和 426.72m。243.84m 工作面是亚临界状态，而 426.72m 工作面是超临界状态。虽然较宽的工作面产生了更宽区域的沉陷剖面，但两个剖面都显示出亚临界沉陷条件的特征，外部部分比其内部对应物更平直。换句话说，指数函数的性质不能画出在临界或超临界条件下的沉陷曲线。因此，建议在亚临界沉陷情况下使用负指数函数法。

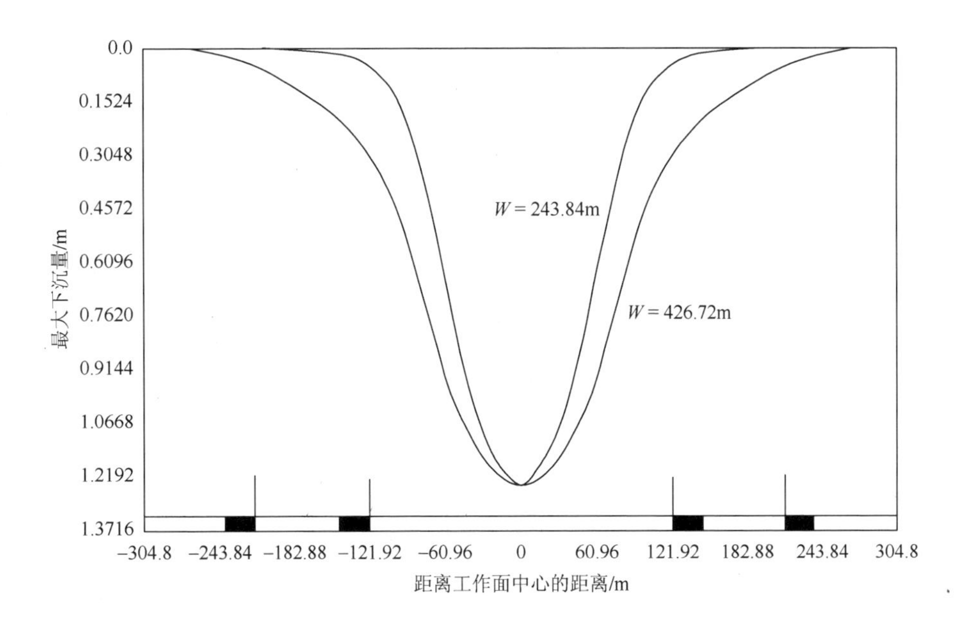

图 2-6　负指数函数法生成的最终沉陷剖面图

2. 双曲正切函数法

与负指数函数相反，双曲正切函数是关于原点对称分布的函数。因此，双曲正切函数沉陷预测更适合于临界或超临界条件。在美国煤炭行业中已经开发并使用了三种双曲正切函数法。

基于对阿巴拉契亚北部煤田长壁采煤沉陷情况的分析，得到了式（2-9）。值得注意的是，图 2-7 坐标系的设置与负指数函数方法的设置不同，其原点实际上位于拐点，坐标轴指向外。

$$S(x)=\frac{S_0}{2}\left(1-\tan h\frac{cx}{h}\right) \tag{2-9}$$

式中，x 是距拐点的距离，h 是埋深；c 是系数，并且建议 $c=8.3$。

Karmis 提出了一个类似的数学公式［式（2-10）］。坐标设置与图 2-7 相同。

$$S(x)=\frac{S_0}{2}\left(1-\tan h\frac{cx}{I}\right) \tag{2-10}$$

式中，I 是工作面中心和拐点之间的距离；c 是敏感系数，在亚临界条件下，建议 $c=1.4$，在临界和超临界条件下，建议 $c=1.8$。

为了避免将坐标系的原点放置在拐点处的不便，Hood 等提出了式（2-11）。在运用负指数函数法时，坐标系的原点设置到工作面中心。

$$S(x)=\frac{S_0}{2}\left[1-\tan H\frac{b(x-I)}{H}\right] \tag{2-11}$$

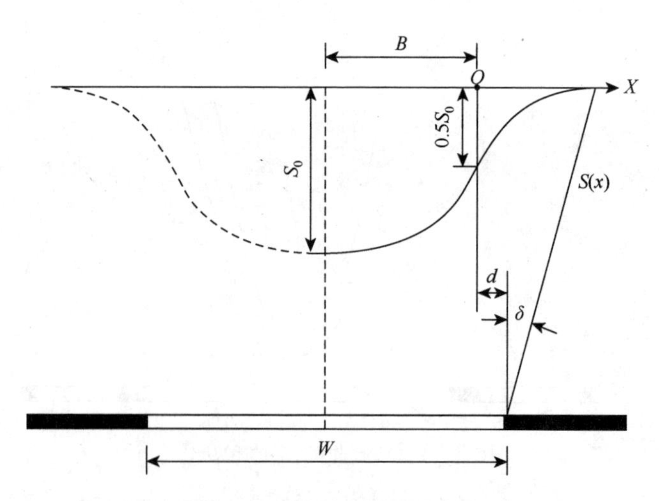

图 2-7　双曲正切函数法的坐标系统图

式中，I 是工作面中心和拐点之间的距离；H 是上覆岩层深度；建议系数 b 的取值在 7.7～13.3。

在与图 2-6 相同坐标系的情况下，图 2-8 显示了 Peng 和 Chen 的双曲正切函数法生成的两个最终沉陷剖面。该方法能够清楚地显示沉陷盆地中的平底，适用于超临界沉陷情况。然而，对于亚临界情况，因为有锋利的尖点，显然是不适用的。因此，在亚临界情况下建议不使用双曲正切函数方法。

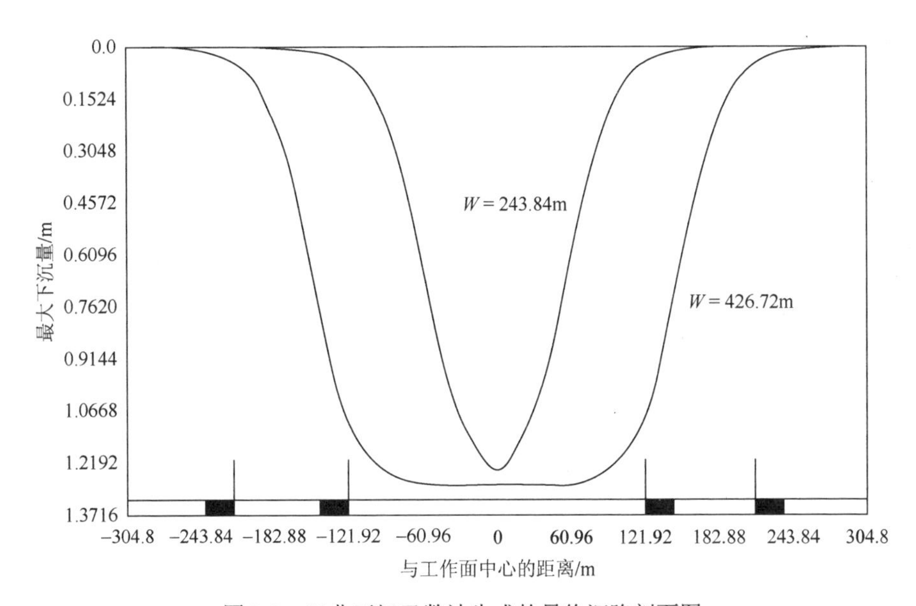

图 2-8　双曲正切函数法生成的最终沉陷剖面图

3. 俄罗斯剖面函数法

俄罗斯剖面函数法能够预测开采倾斜煤层时的最终沉陷，如式（2-12）所示，应首先使用极限角度（γ_H 和 γ_I）定位上下两侧的最终地表沉陷边缘，沉陷盆地的中心（点 O）通过工作面中心线的角度 ψ 确定（图 2-9），然后由式（2-12）可以得到上侧（P_1）和下侧（P_2）的下沉盆地的相应半宽度。

$$S = S_0\left[1 + \frac{x}{P} + \frac{1}{2\pi}\sin\left(\frac{2\pi x}{P}\right)\right] \tag{2-12}$$

式中，P 是下沉盆地的相应半宽度；x 是预测点到沉陷盆地中心的距离。

4. 剖面函数法的改进

剖面函数法的本质是找到一个可以很好地用于沉陷剖面预测的数学函数。因此，为了提高剖面函数法的精度，应进行非线性回归研究，从已收集的沉陷数据中获得更好的计算系数。

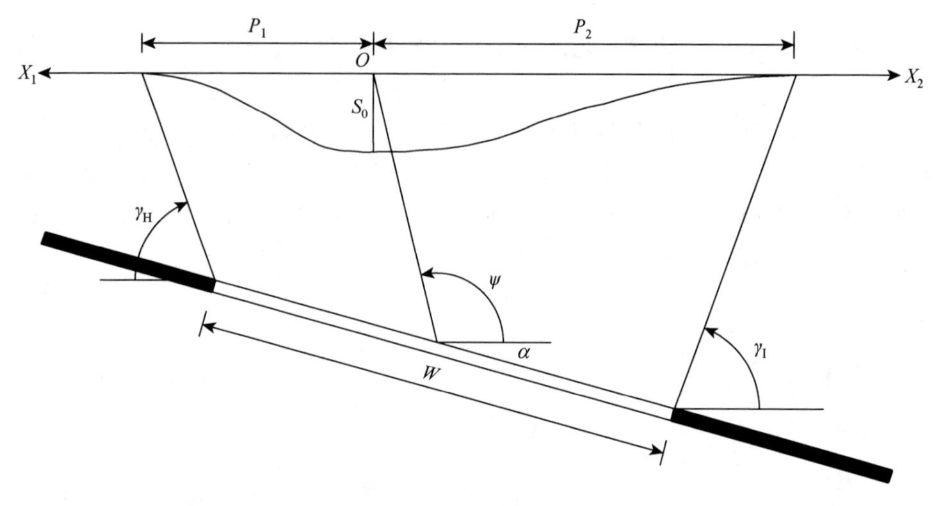

图 2-9　俄罗斯剖面函数法

应当指出，用于表示沉陷曲线的大多数曲线函数都可以被转换为线性函数。在对测量的沉陷数据进行线性变换之后，可以使用诸如 Microsoft Excel 的程序包等工具软件轻松地进行线性回归。例如，在式（2-11）中，如果运用 Hood 等的双曲正切函数法来改进，原始非线性方程可以简单地变换为如式（2-13）或 $Y = A + BX$ 所示的线性形式。

$$\tan h^{-1}\left(1-\frac{2S}{S_0}\right)\cdot h = bx - b_1 \tag{2-13}$$

线性方程的自变量和因变量为 $X = x$ 和 $Y = \tan h^{-1}\left(1-\frac{2S}{S_0}\right)\cdot h$ 。可以从得到的线性方程中确定原始形式的两个系数 $b = B$ 和 $I_1 = -A/B$ 。

2.3　影响函数法

矿山地表移动与变形的预计对于减少采煤过程中采动影响造成的地表变形和损害具有相当重要的意义。目前，国内外相关的学者对地表的移动与变形的预计做了很多的研究工作，并取得了不错的成果。迄今为止，国内外学者已经研究并发展了多种地表沉陷预计方法，主要有以下几种：基于现场观测经验的预计方法（包括图形法、剖面函数法等）、基于影响函数的预计方法（以 Knothe 影响函数为典型）和理论模型法（包括随机介质理论、基于弹性理论或者塑性理论的有限单元法、离散元和边界元法等）。由于影响函数法所采用的计算参数都是根据现场的实测资料得到的，并且该方法对于任意的工作面开采程度、任意的工作面开采形状、地表的任意点的位移的预计都具有较好的适用性，已成为国内外矿山地表沉陷预计的较为成功及广泛应用的主流方法之一，下面将针对地表沉陷预计的影响函数法做简要的介绍。

影响函数法在沉陷预测中采用了一种面向原因的方法，基本原理如图 2-10 所示。它表明地下煤层的元素区的开挖将导致地表以一种特殊的方式沉陷。对于水平或中等倾斜的煤层，位于开采单元正上方的表面预测点（O'）沉陷量最大。越远离开采单元正上方的表面预测点，受到的影响越小。选取数学函数来表示由开采单元所引起的沉陷影响分布称为影响函数。通常影响函数是钟形的，如图 2-10 所示。

表面预测点处的最终沉陷是煤层中的开采单元逐个开采时，在这一点上所受到的全部影响的总和。在数学上，表面点处的最终沉陷表现为整个开采区域的影响函数的积分。因此，开发影响函数法的两个重要步骤是：①选择适当的影响函数；②在开采区域中对影响函数进行积分计算。

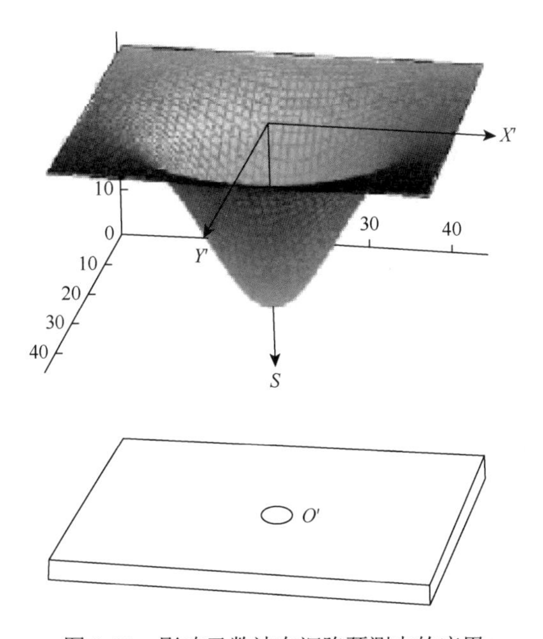

图 2-10　影响函数法在沉陷预测中的应用

煤层中开采单元的开采不仅引起地表表面向下移动，而且也会引起地表的横向移动。因此，需要有两个影响函数来定义开采单元的开采对垂直和水平位移的影响。

研究人员选择了一些影响函数来开发预测方法[42]。大部分仅用于垂直分量（沉陷量）的预测。例如，Beyer[43]选择了式（2-14）作为影响函数。Bals 提出了式（2-15）的影响函数，其被美国矿业局研究人员用于开发 USBM 沉陷预测程序。

$$f_s(x)=\frac{3S_{\max}}{\pi R}\left[1-\left(\frac{x}{R}\right)^2\right] \tag{2-14}$$

$$f_s(i)=\frac{i}{h^2}\cdot\cos^2\delta \tag{2-15}$$

式中，S_{max}是最大沉陷量；R是主要影响半径；x是采空单元到预测点的水平距离；i是倾斜值。

Knothe 的影响函数[44]是许多主要煤炭生产国家采用的各种影响函数方法中最成功的一个。它指出由一个开采单元的提取引起的沉陷分布，可以用修正的正态概率分布函数来表示。在二维情形下对沉陷的影响（对于预测沿主要横截面的最终沉陷有利）如式（2-16）和图 2-11 所示。

$$f_s(x')=\frac{S_{max}}{R}e^{-\pi\left(\frac{x'}{R}\right)^2} \tag{2-16}$$

式中，S_{max}是最大可能的沉陷量，$S_{max}=ma$，m是煤层厚度，a是沉陷系数；R是主要影响半径；x'是提取的元素与要计算最终沉陷的表面点之间的水平距离。

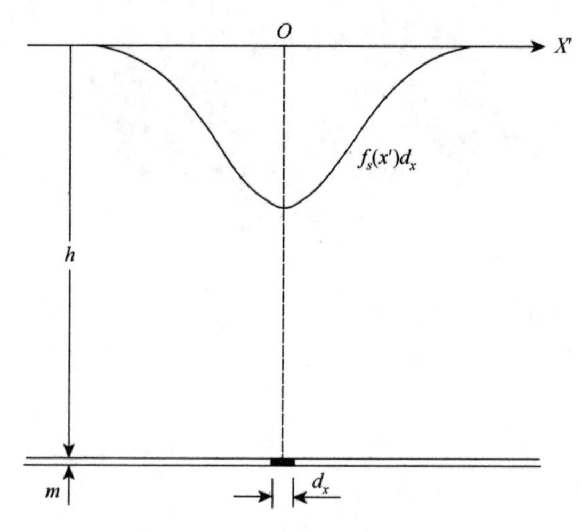

图 2-11　二维平面影响函数图

在非主要横截面或非矩形矿山采空区中预测最终沉陷时，必须使用三维情况下的沉陷影响函数。根据所使用坐标系类型的不同，有两种的影响函数如式（2-17）和式（2-18）所示。

笛卡儿坐标系：
$$f_s(x',y')=\frac{S_{max}}{R}e^{-\pi\left(\frac{x'^2+y'^2}{R^2}\right)} \tag{2-17}$$

极坐标系：
$$f_s(\rho,\theta)=\frac{S_{max}}{R^2}e^{-\pi\left(\frac{\rho}{R}\right)^2} \tag{2-18}$$

式中，x'、y'和ρ、θ是预测点坐标。

确定沉陷盆地水平位移的传统方法是通过假设水平位移与坡度成正比。然而，为了使预测方法更加灵活，还应开发适当的水平位移影响函数。采用焦点理论的原理来开发这种影响函数，它的基本原理是煤层的元素区域的提取将拉动地面朝向该提取的元素移动。基于这一原理，可以将 Knothe 理论与焦点理论联系起来推导水平位移影响函数。

图 2-12 显示了将这两种理论联系起来的一种方法。如果一个表面点（x' 为距离开采单元的距离）向被提取元素所在表面点的水平移动量为 f_v，则其垂直和水平分量分别为 f_s 和 f_u。简单地基于焦点理论建立的 f_s 和 f_u 之间的关系如式（2-19a）所示。

$$f_u(x') = -\frac{S_{\max}}{Rh} x' \mathrm{e}^{-\pi\left(\frac{x'}{R}\right)^2} \tag{2-19a}$$

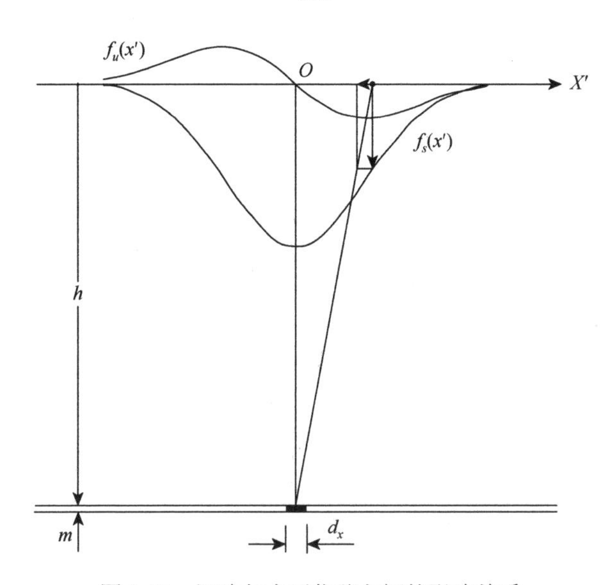

图 2-12　沉陷与水平位移之间的影响关系

然而，如果直接使用式（2-19a），会严重低估最终的水平位移。为了将数学模型与现场数据进行匹配，可以在上述表达式的右侧乘以常数 2π[45]。在二维和三维情形下，水平位移的影响函数结果如式（2-19b）和式（2-20）所示。

$$f_u(x') = -\frac{2\pi S_{\max}}{Rh} x' \mathrm{e}^{-\pi\left(\frac{x'}{R}\right)^2} \tag{2-19b}$$

$$f_u(\rho,\theta) = -\frac{2\pi S_{\max}}{R^2 h} \rho \mathrm{e}^{-\pi\left(\frac{\rho}{R}\right)^2} \tag{2-20}$$

式（2-20）是用极坐标系表示的。如果使用笛卡儿坐标系，沿 X 轴和 Y 轴的影响函数的两个分量如式（2-21a）和式（2-21b）所示。

$$f_{ux}(x',y') = -\frac{2\pi S_{\max}}{R^2 h} x' \mathrm{e}^{-\pi\left(\frac{x'^2+y'^2}{R^2}\right)} \tag{2-21a}$$

$$f_{uy}(x',y') = -\frac{2\pi S_{\max}}{R^2 h} y' e^{-\pi\left(\frac{x'^2+y'^2}{R^2}\right)} \tag{2-21b}$$

2.4　水平煤层开挖后二维主横断面地表终态移动与变形计算

最终的表面沉陷和水平位移通过对比计算区域 A 的各个影响函数进行积分来确定，该计算区域 A 小于实际的矿井采空区，如式（2-22）和式（2-23）所示。计算程序和方法是为准确而有效地完成所需的计算和提高矿井的复杂性而设计的。以下内容介绍了沿主要横截面的矩形工作面，以及非矩形工作面开采后最终表面运动和变形的方法。

$$S = \iint_A f_s \mathrm{d}A \tag{2-22}$$

$$S = \iint_A f_u \mathrm{d}A \tag{2-23}$$

如图 2-13 所示，参数 d_1 和 d_2 分别是工作面左侧和右侧拐点偏移距离，R 是

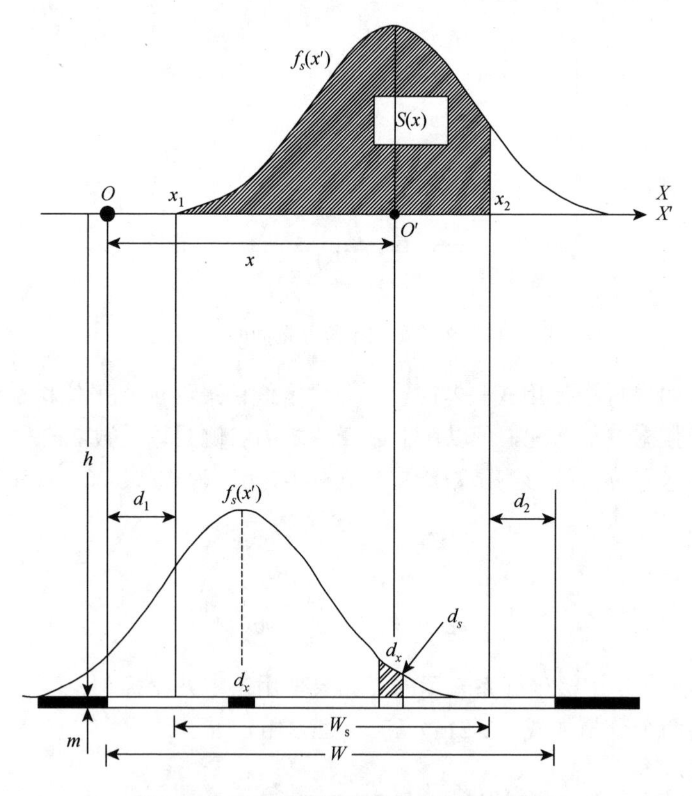

图 2-13　沿主要横断面的最终沉陷计算图

主要影响的半径，$S_{\max}$是最大可能的沉陷量，W是工作面宽度为了让读者更好地理解这些方法，我们假设关于模型的最终沉陷参数（d_1、d_2、R、$S_{\max}$）是已知的。

2.4.1　地表点的最终沉陷

为了方便应用影响函数法，设置全局坐标系 O-X，它的原点位于工作面的左边缘，并且横轴指向如图 2-13 所示的右侧。将要预测的地表点位于 x 处，影响函数的积分则在左右拐点之间进行。因此积分区间为$W_{\mathrm{s}} = W - d_1 - d_2$。

基于这一原理，一个地表点的最终沉陷是通过逐个开采两个拐点之间煤层单元的累积影响。如图 2-13 所示，开采d_x单元的煤将在表面预测点（O'）处引起少量沉陷d_s。当下一个区段被挖掘时，影响函数的中心将移动到当前开采单元处，并在预测点处引起不同的沉陷量。使用上述方法步骤简单，但是过程却相当乏味，因此更好的方法是采用局部坐标系变换，将影响函数的中心直接放置在表面预测点，采用局部坐标系 O'-X'，如图 2-13 所示。预测点的最终沉陷是两个拐点之间影响函数下的阴影面积。因此，最终沉陷的数学表达式为式（2-24）。

$$S(x) = \frac{S_{\max}}{R}\int_{d_1-x}^{W-d_2-x} \mathrm{e}^{-\pi\left(\frac{x'}{R}\right)^2} \mathrm{d}x' \tag{2-24}$$

局部坐标系中左右拐点的位置由式（2-25）确定。

$$x_1' = d_1 - x \tag{2-25a}$$

$$x_2' = W - d_2 - x \tag{2-25b}$$

应该注意的是，在式（2-24）中没有近似解，可以采用辛普森 1/3 法则等数值积分技术进行计算。

式（2-24）也可以分为两部分，其中正无穷大（∞）作为式（2-26a）两个项中每一项的上限。类似于正态概率表，两个积分都可以事先计算出来，结果列在表 2-2 中。在（式 2-2b）中，预算的沉陷值$\phi_s\left(\frac{x_1}{R}\right)$与标准的$\frac{x}{R}$值相反。极限值可被确定为$x_1 = -(d_1 - x)$和$x_2 = -(W - d_2 - x)$。如果由此产生的极限值$x$（$x_1$或$x_2$）是负的，则 $S/S_{\max}$应该选择表 2-2 第三列中值。

$$S(x) = S_{\max}\left[\int_{d_1-x}^{\infty} \frac{1}{R}\mathrm{e}^{-\pi\left(\frac{x'}{R}\right)^2}\mathrm{d}x' - \int_{W-d_2-x}^{\infty} \frac{1}{R}\mathrm{e}^{-\pi\left(\frac{x'}{R}\right)^2}\mathrm{d}x'\right] \tag{2-26a}$$

$$S(x) = S_{\max}\left[\phi_s\left(\frac{x_1}{R}\right) - \phi_s\left(\frac{x_2}{R}\right)\right] = S_1 - S_2 \tag{2-26b}$$

下面通过一个例子来演示这种方法。某工作面的$W = 152.4\mathrm{m}$，$h = 182.88\mathrm{m}$；其他的最终沉陷参数为$S_{\max} = 0.91\mathrm{m}$，$R = 60.96\mathrm{m}$，$d_1 = d_2 = 30.48\mathrm{m}$。需要进行两

表 2-2 以$\left(\frac{x}{R}\right)$函数表示的变形各自最大值的比值

x/R	S/S_{max-x}	$S/S_{max\,x}$	i/i_{max} U/U_{max}	$\varepsilon/\varepsilon_{max}$ K/K_{max}	x/R	S/S_{max-x}	$S/S_{max\,x}$	i/i_{max} U/U_{max}	$\varepsilon/\varepsilon_{max}$ K/K_{max}	x/R	S/S_{max-x}	$S/S_{max\,x}$	i/i_{max} U/U_{max}	$\varepsilon/\varepsilon_{max}$ K/K_{max}	x/R	S/S_{max-x}	$S/S_{max\,x}$	i/i_{max} U/U_{max}	$\varepsilon/\varepsilon_{max}$ K/K_{max}
0.00	0.5000	0.5000	1.0000	0.0000	0.20	0.3081	0.6919	0.8819	0.7291	0.40	0.1581	0.8419	0.6049	1.0000	0.60	0.0664	0.9336	0.3227	0.8001
0.01	0.4900	0.5100	0.9997	0.0413	0.21	0.2991	0.7006	0.8706	0.7558	0.41	0.1522	0.8478	0.5897	0.9995	0.61	0.0633	0.9367	0.3107	0.7831
0.02	0.4800	0.5200	0.9987	0.0826	0.22	0.2907	0.7093	0.8589	0.7811	0.42	0.1463	0.8537	0.5745	0.9975	0.62	0.0602	0.9398	0.2989	0.7661
0.03	0.4700	0.5300	0.9972	0.1237	0.23	0.2822	0.7178	0.8469	0.8052	0.43	0.1407	0.8593	0.5594	0.9943	0.63	0.0573	0.9427	0.2874	0.7484
0.04	0.4601	0.5399	0.9950	0.1645	0.24	0.2738	0.7262	0.8315	0.8279	0.44	0.1352	0.8648	0.5443	0.9900	0.64	0.0545	0.9455	0.2762	0.7306
0.05	0.4501	0.5499	0.9922	0.2051	0.25	0.2655	0.7345	0.8217	0.8492	0.45	0.1298	0.8702	0.5293	0.9815	0.65	0.0518	0.9482	0.2652	0.7125
0.06	0.4402	0.5598	0.9888	0.2452	0.26	0.2574	0.7426	0.8087	0.8691	0.46	0.1264	0.8754	0.5144	0.9781	0.66	0.0492	0.9508	0.2545	0.6943
0.07	0.4304	0.5696	0.9847	0.2819	0.27	0.2494	0.7506	0.7953	0.8876	0.47	0.1195	0.8805	0.4996	0.9706	0.67	0.0467	0.9533	0.2441	0.6760
0.08	0.4206	0.5794	0.9801	0.3241	0.28	0.2415	0.7585	0.7817	0.9047	0.48	0.1146	0.8854	0.4849	0.9621	0.68	0.0443	0.9557	0.2339	0.6576
0.09	0.4108	0.5892	0.9749	0.3627	0.29	0.2337	0.7663	0.7678	0.9204	0.49	0.1098	0.8902	0.4703	0.9527	0.69	0.0420	0.9580	0.2241	0.6392
0.10	0.4011	0.5989	0.9691	0.4006	0.30	0.2261	0.7739	0.7537	0.9347	0.50	0.1052	0.8948	0.4559	0.9423	0.70	0.0398	0.9602	0.2145	0.6207
0.11	0.3914	0.6086	0.9627	0.4377	0.31	0.2187	0.7813	0.7394	0.9475	0.51	0.1007	0.8993	0.4417	0.9312	0.71	0.0377	0.9623	0.2052	0.6023
0.12	0.3818	0.6182	0.9558	0.4741	0.32	0.2113	0.7887	0.7219	0.9589	0.52	0.0963	0.9037	0.4276	0.9192	0.72	0.0357	0.9643	0.1962	0.5810
0.13	0.3723	0.6277	0.9483	0.5096	0.33	0.2042	0.7958	0.7103	0.9689	0.53	0.0921	0.9079	0.4138	0.9055	0.73	0.0338	0.9662	0.1875	0.5657
0.14	0.3629	0.6371	0.9403	0.5442	0.34	0.1971	0.8029	0.6955	0.9774	0.54	0.0881	0.9119	0.4001	0.8931	0.74	0.0320	0.9680	0.1790	0.5475
0.15	0.3535	0.6465	0.9318	0.5777	0.35	0.1903	0.8097	0.6806	0.9846	0.55	0.0841	0.9159	0.3866	0.8790	0.75	0.0302	0.9698	0.1708	0.5206
0.16	0.3442	0.6558	0.9227	0.6103	0.36	0.1835	0.8165	0.6655	0.9904	0.56	0.0803	0.9197	0.3734	0.8613	0.76	0.0285	0.9715	0.1629	0.5118
0.17	0.3351	0.6649	0.9132	0.6417	0.37	0.1770	0.8230	0.6505	0.9948	0.57	0.0767	0.9233	0.3603	0.8490	0.77	0.0270	0.9730	0.1553	0.4912
0.18	0.3260	0.6740	0.9032	0.6721	0.38	0.1705	0.8295	0.6353	0.9979	0.58	0.0731	0.9269	0.3476	0.8333	0.78	0.0254	0.9746	0.1479	0.4708
0.19	0.3170	0.6830	0.8928	0.7012	0.39	0.1643	0.8357	0.6201	0.9997	0.59	0.0697	0.9303	0.3350	0.8171	0.79	0.0240	0.9760	0.1408	0.4527

续表

x/R	S/S_{max-x}	$S/S_{max\,x}$	i/i_{max} U/U_{max}	$\varepsilon/\varepsilon_{max}$ K/K_{max}	x/R	S/S_{max-x}	$S/S_{max\,x}$	i/i_{max} U/U_{max}	$\varepsilon/\varepsilon_{max}$ K/K_{max}	x/R	S/S_{max-x}	$S/S_{max\,x}$	i/i_{max} U/U_{max}	$\varepsilon/\varepsilon_{max}$ K/K_{max}	x/R	S/S_{max-x}	$S/S_{max\,x}$	i/i_{max} U/U_{max}	$\varepsilon/\varepsilon_{max}$ K/K_{max}
0.80	0.0226	0.9774	0.1339	0.4428	1.00	0.0063	0.9937	0.0432	0.1786	1.20	0.0015	0.9985	0.0108	0.0538	1.40	0.0004	0.9996	0.0021	0.013
0.81	0.0213	0.9787	0.1273	0.4262	1.01	0.0058	0.9942	0.0406	0.1694	1.21	0.0014	0.9986	0.0101	0.0503	1.41	0.0004	0.9996	0.0019	0.0113
0.82	0.0201	0.9799	0.1209	0.4100	1.02	0.0054	0.9946	0.0381	0.1605	1.22	0.0013	0.9987	0.0093	0.0470	1.42	0.0004	0.9996	0.0018	0.0104
0.83	0.0189	0.9811	0.1148	0.3940	1.03	0.0051	0.9949	0.0357	0.1520	1.23	0.0012	0.9988	0.0086	0.0439	1.43	0.0003	0.9997	0.0018	0.0096
0.84	0.0178	0.9822	0.1090	0.3784	1.04	0.0047	0.9953	0.0334	0.1438	1.24	0.0011	0.9989	0.0080	0.0409	1.44	0.0003	0.9997	0.0015	0.0088
0.85	0.0167	0.9833	0.1033	0.3631	1.05	0.0044	0.9956	0.0313	0.1350	1.25	0.0010	0.9990	0.0074	0.0381	1.45	0.0003	0.9997	0.0014	0.0081
0.86	0.0157	0.9843	0.0979	0.3481	1.06	0.0041	0.9959	0.0293	0.1284	1.26	0.0010	0.9990	0.0068	0.0355	1.46	0.0003	0.9997	0.0012	0.0075
0.87	0.0148	0.9852	0.0927	0.3335	1.07	0.0038	0.9962	0.0274	0.1212	1.27	0.0009	0.9991	0.0063	0.0331	1.47	0.0003	0.9997	0.0011	0.0069
0.88	0.0139	0.9861	0.0878	0.3193	1.08	0.0036	0.9964	0.0256	0.1144	1.28	0.0008	0.9992	0.0058	0.0308	1.48	0.0003	0.9997	0.0010	0.0063
0.89	0.0130	0.9870	0.0830	0.3055	1.09	0.0033	0.9967	0.0239	0.1078	1.29	0.0008	0.9992	0.0054	0.0286	1.49	0.0003	0.9997	0.0009	0.0058
0.90	0.0122	0.9878	0.0785	0.2920	1.10	0.0031	0.9969	0.0223	0.1016	1.30	0.0007	0.9993	0.0049	0.0266					
0.91	0.0114	0.9886	0.0742	0.2790	1.11	0.0029	0.9971	0.0208	0.0956	1.31	0.0007	0.9993	0.0046	0.0247					
0.92	0.0107	0.9893	0.0700	0.2663	1.12	0.0027	0.9973	0.0194	0.0900	1.32	0.0006	0.9994	0.0042	0.0229					
0.93	0.0100	0.9900	0.0661	0.2510	1.13	0.0025	0.9975	0.0181	0.0816	1.33	0.0006	0.9994	0.0039	0.0212					
0.94	0.0094	0.9906	0.0623	0.2420	1.14	0.0023	0.9977	0.0169	0.0795	1.34	0.0006	0.9994	0.0035	0.0197					
0.95	0.0088	0.9912	0.0587	0.2305	1.15	0.0021	0.9979	0.0157	0.0746	1.35	0.0005	0.9995	0.0033	0.0182					
0.96	0.0082	0.9918	0.0553	0.2194	1.16	0.0020	0.9980	0.0146	0.0700	1.36	0.0005	0.9995	0.0030	0.0168					
0.97	0.0077	0.9923	0.0520	0.2086	1.17	0.0018	0.9982	0.0136	0.0656	1.37	0.0005	0.9995	0.0027	0.0156					
0.98	0.0072	0.9928	0.0489	0.1983	1.18	0.0017	0.9983	0.0126	0.0614	1.38	0.0004	0.9996	0.0025	0.0144					
0.99	0.0067	0.9933	0.0460	0.1883	1.19	0.0016	0.9984	0.0117	0.0575	1.39	0.0004	0.9996	0.0023	0.0133					

注意：

（1）对于 S/S_{max}，如果 $x/R<0$，从第一列取值，否则从第二列取值。

（2）对于 i/i_{max} 和 U/U_{max}，x/R 的正负没有区别。

（3）对于 $\varepsilon/\varepsilon_{max}$ 和 K/K_{max}，如果 $x/R<0$，取正值，否则取负值。

个点的沉陷预测，$x_1 = 76.2$（即工作面的中心）和$x_2 = 121.92$（即右侧的拐点）。计算的步骤如下面的表 2-3 所示。

表 2-3　案例计算步骤

项目	x_1	x_2
x/m	76.20	121.92
$x_1 = -(d_1 - x)$/m	45.72	91.44
x_1/R	0.75	1.50
$\phi_s(x_1/R)$	0.9698	0.9998
$x_2 = -(W - d_2 - x)$/m	−45.72	0.00
x_2/R	−0.75	0.00
$\phi_s(x_2/R)$	0.0302	0.5000
$S_1 - S_2$/m	0.86	0.46

由表 2-3 可以看出，工作面中心的最终沉陷（在删除沉陷研究有效小数点）为 0.86m，为最大沉陷值；工作面右侧拐点的最终沉陷值是 0.46m。最大沉陷值是 0.24m，小于给定的S_{max}，表明这是一个亚临界沉陷值，这也被$W_s = 91.44$m 所证实，即比值$W_c / R = 1.5$也表明这是一种亚临界条件。然而，由此产生的侧拐点沉陷 0.46m 正好约是S_{max}的一半，这也是拐点的一个独特特征。

图形解决方案技术也可以应用于计算完整的沉陷曲线。我们把图形解决方案技术应用于前面的示例中。左侧拐点位于前面，如图 2-14所示。表 2-2 显示了左

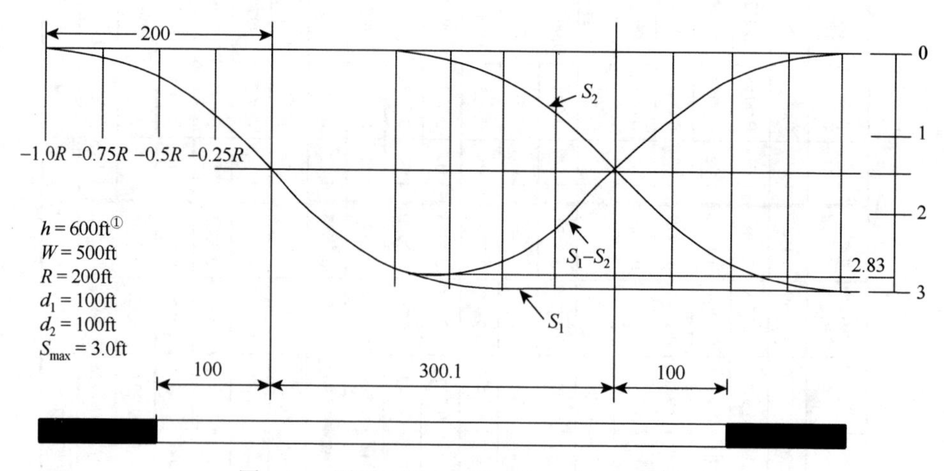

图 2-14　图形解决方案技术对最终沉陷的预测

① 1ft = 0.3048m。

侧拐点和沉陷盆地左侧边界之间的 5 个沉陷特征点，将它们绘制在图中并连成平滑的曲线，得到的曲线部分的副本反映在左侧拐点。这两个曲线部分形成了由从左侧工作面边缘半无限开采所形成的沉陷曲线。

下一步是找到右侧拐点。复制 S_1 到右侧拐点的位置就得到了 S_2。S_1 减去 S_2，就得到了最终沉陷量。图 2-14 清楚地显示了亚临界沉陷数据。这种方法也表明，如果右侧拐点朝着左边运动，亚临界条件的程度将会增加。然而如果 S_2 向右移动，最终沉陷可能变得至关重要，甚至成为超临界条件。因此，由于影响函数法可以通过自身调节适应从亚临界到超临界的状态，所以比剖面函数方法优越得多。

2.4.2　地表点的最终水平位移

如式（2-23）所示，地面某点的最终水平位移是由影响函数在左侧到右侧拐点之间的积分决定的。在对坐标系统进行类似于沉陷计算的转换之后（图 2-15），需要在影响函数前加一个负号。最终水平位移的数学表达式如式（2-27a）所示，最终水平位移如图 2-15 的阴影部分所示。在这个图中，负的区域明显大于正的区域，所以净面积（最终水平位移）是负的。

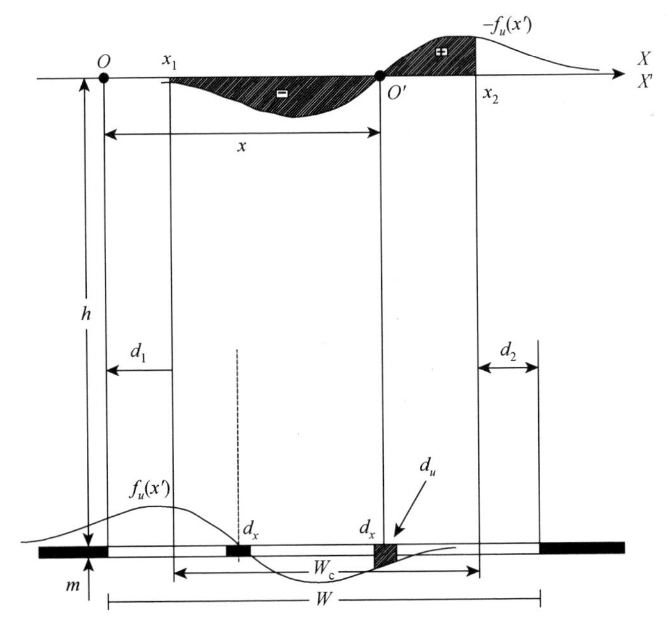

图 2-15　沿主要横截面的最终水平位移的计算系统

尽管水平位移（U）的影响函数比沉陷的影响函数更复杂，但它有近似解，如式（2-27b）所示。U/U_{max} 的比值在表 2-3 中列出，计算比较方便。由此产生的 x/R 的符号并没有改变。

$$U(x)=\frac{2\pi S_{max}}{Rh}\int_{d_1-x}^{W-d_2-x}x'\mathrm{e}^{-\pi\left(\frac{x'}{R}\right)^2}\mathrm{d}x' \tag{2-27a}$$

$$U(x)=\frac{RS_{max}}{h}\left[\mathrm{e}^{-\pi\left(\frac{d_1-x}{R}\right)^2}-\mathrm{e}^{-\pi\left(\frac{W-d_2-x}{R}\right)^2}\right] \tag{2-27b}$$

$$U(x)=U_{max}\left[\phi_u\left(\frac{x_1}{R}\right)-\phi_u\left(\frac{x_2}{R}\right)\right]=U_1-U_2 \tag{2-27c}$$

式（2-27b）和式（2-27c）也揭示了最大水平位移 U_{max} 与最大可能的沉陷量之间具有联系，主要影响半径和埋深可表示为 $U_{max}=\dfrac{RS_{max}}{h}$。$U_{max}$ 在拐点处，而下边的例子也证明了这一点。相比传统的假设 $U_{max}=b\cdot S_{max}$，水平位移因子 b 可以估算为 $b=R/h$。

使用预先确定的比率进行手工计算，确定 2.4.1 节案例中两点最终的水平位移。首先确定最大水平位移 $U_{max}=65.15\times3/195.44=0.3048\text{m}$。剩下的计算步骤如表 2-4 所示。它显示在工作面中心的水平位移为零，拐点处是最大的。

表 2-4 案例计算步骤

项目	x_1	x_2
x/m	76.20	121.92
x_1/R	0.75	1.50
$\phi_u(x_1/R)$	0.1708	0.0008
x_2/R	−0.75	0.00
$\phi_u(x_2/R)$	0.1708	1.0000
U_1-U_2/m	0.0000	−0.3048

另外图形解决方案技术也可以生成最终的水平位移资料。

2.4.3 地表点的最终倾斜

沿主要截面的最终倾斜值是关于 x 的沉陷一阶导数。最终倾斜值的数学表达式如式（2-28a）所示。为了便于手工计算和采用图形方案解决，倾斜函数可以改写成式（2-28b），最大可能的倾斜值为 $i_{max}=S_{max}/R$。

$$i(x)=\frac{S_{max}}{R}\left[\mathrm{e}^{-\pi\left(\frac{d_1-x}{R}\right)^2}-\mathrm{e}^{-\pi\left(\frac{W-d_2-x}{R}\right)^2}\right] \tag{2-28a}$$

$$i(x)=i_{\max}\left[\phi_i\left(\frac{x_1}{R}\right)-\phi_i\left(\frac{x_2}{R}\right)\right]=i_1-i_2 \tag{2-28b}$$

比较最终水平位移的数学表达式［式（2-27b）］和最终倾斜的数学表达式［式（2-28a）］后，我们发现表达分布的部分（中括号内）是相同的。因此，正如之前所假设的那样，倾斜确实与水平位移成正比。水平位移和倾斜值之间的关系如式（2-29）所示。因此，$i/i_{\max}$ 和 $U/U_{\max}$ 一同被列在表 2-3 中。

$$\frac{U(x)}{i(x)}=\frac{R^2}{h} \tag{2-29}$$

2.4.4　地表点的最终应变

最终应变是关于 x 的水平位移的一阶导数。推导出的最终应变的数学表达式［式（2-30a）］，再使用手工计算或图形方案解决应用方程［式（2-30b）］。

$$\varepsilon(x)=\frac{2\pi S_{\max}}{h}\left[\frac{d_1-x}{R}\mathrm{e}^{-\pi\left(\frac{d_1-x}{R}\right)^2}-\frac{W-d_2-x}{R}\mathrm{e}^{-\pi\left(\frac{W-d_2-x}{R}\right)^2}\right] \tag{2-30a}$$

$$\varepsilon(x)=\varepsilon_{\max}\left[\phi_\varepsilon\left(\frac{x_1}{R}\right)-\phi_\varepsilon\left(\frac{x_2}{R}\right)\right]=\varepsilon_1-\varepsilon_2 \tag{2-30b}$$

最大程度的拉伸应变为 $\varepsilon_{\max}=1.52S_{\max}/h$，发生在拐点之外的 $0.4R$ 的距离处。最大程度的压缩应变的大小和位置将取决于计算宽度（W_s）和主要影响半径（R）的比值。在临界和超临界条件下（$W_s/R\geqslant 2$），有两个最大的压缩应变，也是 $1.52S_{\max}/h$，位于左拐点以内 $0.4R$ 的距离处。然而，随着 W_s/R 的减少，压缩应变的峰值位置将朝着工作面中心移动，比值将会增加。最坏的情况是当 $W_s/R=0.8$ 时，最大压缩应变位于工作面的中心，是最大拉伸应变的两倍。

在进行手工计算时，应注意 $\varepsilon/\varepsilon_{\max}$ 的正负。当产生的 x/R 为负时，$\varepsilon/\varepsilon_{\max}$ 为正。如果 x/R 为正，$\varepsilon/\varepsilon_{\max}$ 则为负。

在 2.4.1 节的案例中，最终地面应变同样可以通过手工计算过程得到。最大拉伸应变为 $\varepsilon_{\max}=1.52\times3/600=7.6\times10^{-3}$m。计算步骤如表 2-5 所示。

表 2-5　案例计算步骤

项目	x_1	x_2	附注
x_1/R	0.75	1.50	x/R为正
$\phi_\varepsilon(x_1/R)$	−0.5206	−0.0054	ϕ_ε值为负
x_2/R	−0.75	0.00	x/R为负

续表

项目	x_1	x_2	附注
$\phi_\varepsilon(x_2/R)$	0.5206	0.0000	ϕ_ε值为正
$\varepsilon_1-\varepsilon_2$,m/m	-7.92×10^{-3}	-4.10×10^{-5}	

为了应用图形方案解决技术，选择了左侧拐点和沉陷盆地的左边界间的五个特征点，如表 2-6 所示。通过平滑地连接这五个点，得到应变的拉伸部分 ε_1。通过镜像左侧拐点的曲线，将得到 ε_1 的压缩部分。复制和粘贴应变数据 ε_1 到右侧拐点，就形成了应变数据 ε_2。将图上 ε_1 减去 ε_2，就得到最终应变（图 2-16）。

表 2-6　左侧拐点和沉陷盆地的左边界间的五个特征点

x/R	$\varepsilon/\varepsilon_{max}$
−1.0	0.179
−0.6	0.800
−0.4	1.000
−0.2	0.729
0.0	0.000

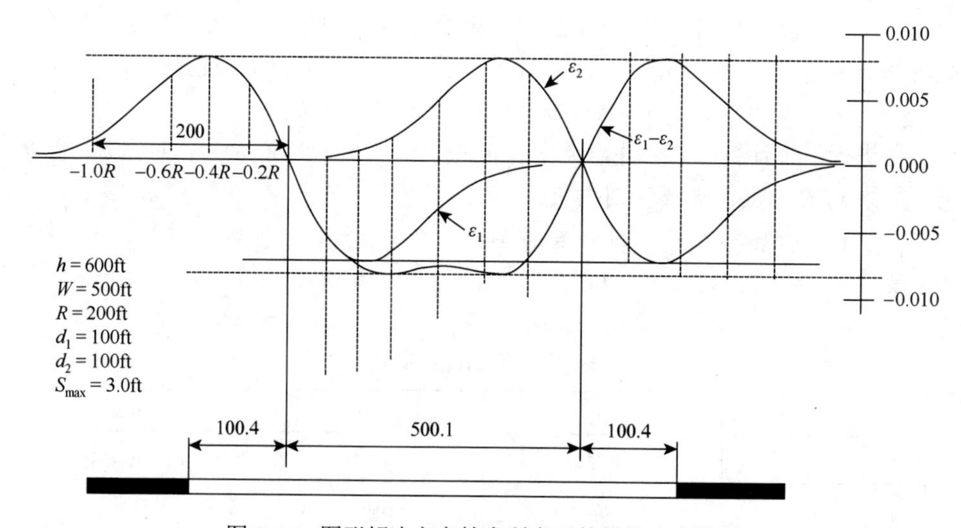

图 2-16　图形解决方案技术所表示的最终应力数据

2.4.5　地表点的最终曲率

曲率是斜率的一阶导数［式（2-28a）］或沉陷的二阶导数［式（2-24）］。最终曲率的数学表达式如式(2-31a)和式(2-31b)所示。最大凸曲率 $K_{\max}=1.52\,S_{\max}/R^2$。与斜率和水平位移之间的关系相同，应变力与曲率也成正比，它们的关系如式（2-32）所示。

$$K(x)=\frac{2\pi S_{\max}}{R^2}\left[\frac{d_1-x}{R}\mathrm{e}^{-\pi\left(\frac{d_1-x}{R}\right)^2}-\frac{W-d_2-x}{R}\mathrm{e}^{-\pi\left(\frac{W-d_2-x}{R}\right)^2}\right] \tag{2-31a}$$

$$K(x)=K_{\max}\left[\varphi_k\left(\frac{x_1}{R}\right)-\varphi_k\left(\frac{x_2}{R}\right)\right]=K_1-K_2 \tag{2-31b}$$

$$\frac{\varepsilon(x)}{K(x)}=\frac{R^2}{h} \tag{2-32}$$

2.5　水平煤层开挖后三维地表动态移动与变形计算

本节给出了应用影响函数法预测采矿导致的矩形采空区所引起的最终地表移动和变形的数学模型与计算方法。

2.5.1　地表点的最终沉陷

图 2-17 显示了全局标系的设置（*X-O-Y*），原点位于工作面的左下角，*X* 轴

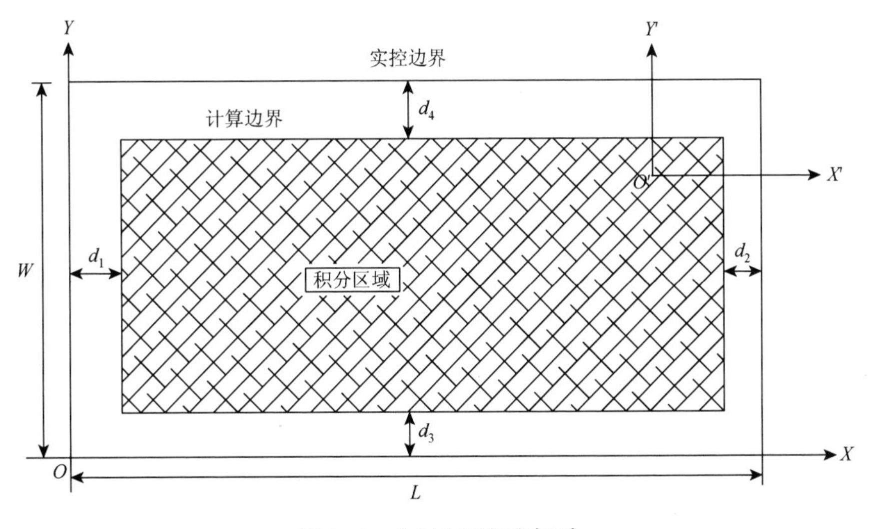

图 2-17　全局和局部坐标系

沿工作面横向方向，Y 轴沿工作面纵向方向。矩形采空区长度和宽度分别是 L 和 W。

最终沉陷量 $S(x,y)$ 在预测点 (x,y) 可以通过对三维沉陷影响函数［式（2-17）］在计算区域（图 2-17 中的阴影部分）进行积分［阴影部分为矿井采空区的实际边界减去相当于拐点（ d ）的距离］。为了使影响函数法能够应用灵活，我们假设在矩形采空区的四条边上的 d 值各不相同。

为了简化数学模型，我们设置一个局部坐标系（X'-O'-Y'），原点被放置在预测点上。预测点的最终沉陷数学表达式如式（2-33）所示。

$$S(x,y)=\frac{S_{\max}}{R^2}\iint_A \mathrm{e}^{-\pi\left(\frac{x'^2+y'^2}{R^2}\right)}\mathrm{d}A$$

$$S(x,y)=\frac{S_{\max}}{R^2}\int_{d_1-x}^{L-d_2-x}\mathrm{e}^{-\pi\left(\frac{x'}{R}\right)^2}\mathrm{d}x'\cdot\int_{d_3-y}^{W-d_4-y}\mathrm{e}^{-\pi\left(\frac{y'}{R}\right)}\mathrm{d}y \tag{2-33}$$

应用 2.4.5 节所述的方法，最终沉陷的表达式被改写成下面的形式。

$$S(x,y)=\frac{S_x(x)\cdot S_y(y)}{S_{\max}}=S_{\max}\cdot C_x\cdot C_y \tag{2-34}$$

式中，$S_x(x)$ 是沿 X 轴主要截面得到的最终沉陷，其在 Y 轴方向上的边界位置足够远，不会影响截面。与之类似，$S_y(y)$ 是沿 Y 轴主要截面得到的最终沉陷。根据式（2-34），沉陷盆地可以分解成两个正交的主要截面；这种确定主要截面沉陷的方法可以分别应用于计算 $S_x(x)$ 和 $S_y(y)$。

式（2-34）中的 C_x 和 C_y 分别是 $S_{\max}$ 沿着 X 轴和 Y 轴主要截面归一化沉陷，如式（2-35a）、式（2-35b）和表 2-7 所示。

$$C_x=\frac{1}{R}\int_{d_1-x}^{L-d_2-x}\mathrm{e}^{-\pi\left(\frac{x'}{R}\right)^2}\mathrm{d}x'=\phi_s\left(\frac{x_1}{R}\right)-\phi_s\left(\frac{x_2}{R}\right) \tag{2-35a}$$

$$C_y=\frac{1}{R}\int_{d_3-y}^{W-d_4-y}\mathrm{e}^{-\pi\left(\frac{y'}{R}\right)^2}\mathrm{d}y'=\phi_s\left(\frac{y_1}{R}\right)-\phi_s\left(\frac{y_2}{R}\right) \tag{2-35b}$$

在上面的两个方程中，极限值为：$x_1=-(d_1-x)$，$x_2=-(L-d_2-x)$，$y_1=-(d_3-y)$ 和 $y_2=-(W-d_4-y)$。

表 2-7 案例计算步骤

项目	X 轴主要截面	Y 轴主要截面
x 或 y / m	45.73	106.71
x_1 或 y_1 / m	15.24	76.22
x_1/R 或 y_1/R	0.25	1.25

续表

项目	X 轴主要截面	Y 轴主要截面
$\phi_s(x_1/R)$或$\phi_s(y_1/R)$	0.7345	0.9990
x_2或y_2 / m	−1448.17	−15.24
x_2/R或y_2/R	−23.75	−0.25
$\phi_s(x_2/R)$或$\phi_s(y_2/R)$	0.0000	0.2655
C_x或C_y	0.7345	0.7335

举例：一个矩形开采采空区的 $L = 1524\text{m}$，$W = 152.4\text{m}$，$h = 182.88\text{m}$。最终沉陷参数为：$R = 60.96\text{m}$，$S_{\max} = 0.91\text{m}$，$d_1 = d_2 = d_3 = d_4 = 30.48\text{m}$。需要预测工作面左侧边缘内 45.72m 处（$x$）和底部边缘上方 106.68m 的表面点处（$y$）的最终沉陷。计算的步骤如表 2-7 所示。预测点的最终沉陷可以确定为：$S(45.72, 106.68) = 0.9144 \times 0.7345 \times 0.7335 = 0.4925\text{m}$。

2.5.2　地表点的最终水平位移

为了预测某一表面点的最终水平位移，首先需要确定 x-和 y-的组成。为了确定这两个分量，需要在计算区域对式（2-21a）和式（2-21b）进行水平位移影响函数的积分。例如，水平移动在 X 轴的分量可以表示为

$$U_x(x,y) = \iint_A f_{ux}(x',y')\mathrm{d}x'\mathrm{d}y' \tag{2-36}$$

经过相同的坐标系变换（“−”添加到逆转的影响函数），上述方程可以转换成式（2-37）。

$$U_x(x,y) = \left[\frac{2\pi S_{\max}}{Rh}\int_{d_1-x}^{L-d_2-x} x'\mathrm{e}^{-\pi\left(\frac{x'}{R}\right)}\mathrm{d}x'\right]\cdot\left[\frac{1}{R}\int_{d_3-y}^{W-d_4-y}\mathrm{e}^{-\pi\left(\frac{y'}{R}\right)}\mathrm{d}y'\right] \tag{2-37}$$

很显然，上述方程的第一部分是当工作面宽度大于临界尺寸时沿着 X 轴主要截面的水平位移 $U'_x(x)$。第二部分是归一化沉陷 Y 轴的主要截面公式，如式(2-35b)所示。因此 X 轴分量的水平位移为

$$U_x(x,y) = U'_x(x)\cdot C_y(y) \tag{2-38}$$

同样 Y 轴分量的水平位移为

$$U_y(x,y) = U'_y(y)\cdot C_x(x) \tag{2-39}$$

由于水平位移的两个分量在一个表面点就已经确定，所以沿指定方向最终水平位移为式（2-40）。指定的方向定义为从 X 轴逆时针方向测量的角度 ϕ，主水平布置的大小的方向分别由式（2-41）和式（2-42）决定。

$$U_\phi(x,y)=U_x'(x)C_y(y)\cos\phi+U_y'(y)C_x(x)\sin\phi \tag{2-40}$$

$$U=\sqrt{U_x^2+U_y^2} \tag{2-41}$$

$$\phi=\arctan\left(\frac{U_y}{U_x}\right) \tag{2-42}$$

仍然采用2.5.1节的问题，预测沿$\phi=10°$的水平位移方向和主要的水平位移。

表2-8列出了解决方案的步骤。计算沿X轴和Y轴主要截面的水平位移$U_x'(x)$和$U_y'(y)$已经在2.5.1节中进行了介绍并且列出结果。

表2-8 案例计算步骤

项目	X方向	Y方向	备注
x或y	45.73	106.71	
U_x'或U_y'	0.2504	−0.2482	2.5.1节介绍的方法
C_x或C_y	0.7345	0.7335	表2-7
U_x或U_y	0.1849	−0.1823	

由此产生的X轴和Y轴分量的水平位移预测点分别是0.1849m和−0.1823m。沿着指定的水平位移方向确定为

$$U(10°)=0.1849\times\cos10°-0.1823\times\sin10°=0.1504\text{m}$$

基于式(2-41)和式(2-42)，主要的水平位移的大小和方向分别是$U=0.2597\text{m}$，$\phi_u=-44.6°$。

2.5.3 地表点的最终倾斜

沿指定方向ϕ的表面点的最终倾斜是沉陷对极距ρ的一阶导数，如式（2-43）所示。

$$i_\phi=\frac{\mathrm{d}S(x,y)}{\mathrm{d}\rho}=\frac{\partial S}{\partial x}\frac{\mathrm{d}x}{\mathrm{d}\rho}+\frac{\partial S}{\partial y}\frac{\mathrm{d}y}{\mathrm{d}\rho} \tag{2-43}$$

式（2-43）的四项分别为：$\frac{\partial S}{\partial x}=\frac{\partial}{\partial x}\left[\frac{S_{\max}}{R}\int_{d_1-x}^{L-d_2-x}\mathrm{e}^{-\pi\left(\frac{x'}{R}\right)}\mathrm{d}x'\cdot\frac{1}{R}\int_{d_3-y}^{W-d_4-y}\mathrm{e}^{-\pi\left(\frac{y'}{R}\right)^2}\mathrm{d}y'\right]=i_x'(x)\cdot C_y(y)$；$\frac{\partial S}{\partial y}=i_y'(y)\cdot C_x(x)$；$\frac{\mathrm{d}x}{\mathrm{d}\rho}=\cos\phi$；$\frac{\mathrm{d}y}{\mathrm{d}\rho}=\sin\phi$。

将这些导出表达式代入式（2-43），最终的表面斜率如式（2-44）所示。其中

$i'_x(x)$ 是斜率沿着 X 轴主要的横截面不影响 Y 轴方向的边界效应。同样，$i'_y(y)$ 是斜率沿 Y 轴主要横截面不影响 X 轴方向的边界效应。

$$i_\phi(x,y)=i'_x(x)C_y(y)\cos\phi+i'_y(y)C_x(x)\sin\phi \tag{2-44}$$

方向 (ϕ_i) 和大小 (i) 的计算公式为式（2-45）和式（2-46）。

$$\phi_i=\arctan\left[\frac{i'_y(y)\cdot C_x(x)}{i'_x(x)\cdot C_y(y)}\right] \tag{2-45}$$

$$i=\sqrt{[i'_x(x)C_y(x)]^2+[i'_y(y)C_x(x)]^2} \tag{2-46}$$

2.5.4　地表点的最终应变

类似于表面点的最终倾斜，表面点沿指定方向的最终应变被定义为水平位移对极距 ρ 的一阶导数。将式（2-47）中的四个导数项的推导式代入后，预测点的最终地面应变为式（2-48）。在式（2-48）中，$\varepsilon'_x(x)$ 是沿着 X 轴主要截面应变不受任何来自从 Y 轴方向边界的影响。同样，$\varepsilon'_y(y)$ 是应变沿 Y 轴主要截面。

$$\varepsilon_\phi(x,y)=\frac{\mathrm{d}U_\phi(x,y)}{\mathrm{d}\rho}=\frac{\partial U_\phi}{\partial x}\frac{\mathrm{d}x}{\mathrm{d}\rho}+\frac{\partial U_\phi}{\partial y}\frac{\mathrm{d}y}{\mathrm{d}\rho} \tag{2-47}$$

$$\varepsilon_\phi=\varepsilon'_xC_y\cos^2\phi+\frac{U'_xi'_y+U'_yi'_x}{S_{\max}}\sin\phi\cos\phi+\varepsilon'_yC_x\sin^2\phi \tag{2-48}$$

主应变的方向 (ϕ_ε) 和应变大小（ε）分别如式（2-49）和式（2-50）所示。

$$\phi_\varepsilon=\frac{1}{2}\arctan\left[\frac{U'_xi'_y+U'_yi'_x}{S_{\max}(\varepsilon'_xC_y-\varepsilon'_yC_x)}\right] \tag{2-49}$$

$$\varepsilon=\frac{1}{2}(\varepsilon'_xC_y+\varepsilon'_yC_x)+\frac{1}{2}\sqrt{(\varepsilon'_xC_y-\varepsilon'_yC_x)^2+\frac{(U'_xi'_y+U'_yi'_x)^2}{S_{\max}}} \tag{2-50}$$

2.5.5　地表点的最终曲率

在某一特定方向上的某一表面点处的最终曲率为该点倾斜值对极距 ρ 的一阶导数，如式（2-51）所示。最终曲率的数学表达式见式（2-52）。$K'_x(x)$ 是曲率沿 X 轴主要横截面不受从 Y 轴方向边界影响。$K'_y(y)$ 是沿着 Y 轴主要截面曲率。

$$K_\phi(x,y)=\frac{\mathrm{d}i_\phi(x,y)}{\mathrm{d}\rho}=\frac{\partial i_\phi}{\partial x}\frac{\mathrm{d}x}{\mathrm{d}\rho}+\frac{\partial i_\phi}{\partial y}\frac{\mathrm{d}y}{\mathrm{d}\rho} \tag{2-51}$$

$$K_\phi(x,y)=K'_x(x)C_y(y)\cos^2\phi+\frac{i'_xi'_y}{S_{\max}}\sin2\phi+K'_y(y)C_x(x)\sin^2\phi \tag{2-52}$$

主曲率的方向(ϕ_k)和大小（K）如式（2-53）和式（2-54）所示。

$$\phi_k = \frac{1}{2}\arctan\left[\frac{2i'_x i'_y}{S_{\max}(K'_x C_y - K'_y C_x)}\right] \tag{2-53}$$

$$K = \frac{1}{2}(K'_x C_y + K'_y C_x) + \frac{1}{2}\sqrt{(K'_x C_y + K'_y C_x)^2 + \frac{(2i'_x i'_y)^2}{S_{\max}}} \tag{2-54}$$

2.6　倾斜煤层开挖后二维地表终态移动与变形计算

在主要的煤炭生产国，对于倾斜煤层通常采用长壁工作面进行开采。根据长期以来的报道可见，倾斜煤层长壁作业引起的最终沉陷盆地特征与近水平煤层开采引起的沉陷盆地特征有很大的不同。虽然许多学者已经提出了许多不同的方法来预测倾斜煤层的最终沉陷，但大多数方法仍然是经验法，包括图形法和剖面函数法[46, 47]。经验法是因地制宜的，为亚临界条件开发的方法不适用于超临界情况，反之亦然。相比之下，影响函数法则更灵活，适用于从亚临界到超临界地下煤层开采的变化，已被用于预测倾斜煤层的最终沉陷。在本节中，建立了基于影响函数法用于预测在倾斜煤层中出现的长壁采区最终表面运动和变形的方法。这种方法是基于德国经验和沉陷研究的结果，在美国已经开发了这种方法[45, 48, 49]。

2.6.1　影响函数

在沉陷预测中采用影响函数法的两个基本步骤是：①定义影响函数，描述沉陷对地表的影响；②在“开采区域”内对影响函数进行积分。应仔细定义适当形式的影响函数，以便能够很好地代表沉陷过程中涉及的动态变化机制。

本部分对 Knothe 理论中的沉陷影响函数的原始形式进行了修正，以表示沿煤层倾角方向的非对称沉陷影响。图 2-18 是应用影响函数法预测倾斜煤层开采最终沉陷的方案。首先需要建立一个全局坐标系（O-X），原点（O）位于工作面左边缘上方并且其正方向指向工作面右边缘侧。要预测的最终表面沉陷的表面点与原点的距离为 x_{p}。定义影响函数涉及的一些重要参数有：

（1）工作面下边界角和上边界角（γ_{H} 和 γ_{L}）。当 γ_{H} 和 γ_{L} 从工作面的上、下边缘向上绘制时，指向了最终下沉盆地的上、下边缘。当它们从表面点向下绘制时，其展示的是煤层中的开采将影响表面的区域范围，这两条线是下部和上部影响边界线。通常极限角度取决于煤层倾角的角度 α。Rom[48]根据德国经验制定了一个图表来确定 γ_{H} 和 γ_{L}。中国也在许多采矿区测定了极限角度，得出了相关经验公式。

（2）极顶角（μ）。显示了指定的表面点（P）和煤层中影响表面点 P 最大的煤层开采单元影响点（Z）之间的空间关系。应该注意，PZ 线平分从表面点下部和上部影响边界线之间形成的角度。极顶角由式（2-55）确定。

$$\mu=\frac{1}{2}(\mu_{\mathrm{L}}-\mu_{\mathrm{H}}) \tag{2-55}$$

影响函数的最大有效半径（R_{L} 和 R_{H}）分别在最大煤层开采单元影响点（Z）的下侧和上侧，如图 2-18 所示。它们可以通过分别找到倾斜煤层与下影响边界线和上影响边界线之间的交点来确定。当预测点位于工作面左侧边缘的 x_{p} 处时，下影响边界和上影响边界（γ_{H} 和 γ_{L}）的直线方程分别为式（2-56）和式（2-57）。

$$y=-(x_{\mathrm{p}}-x)\tan\gamma_{\mathrm{L}} \quad x<x_{\mathrm{p}} \tag{2-56}$$

$$y=-(x-x_{\mathrm{p}})\tan\gamma_{\mathrm{H}} \quad x\geqslant x_{\mathrm{p}} \tag{2-57}$$

倾斜煤层的线方程式为

$$y=-h_1+x\tan\alpha \tag{2-58}$$

下影响边界与煤层之间的交点的坐标由式（2-59）和式（2-60）确定。

$$x_{\mathrm{L}}=\frac{h_1-x_{\mathrm{p}}\tan\gamma_{\mathrm{L}}}{\tan\alpha-\tan\gamma_{\mathrm{L}}} \tag{2-59}$$

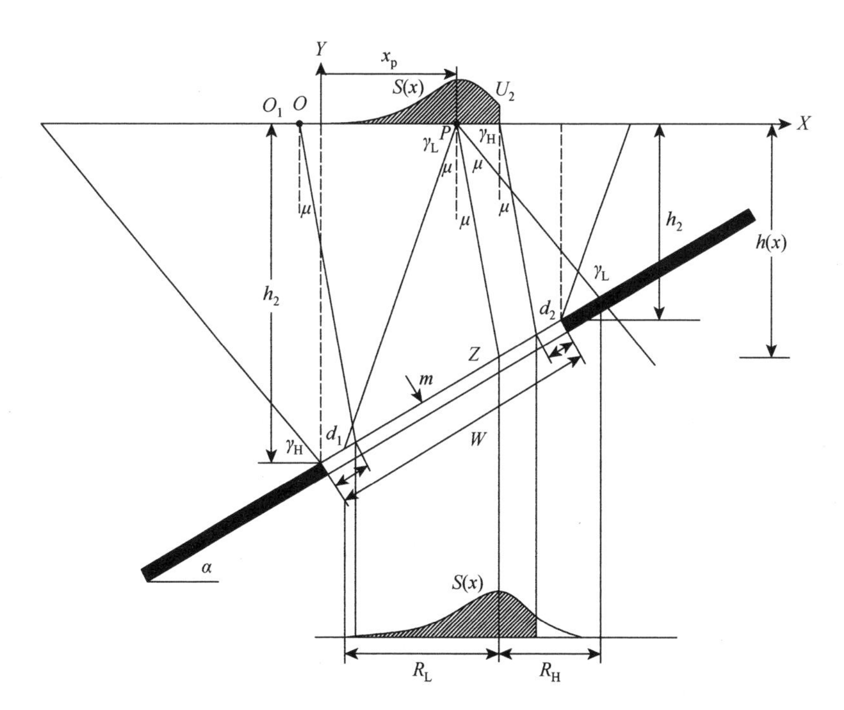

图 2-18　应用影响函数法预测倾斜煤层开采中的最终沉陷的方案

$$y_{\mathrm{L}}=\left(\frac{h_1-x_{\mathrm{p}}\tan\gamma_{\mathrm{L}}}{\tan\alpha-\tan\gamma_{\mathrm{L}}}-x_{\mathrm{p}}\right)\tan\gamma_{\mathrm{L}} \tag{2-60}$$

上影响边界与煤层之间的交点坐标为

$$x_{\mathrm{H}}=\frac{h_1+x_{\mathrm{p}}\tan\gamma_{\mathrm{H}}}{\tan\alpha+\tan\gamma_{\mathrm{H}}} \tag{2-61}$$

$$y_{\mathrm{H}}=\left(x_{\mathrm{p}}-\frac{h_1+x_{\mathrm{p}}\tan\gamma_{\mathrm{H}}}{\tan\alpha+\tan\gamma_{\mathrm{H}}}\right)\tan\gamma_{\mathrm{H}} \tag{2-62}$$

通过求出 PZ 的线方程与倾斜煤层的线方程之间的交点来确定最大煤层开采影响点（Z）的位置。最大提取影响点的坐标如式（2-63）和式（2-64）。

$$x_{\mathrm{Z}}=\frac{h_1+\dfrac{x_{\mathrm{p}}}{\tan\mu}}{\dfrac{1}{\tan\mu}+\tan\alpha} \tag{2-63}$$

$$y_{\mathrm{Z}}=h(x_{\mathrm{p}})=\frac{1}{\tan\mu}\left(\frac{h_1\tan\mu+x_{\mathrm{p}}}{1+\tan\alpha\tan\mu}-x_{\mathrm{p}}\right) \tag{2-64}$$

下侧和上侧的主要影响有效半径可以分别使用式（2-65）和式（2-66）进行确定。这些主要影响半径取决于 x_{p}、α、γ_{L}、γ_{H} 和 H。

$$R_{\mathrm{L}}=x_{\mathrm{Z}}-x_{\mathrm{L}} \tag{2-65}$$

$$R_{\mathrm{H}}=x_{\mathrm{H}}-x_{\mathrm{Z}} \tag{2-66}$$

定义影响函数的另一个参数是最大的沉陷量 $S_{\max}$。通常 $S_{\max}$ 随着 H 的增加而减小。因此，沿横截面的 $S_{\max}$ 随着 x_{p} 变化。我们可以假设对于倾斜煤层，$S_{\max}$ 在预测点处是有效距离（h_{e}）的函数而不是真实深度的函数。有效距离可以根据预测点的坐标（x_{p}，0）和最大开采单元影响点（$x_{\mathrm{Z}},y_{\mathrm{Z}}$）进行计算。

$$h_{\mathrm{e}}=\sqrt{(x_{\mathrm{Z}}-x_{\mathrm{p}})^2+y_{\mathrm{Z}}^2} \tag{2-67}$$

真实沉陷系数（a）可以通过将式（2-67）代入收集的美国和澳大利亚长壁采煤沉陷数据中得出的经验公式来估算[50]：

$$(a)=1.9381(h_{\mathrm{e}}+23.4185)^{-0.1884} \tag{2-68}$$

倾斜煤层在地面点 x_{p} 处的最大沉陷量由式（2-69）确定。

$$S_{\max}=ma\cos\alpha \tag{2-69}$$

在定义影响函数的第一步中，Knothe 理论中的影响函数的原始形式被修改为在倾斜煤层开采时的修正模式[43]。与水平煤层的影响函数不同，倾斜煤层的影响函数［(式 2-70)］由于有效距离的不同而改变了其在不同位置的大小和分布。应当注意的是，在表达该影响函数中使用的是局部坐标系，该局部坐标系将其原点放置在预测点（P），并将其正方向与右侧对齐。

$$\begin{cases} f_s(x') = \dfrac{S_{\max}}{R_{\mathrm{L}}} \mathrm{e}^{-\pi\left(\frac{x'}{R_{\mathrm{L}}}\right)^2}, & x' < 0 \\ f_s(x') = \dfrac{S_{\max}}{R_{\mathrm{H}}} \mathrm{e}^{-\pi\left(\frac{x'}{R_{\mathrm{H}}}\right)^2}, & x' \geqslant 0 \end{cases} \tag{2-70}$$

式（2-70）中的影响函数变为两部分，在 $x'=0$ 处具有“中心”点的片段在倾角 30°时开采 2.1m 厚煤层的影响函数如图 2-19 所示。它被绘制为在开采煤层正上方约 252m 的点。在该位置处，地表最大下沉点移动到预测点的右侧水平距离约为 59m。有效距离（h_e）约为 226m，小于实际深度。在下侧的主要影响的半径约为 183m，而在上侧的半径约为 123m。应当注意，式（2-70）中的影响函数在如图 2-19 所示的“中心”点处并不是连续的。在 $x'=0$ 时下侧的影响函数的最大值为 $S_{\max}/R_{\mathrm{L}}$，而上侧的最大值为 $S_{\max}/R_{\mathrm{H}}$。由于 R_{H} 小于 R_{L}，所以两个最大值之间的差为 $S_{\max}=1/R_{\mathrm{H}}-R_{\mathrm{L}}$。由于影响函数的这种不连续性，在最终地表移动和变形的预测曲线中一定会出现不规则的结果。

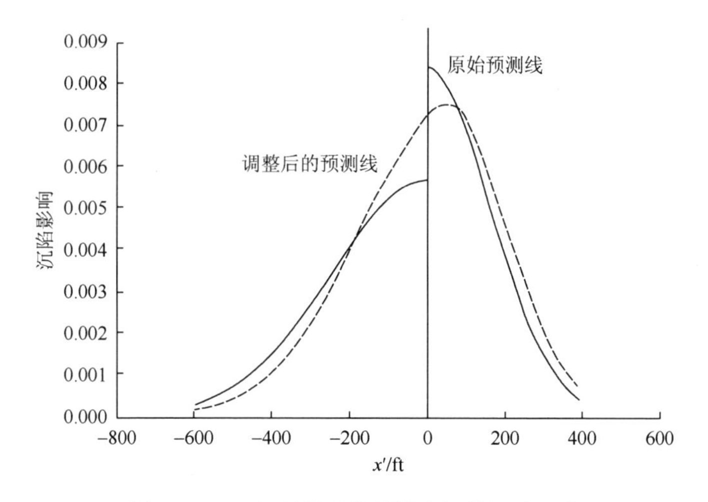

图 2-19　30°倾斜煤层的原始和调整影响函数

为了使影响函数［式（2-70）］在“中心”点连续，有必要对影响函数在下方（$x'\leqslant 0$）和上方（$x'\geqslant 0$）进行调整。调整方法应满足以下两个基本要求。

（1）调整后的影响函数在 $x'=0$ 的下侧的最大值应等于上侧的最大值。

$$\overline{f}_s(x'=0)^{\text{lower}} = \overline{f}_s(x'=0)^{\text{upper}} \tag{2-71}$$

（2）在“中心”点的每一侧，在调整前后对表面预测点处的最终沉陷的影响应保持相同。

$$\begin{cases} \int_{-R_{\mathrm{L}}}^{0} f_s(x')\mathrm{d}x' = \int_{-R_{\mathrm{L}}}^{0} \overline{f}_s(x')\mathrm{d}x' \\ \int_{0}^{R_{\mathrm{H}}} f_s(x')\mathrm{d}x' = \int_{0}^{R_{\mathrm{H}}} \overline{f}_s(x')\mathrm{d}x' \end{cases} \tag{2-72}$$

为了满足要求（1），函数在 $x'=0$ 处的值强制变为 $\frac{S_{\max}}{2}\left(\frac{1}{R_{\mathrm{L}}}+\frac{1}{R_{\mathrm{H}}}\right)$，为了满足要求（2），每侧的影响函数都乘以一个线性调整函数，如图 2-20 所示。在每个调整函数中，A_{L} 和 A_{H} 是使式（2-71）成立的系数，B_{L} 和 B_{H} 分别是影响函数的下侧和上侧的调整函数的斜率。这些线性方程的系数定义为

$$\begin{cases} A_{\mathrm{L}} = \frac{1}{2}\left(\frac{R_{\mathrm{L}}}{R_{\mathrm{H}}}+1\right) \\ A_{\mathrm{H}} = \frac{1}{2}\left(\frac{R_{\mathrm{H}}}{R_{\mathrm{L}}}+1\right) \end{cases} \tag{2-73}$$

$$\begin{cases} B_{\mathrm{L}} = \dfrac{\frac{1}{2}\left(\frac{R_{\mathrm{L}}}{R_{\mathrm{H}}}+1\right)[1+f_{\mathrm{L}}(\alpha)]-2\cdot f_{\mathrm{L}}(\alpha)}{R_{\mathrm{L}}} \\ B_{\mathrm{H}} = \dfrac{\frac{1}{2}\left(\frac{R_{\mathrm{H}}}{R_{\mathrm{L}}}+1\right)[1+f_{\mathrm{H}}(\alpha)]-2\cdot f_{\mathrm{H}}(\alpha)}{R_{\mathrm{H}}} \end{cases} \tag{2-74}$$

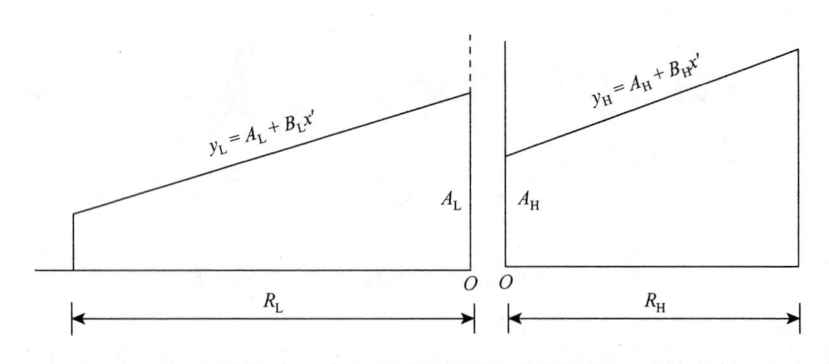

图 2-20　在上下两面的影响功能调节

在式（2-74）中，$f_{\mathrm{L}}(\alpha)$ 和 $f_{\mathrm{H}}(\alpha)$ 是调整函数，用来适应倾角变化，它们在每个倾角处的值是通过式（2-72）单独确定的。通过回归研究，得到的经验公式为

$$\begin{cases} f_{\mathrm{L}}(\alpha)=\begin{cases}0.9808+0.0041\alpha-0.0006\alpha^2, & \alpha\leqslant 38.2° \\ 0 & , \alpha>38.2°\end{cases} \\ f_{\mathrm{H}}(\alpha)=1+0.0063\alpha \end{cases} \tag{2-75}$$

将式（2-73）～式（2-75）应用到调整以后的影响函数中得到式（2-76）。调整后的影响函数的分布曲线为图2-19中的虚线。调整后，影响函数的两侧在“中心”点完美匹配，但影响函数向上侧倾斜。随着倾斜角 α 的增加，这种不对称性会变得更加明显。除此之外，这种调整方法不能确保一阶导数在“中心”点也能够连续。

$$\bar{f}_s(x')=\begin{cases}\dfrac{S_{\max}}{R_{\mathrm{L}}}\mathrm{e}^{-\pi\left(\frac{x'}{R_{\mathrm{L}}}\right)^2}\times(A_{\mathrm{L}}+B_{\mathrm{L}}x'), & x'\leqslant 0 \\ \dfrac{S_{\max}}{R_{\mathrm{H}}}\mathrm{e}^{-\pi\left(\frac{x'}{R_{\mathrm{L}}}\right)^2}\times(A_{\mathrm{H}}+B_{\mathrm{H}}x'), & x'\geqslant 0\end{cases} \tag{2-76}$$

2.6.2　最终地表运动和变形

1. 最终下沉值的确定

基于影响函数的理论，某一表面点处的最终下沉量是煤层中所有开采单元开挖后对该点所产生的影响的总和。数学上来说，它是影响“开采”区域的函数的积分。在考虑工作面计算边界覆盖层和坐标系统的等效变换之后，预测点处的最终表面沉陷可以通过左右平面之间对调整影响函数的积分来确定（图2-19）。首先使用经验公式确定煤层水平处的拐点的偏移[51]（d_1 和 d_2）。在式（2-77）中使用工作面的左边缘和右边缘上的实际覆盖层深度（h_1 和 h_2）以分别获得工作面的左侧和右侧上的拐点偏移距。

$$d_{1,2}=h_{1,2}(0.382075\times 0.999253^{h_{1,2}}) \tag{2-77}$$

由于该角度表示由地下开采引起的对地表的最大影响线（图2-18），因此将这两个拐点从煤层投影到具有极顶角（μ）的表面是合理的。通过这样的投影，全局坐标系统中的左拐点和右拐点的坐标 x_1 和 x_2 被确定为

$$\begin{cases} x_1=d_1\cos\alpha-(h_1-d_1\sin\alpha)\tan\mu \\ x_2=(W-d_2)\cos\alpha-(h_2+d_2\sin\alpha)\tan\mu \end{cases} \tag{2-78}$$

为了使影响函数能在拐点处积分，拐点应以局部坐标表示。

$$\begin{cases} x_1'=x_1-x_{\mathrm{p}} \\ x_2'=x_2-x_{\mathrm{p}} \end{cases} \tag{2-79}$$

由于影响函数被定义为两部分，所以积分下限应该分为两段，一个在预测点的左侧，另一个在预测点的右侧，如式（2-79）所示。在预测点的最终沉陷 x_p 如图 2-18 所示。阴影区域的计算公式为

$$S(x_p)=\int_{b_2}^{b_1}\left[\frac{S_{\max}}{R_L}(A_L+B_{Lx'})e^{-\pi\left(\frac{x'}{R_L}\right)^2}\right]dx'+\int_{a_2}^{a_1}\left[\frac{S_{\max}}{R_H}(A_H+B_{Hx'})e^{-\pi\left(\frac{x'}{R_H}\right)^2}\right]dx' \quad (2\text{-}80)$$

根据预测点的位置，在影响函数的积分中涉及以下三种可能性：

（1）两个拐点位于预测点的左侧，或 $x_2<x_p$。在这种情况下，两个积分的下限和上限为

$$a_1=x_1',\ b_1=x_2',\ a_2=0,\ b_2=0$$

（2）预测点位于左拐点和右拐点之间，或 $x_1<x_p\leqslant x_2$。

$$a_1=x_1',\ b_1=0,\ a_2=0,\ b_2=x_2'$$

（3）两个拐点位于预测点的右侧，或 $x_1>x_p$。

$$a_1=0,\ b_1=0,\ a_2=x_1',\ b_2=x_2'$$

2. 最终地表运动和变形

最终地表点的移动（即水平位移）和变形（即斜率、应变和曲率）与最终地表下沉直接相关。最终地表斜率定义为

$$i(x_p)=\frac{dS(x_p)}{dx_p} \quad (2\text{-}81)$$

基于沉陷理论，最终的水平位移与最终斜率成比例。对于水平煤层，比例系数定义为 R/H，其中 R 是主要影响半径，H 是上覆岩层厚度。对于倾斜煤层，在确定比例系数时，应将 R_L 和 R_H 的平均值替换为 R 和有效距离 h_e，因此，在预测点的水平位移定义为

$$U(x_p)=\frac{(R_L+R_H)^2}{4\times h_e}\times i(x_p) \quad (2\text{-}82)$$

在预测点的表面最终应变和曲率分别是最终水平位移和斜率的一阶导数。

$$\varepsilon(x_p)=\frac{dU(x_p)}{dx_p} \quad (2\text{-}83)$$

$$K(x_p)=\frac{di(x_p)}{dx_p} \quad (2\text{-}84)$$

应当注意，式（2-80）～式（2-83）的完整导出表达式非常冗长，并且难以在此呈现。然而，与使用数值微分技术来计算这四个表达式相比，使用程序中的函数导出的表达式来执行所需的计算时间将大大减少。

2.6.3　计算机程序

基于这个数学模型，在 Visual Basic 中开发了一个计算机程序。用户界面被组织成四个选项卡。程序输入屏幕如图 2-21 所示。它只需要基本的几何信息，如煤层的倾斜角、下工作面边缘的深度、开采高度和工作面宽度及工作面下侧和上侧的极限角度，程序可以自动计算获得表格和图形格式的预测结果，并将其输出到 Microsoft Excel 电子表格中。

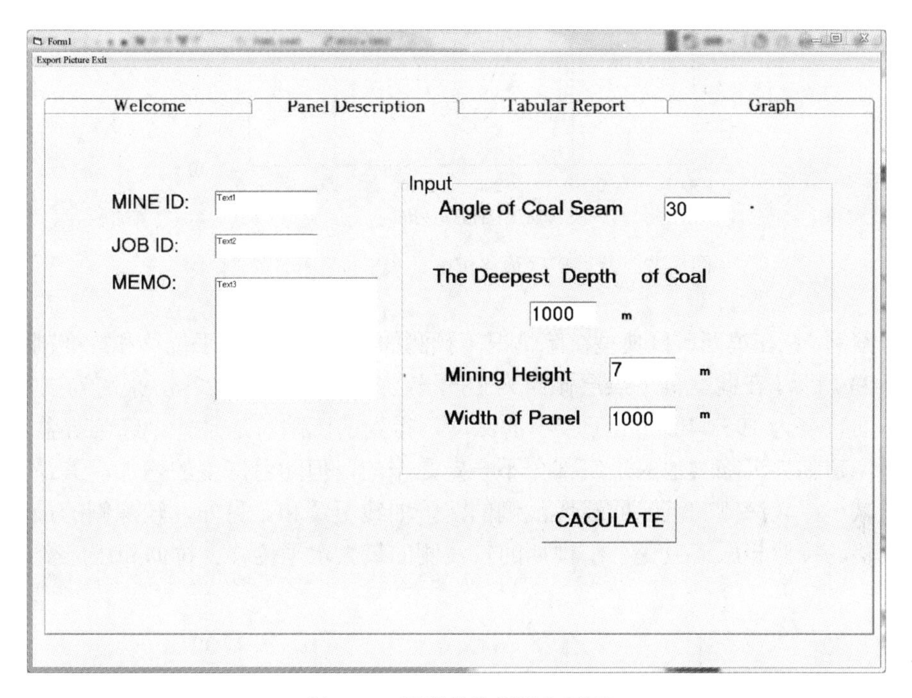

图 2-21　程序的数据输入画面

2.6.4　案例研究

为了证明数学模型和开发程序的正确性，本部分列举了在中国具有不同煤层倾角的煤层的矿区应用该种方法获得的计算结果。在这些情况下，可以使用不同矿区自定义的极限角（μ_L和μ_H）的经验值。

案例 1：峰峰矿区主横断面的典型最终沉陷、水平位移和应变剖面如图 2-22 所示。煤层倾角为 11°，下工作面边缘的覆盖层深度为 229m。采高和工作面宽度分别为 1.7m 和 183m。所有三个剖面都显示为亚临界沉陷条件。最大沉陷位置为 0.78m，距离左工作面边缘约 82m。工作面边缘两侧的最大水平位移约为 0.335m。

工作面的下侧和上侧的最大拉伸应变分别为 6.37×10^{-3}m/m 和 7.02×10^{-3}m/m。最大压缩应变为 1.18×10^{-2}m/m，几乎是最大拉伸应变的两倍。

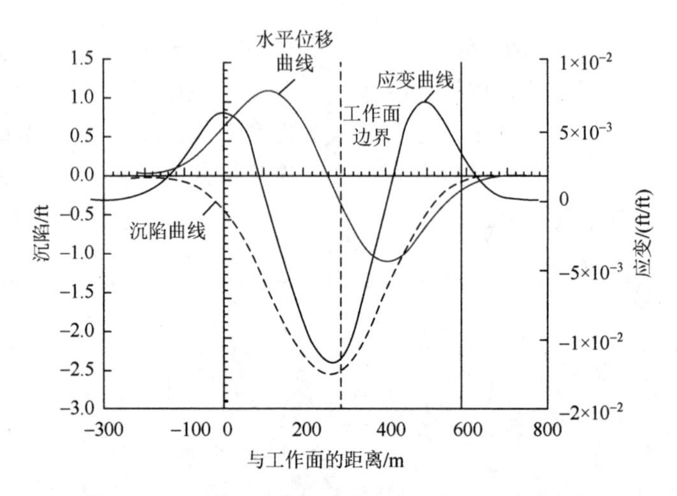

图 2-22　峰峰矿区最终沉陷、水平位移和应变剖面

案例 2：在鸡西矿区典型沉陷情况下预测的最终沉陷、水平位移和应变剖面如图 2-23 所示。在此案例下煤层倾角为 18°，较深侧的深度为 122m，采高为 1.37m，工作面宽度为 195.44m。由于较小的深度，得到的沉陷盆地是一个超临界盆地。然而，超临界沉陷盆地的平底部分不一定是平的，但随着深度的增加，其最大沉陷量减小，较深侧的沉陷曲线比浅侧的沉陷曲线更缓和。另外，较深侧的最大水平位移、拉伸和压缩应变小于预期的较浅侧的最大水平位移、拉伸和压应变。

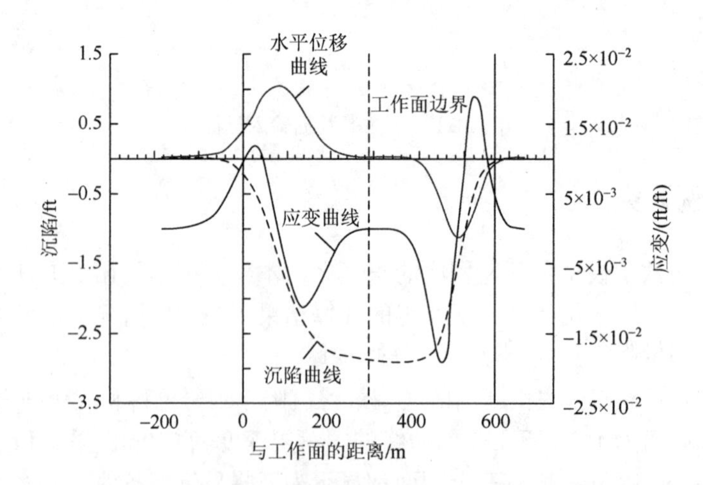

图 2-23　鸡西矿区最终沉陷、水平位移和应变剖面

案例 3：阜新矿区典型沉陷情况下预测的最终沉陷、水平位移和应变剖面如图 2-24 所示。输入的参数是：煤层倾角为 25°、较深侧的深度为 320m、工作面宽度为 183m 和采高为 1.78m。由于深度非常大，亚临界条件的程度比案例 1 要剧烈。在较大深度和倾角的影响下，沉陷盆地的中心从工作面中心向较深侧移动约为 31m。拉伸应变和水平位移的峰值在较深侧的工作面边缘。还应当注意，在应变分布上观察到两个小的台阶（不连续性），其是“中心”处调整的影响函数的一阶导数不连续问题导致的。

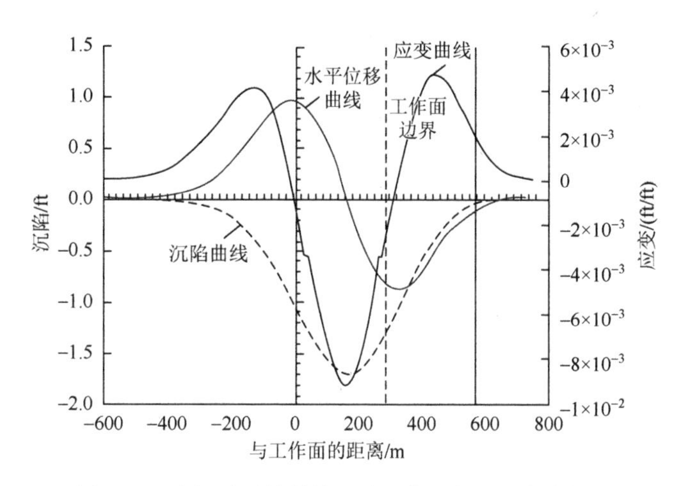

图 2-24　阜新矿区的最终沉陷、水平位移和应变剖面

案例 4：淮南矿区典型沉陷情况下预测的最终沉陷、水平位移和应变剖面如图 2-25 所示。地质和采矿信息包括：煤层倾角为 30°、较深侧的深度为 152m、工

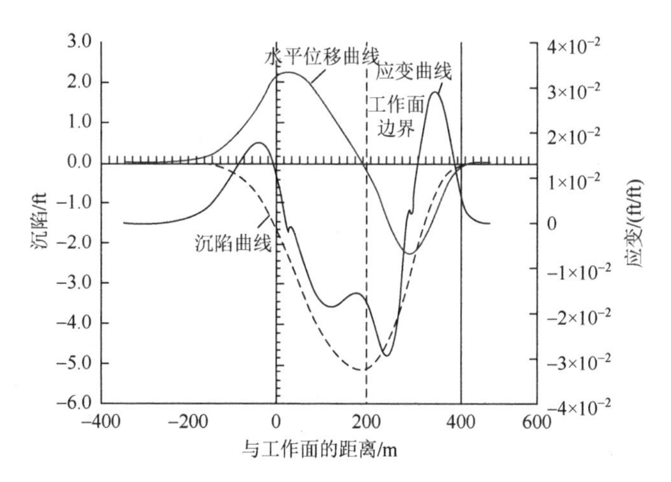

图 2-25　淮南矿区预测的最终沉陷、水平位移和应变剖面

作面宽度为 152m 和采高为 2.74m。因为开采高度大，这种情况下的地表运动和变形剧烈程度大于之前的几种情况。同样，应变曲线存在两个不连续点。

2.7 本章小结

针对当前开采沉陷导致地表移动变形的问题，本章介绍了经验法和剖面函数法。将经典的基于影响函数法的地表的移动变形预测模型引入对地层岩层下沉及水平变形的描述，建立了一整套新的预测地表沉陷变形模型，尤其完善建立二维、三维条件下的数值模型，主要有：①水平煤层在开挖后的地表移动变形模型的二维模型；②水平煤层在开挖后的地表移动变形模型的三维模型；③倾斜煤层在开挖后的地表移动变形模型的二维模型，并使用该模型对峰峰矿区、鸡西矿区、阜新矿区和准南矿区四个矿区进行了研究，验证了所开发模型的正确性。

第3章　岩体内部岩层移动变形研究

3.1　水平煤层工作面上覆岩层终态二维开采沉陷预计模型

3.1.1　覆岩下沉变形预计终态二维连续函数模型

如第 2 章所述，对于采动地表沉陷已经有了各种预计方法，这些方法对于解决地表移动与变形产生的问题具有重要意义。但是由于从工作面顶板至地表区间的各岩层的隐蔽性和不可触性，国内学者对于工作面上覆各岩层的移动与变形预测的研究较少。但是覆岩移动与变形的预测对评估覆岩沉陷对位于其上的工程建筑的影响及设计、采取措施消减这些影响起着关键的作用。因此，本部分在对地表沉陷的预计预测具有较好适用性且较成熟的影响函数法基础之上，尝试开发煤层顶板至近地表区间的工作面上覆岩层沉陷预计模型。正如其他矿山沉陷工程应用中的预计模型一样，覆岩沉陷预计模型也由两个关键部分组成，包括数学模型和必要的下沉参数。一个好的数学模型必然是灵活通用的，这样该数学模型才能够很好地反映各种可能情形下的沉陷情况。同样，好的下沉参数或者好的确定下沉参数的方法应该可以让数学模型尽可能准确地反映出沉陷情况。

一般将经过地表沉陷盆地中下沉最大的点沿煤层走向方向或者其倾向方向的垂直剖断面称之为地表沉陷盆地的主断面。地表的沉陷盆地在主断面内范围最大，移动最为充分，移动量最大。在研究由煤层工作面开采所引起的地表移动与变形时，通常首先研究主断面内地表的移动与变形规律。因此，本部分将主要介绍倾向主断面内覆岩沉陷预计方法的开发及倾向主断面内覆岩的移动与变形规律。

为了便于对这种方法进行理解，我们假设模型中所涉及的最终沉陷参数（如 d_1、d_2、R、a 等）均已知。如图 3-1 所示，参数 d_1 和 d_2 分别指工作面左侧拐点和右侧拐点偏移距离（即煤层顶板悬臂作用所引起的下沉曲线拐点的偏移距离）；R 是指采动主要影响半径；a 是指沉陷系数。另外一个在计算中会用到的参数是工作面的宽度 W。

1）倾向主断面地表最终下沉值的预计

Knothe 函数是迄今为止较为成功的影响函数，故选择 Knothe 函数来进行开采沉陷的预计。为了方便使用影响函数法，O-X 全局坐标系的原点设置在工作面

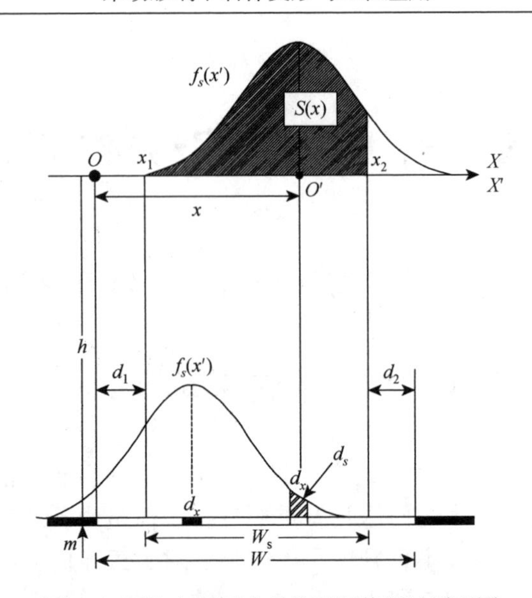

图 3-1　倾向主断面内最终下沉值预计原理图

左侧边缘处，如图 3-1 所示。假设地表预测点的坐标为x，在工作面左侧拐点偏距和右侧拐点偏距区间内对前述 Knothe 影响函数 $f_s(x')$ 进行积分，因此积分域为 $W_s = W - d_1 - d_2$。

基于影响函数法，地表点的最终下沉值是开采煤层左右拐点偏距间的所有开采单元对该地表点所造成影响的叠加，即下沉影响函数在积分域内的积分值。在图3-1中，一小块宽度为d_x的单元体的开采在地表预测点O'诱发的下沉量为d_s。当下一块单元体被开采时，影响函数的中心将会移动到该单元体的位置并在地表预测点O'诱发不同的下沉值。显然，应用这种方法对地表点的下沉进行预计是个比较漫长而乏味的过程。因此，一个更简便的方法是引入一个局部坐标系O'-X'，其原点放置于地表预测点处，并将影响函数的中心放置在地表预测点处。那么地表预测点的最终下沉值即为两个拐点偏距间影响函数曲线与坐标轴所围成的阴影区域的面积，最终下沉值的数学表达式为式（3-1）。

$$S(x) = \frac{S_{\max}}{R}\int_{d_1-x}^{W-d_2-x} e^{-\pi\left(\frac{x'}{R}\right)^2} dx' \tag{3-1}$$

式中，x'是在局部坐标系中，地下开挖单元体与地表预测点之间的水平距离。

工作面左侧和右侧的拐点偏距在局部坐标系中的位置分别为

$$x_1' = d_1 - x \tag{3-2a}$$

$$x_2' = W - d_2 - x \tag{3-2b}$$

2）倾向主断面地表最终水平位移值的预计

确定开采沉陷地表水平位移的传统方法是假设水平移动值与地表倾斜值成一

定的比例关系，从而根据地表倾斜值算出地表的水平位移值。但是，为了使预计方法更加灵活多用，众学者已经研究开发了正确形式的水平位移影响函数。该影响函数的基本原理是地下煤层一个单元体的开挖会将其影响范围内的地表点拉向其位置所在处[44, 49]。在图 3-2 中，地表预测点（与地下开挖点的水平距离为 x'）被拉向开挖单元体的运动量为 f_v，其竖向和水平分量分别为 f_s 和 f_u。f_u 的表达式为

$$f_u(x') = -\frac{S_{\max}}{R \cdot h} x' \mathrm{e}^{-\pi\left(\frac{x'}{R}\right)^2} \tag{3-3a}$$

但是，如果使用式（3-3a）对地表点的水平位移进行预计，其预计结果值要略小于通过实际现场观测得到的最终水平位移值。因此，为了使数学模型和现场数据相吻合，在上式的右边乘以一个常数 2π 即可实现。那么，二维情形下地表点水平移动预计的影响函数表达式为

$$f_u(x') = -2\pi \frac{S_{\max}}{R \cdot h} x' \mathrm{e}^{-\pi\left(\frac{x'}{R}\right)^2} \tag{3-3b}$$

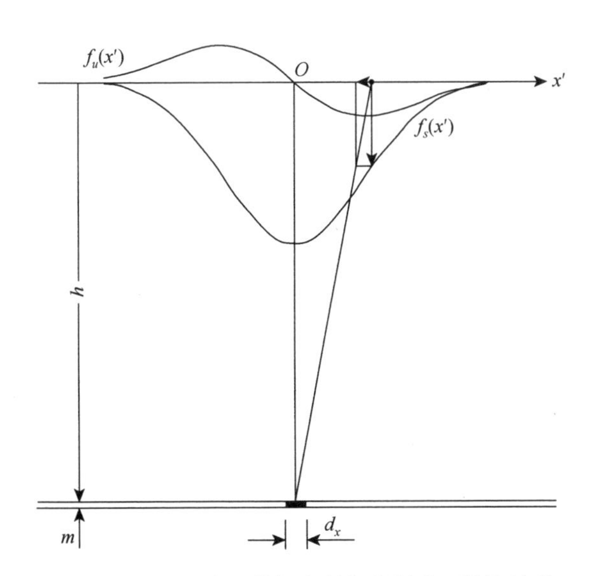

图 3-2　下沉影响函数与水平位移影响函数的关系

与最终下沉值的预计相同，地表点的最终水平移动值是开采煤层左右拐点偏距间的所有开采单元对该地表点所造成影响的叠加，即水平移动预计的影响函数在积分域内的积分值。在引入类似下沉值预计计算中的局部坐标系后，如图 3-3 所示，由于地表点的水平位移相对于地下开采单元具有方向性，因此应该在水平移动预计的影响函数的前面添加负号（负号表示最终水平移动的方向为 X

轴负方向，即由工作面右侧向工作面左侧移动）。最终水平移动值的数学表达式如式（3-4）所示，其大小等于图 3-3 中阴影部分的面积。在图 3-3 中，负值区域的面积大于正值区域的面积，所以净面积为负值，即地表预测点的最终水平位移为负值。

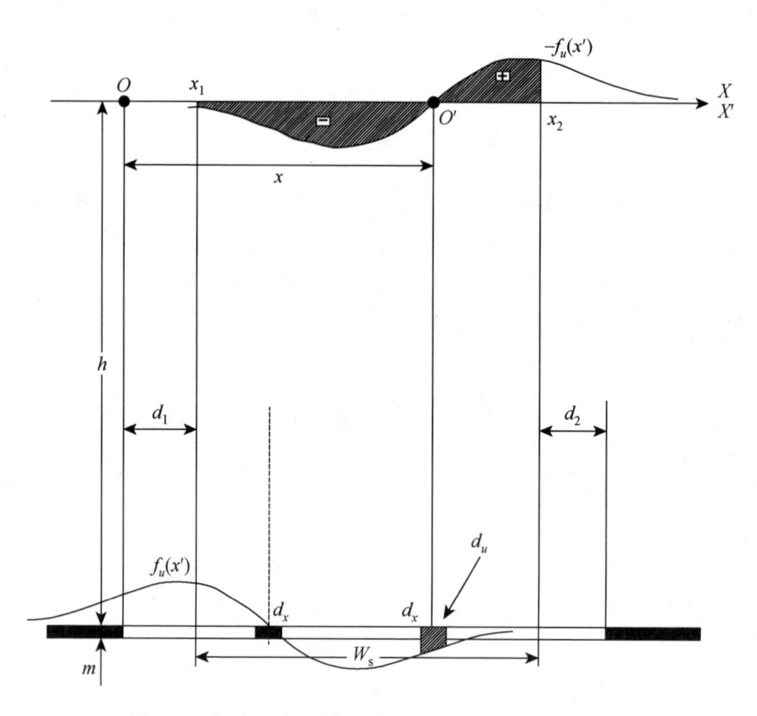

图 3-3　倾向主断面内最终水平移动值预计原理图

$$U(x) = 2\pi \frac{S_{\max}}{R \cdot h} \int_{d_1 - x}^{W - d_2 - x} x' \mathrm{e}^{-\pi\left(\frac{x'}{R}\right)^2} \mathrm{d}x' \tag{3-4}$$

3）倾向主断面覆岩沉陷预计模型

由于影响函数法对于地表沉陷预计的成功应用，现开发基于影响函数法的工作面覆岩沉陷预计模型。这种预计方法的基本原理如图 3-4 所示，地下煤层一个单元体的开挖会引起上覆岩层中的预计点向开挖单元体处的移动。应当指出的是，O-X 全局坐标系的原点设置在工作面左侧边缘和煤层顶板底部交界处。在任意高度的覆岩内，开挖单元体与预计点之间的水平距离越近，开挖对预计点所造成的影响越大。当工作面内所有单元体被逐个开挖时，覆岩中预计点的最终位移 $P(x,h)$ 即为这些开采单元在此预计点所造成的影响的叠加。式（3-5）和式（3-6）分别是由上述原理推导出的覆岩最终下沉值和最终水平移动值预计的数学表达式。值得注意的是，该方法不适用于煤层上方高度约为采高 2～8 倍范围内的冒落带岩层移动的预计，因为冒落带内的岩层失去了连续性，不再保持其原有的层状结构。

$$S(x,h)=\frac{a(h)\cdot m}{R(h)}\int_{d(h)-x}^{W-d(h)-x}\mathrm{e}^{-\pi\left(\frac{x'}{R(h)}\right)^2}\mathrm{d}x' \tag{3-5}$$

$$U(x,h)=2\pi\frac{a(h)\cdot m}{R(h)}\int_{d(h)-x}^{W-d(h)-x}x'\mathrm{e}^{-\pi\left(\frac{x'}{R(h)}\right)^2}\mathrm{d}x' \tag{3-6}$$

式中，W 是工作面宽度；h 是工作面埋深；m 是煤层开采厚度；$a(h)$ 是覆岩沉陷系数；$d(h)$ 是覆岩拐点偏距；$R(h)$ 是采动覆岩主要影响半径；x 是覆岩预计点位于采空区左侧边缘内侧位置的坐标；x' 是局部坐标系中煤层开挖单元体与覆岩预计点之间的水平距离。

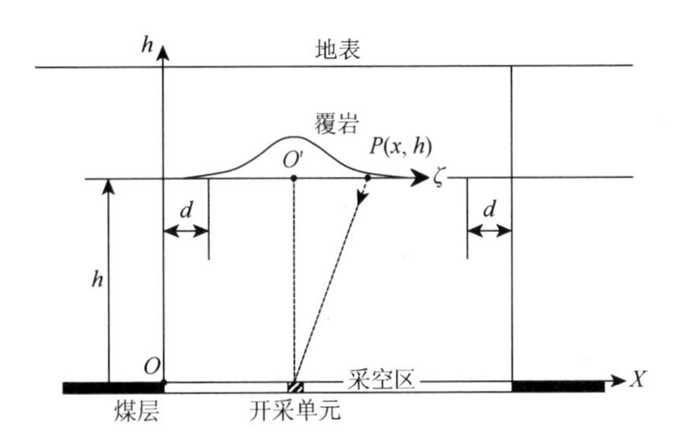

图 3-4　覆岩沉陷预计的影响函数法示意图

3.1.2　连续函数模型实例应用

在我国，综放开采技术作为厚煤层双高开采的主导技术，通过增加其工作面长度，不仅可以提高工作面的单产、减少巷道的掘进率、简化生产系统，而且还能够提高矿井的资源回收率。但当工作面采长加大后，必然会造成工作面覆岩活动范围与活动强度的增大，从而引发矿压、瓦斯等一系列的安全问题。迄今，大采长综放工作面的设备配套和矿压控制等问题已基本解决，如何解决瓦斯的综合治理问题仍是高瓦斯大采长综放工作面开采所面临的主要难题。因此，本部分以晋东煤田某矿工作面为背景，采用开发的覆岩终态二维沉陷预计模型对大采长综放工作面的二维情形下的覆岩移动与变形进行预计。

1）矿区概况

晋东煤田某矿位于山西省沁水煤田的东北部[52]，该矿采用主斜井副立井的综合开拓方式，采用分区通风方式，整个矿井范围内的煤田地质构造简单，地层平缓。井田内总共含有煤 10 余层，该矿当前主采 15#煤层，赋存稳定，标高为 456～535m，煤层厚度为 6.0m 左右，煤层倾角为 3°～8°，平均为 5°。15#煤层的煤质中硬，节理较为发育，并且含有 3～8 层的夹矸。该矿综放面的进、回风巷都布置在底板中，工作面走向长 1000m 左右，倾斜长 150～180m，采高约 2.5m，截深为 0.6m，正常放顶步距为 1.2m，两刀一放，采用全部垮落的方法来管理工作面的顶板。

该矿 15#煤层本身的瓦斯含量低，瓦斯的涌出量也较小，但是 15#煤层是在其上部的邻近煤层未开采的情况下先开采的，所以在 15#煤层的综放面开采后，其上覆的邻近煤层受到工作面采动的影响，含有的瓦斯得到卸压并沿采动裂隙涌入综放面。具体表现为[53, 54]：15#煤层开采时，工作面瓦斯一部分来自 15#煤层本身，另一部分则来自邻近煤岩层，占瓦斯来源的 80%～90%。15#煤层的邻近煤层主要有 14#煤层、13#煤层、12#煤层、11#煤层等，赋存瓦斯的围岩主要有 K_3 和 K_4 灰岩。

为研究综放工作面在大采长情况下的覆岩移动与变形、渗透率的演化过程及瓦斯的运移路径，本书试验工作面平均标高为 517m，走向长 1000m，倾向长 280m，采高为 6.0m，煤层平均倾角为 5°，近似认为水平煤层。表 3-1 为试验工作面上覆岩层岩性表。

表 3-1　试验工作面上覆岩层岩性表

层号	厚度/m	埋深/m	岩性
56	30.20	30.20	表土层
55	102.50	132.70	泥岩、砂质泥岩
54	65.90	198.60	砂质泥岩、砂岩
53	60.40	259.00	泥岩、砂质泥岩、细粒砂岩
52	24.80	283.80	中-粗粒砂岩、砂质泥岩、泥岩
51	40.40	324.20	中粒砂岩、砂质泥岩
50	16.20	340.40	砂岩、砂质泥岩
49	5.92	346.32	粉砂岩
48	4.39	350.71	粗砂岩
47	0.98	351.69	粉砂岩
46	3.33	355.02	细砂岩
45	6.72	361.74	粉砂岩
44	4.00	365.74	粗砂岩
43	1.50	367.24	粉砂岩
42	6.79	374.03	细砂岩

续表

层号	厚度/m	埋深/m	岩性
41	1.00	375.03	粉砂岩
40	4.00	379.03	中砂岩
39	1.45	380.48	3#煤层
38	1.70	382.18	粉砂岩
37	4.39	386.57	泥岩
36	4.80	391.37	粉砂岩
35	4.58	395.95	泥岩
34	5.14	401.09	中砂岩
33	1.20	402.29	粉砂岩
32	4.60	406.89	K_7 中砂
31	2.35	409.24	粉砂岩
30	2.67	411.91	泥岩
29	1.64	413.55	粉砂岩
28	6.80	420.35	泥岩
27	3.40	423.75	泥岩
26	1.50	425.25	8#煤层
25	2.03	427.28	泥岩
24	1.25	428.53	泥岩
23	2.50	431.03	细砂岩
22	6.50	437.53	粗砂岩
21	0.60	438.13	泥岩
20	3.00	441.13	K_6 中砂
19	11.74	452.87	粉砂岩
18	2.44	455.31	K_4 石灰岩
17	0.30	455.61	11#煤层
16	2.36	457.97	中砂岩
15	5.34	463.31	泥岩
14	1.60	464.91	12#煤层
13	1.20	466.11	细砂岩
12	1.80	467.91	K_3 石灰岩
11	0.15	468.06	13#煤层
10	0.20	468.26	粉砂岩

续表

层号	厚度/m	埋深/m	岩性
9	16.30	484.56	粗砂岩
8	0.30	484.86	泥岩
7	12.00	496.86	粗砂岩
6	1.80	498.66	泥岩
5	5.74	504.40	石灰岩
4	3.37	507.77	泥岩
3	2.31	510.08	K_2石灰岩
2	1.15	511.23	泥岩
1	6.00	517.23	15#煤层

2）试验工作面覆岩移动与变形的终态二维预计分析

通过上述开发的终态二维沉陷预计模型对试验工作面进行了预计，为了直观地表现采动影响下覆岩的沉陷情况，本书借助 MATLAB 软件做出了覆岩移动与变形的等值线图并进行了分析。

由图 3-5 可知覆岩的下沉规律即竖向移动规律：在较低高度的覆岩内，其中部的下沉值出现了平缓的等值线，说明该高度范围内的覆岩下沉盆地出现了平底，即达到了充分的沉陷状态；在竖直方向上，越靠近采空区下沉值越大，且在邻近采空区中上部处达到该工作面开采条件下的最大下沉值；从采空区至其上方 220m

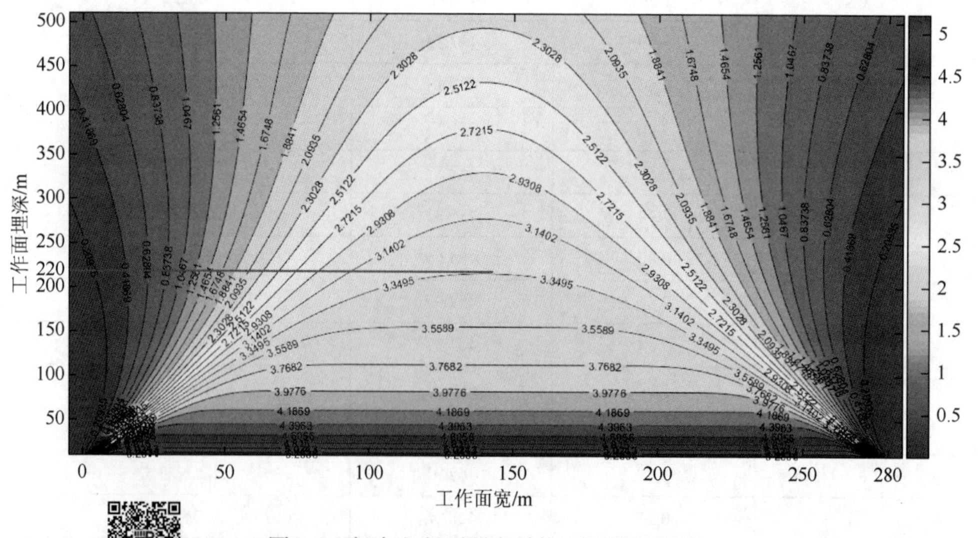

图 3-5　倾向主断面覆岩最终下沉等值线图

的高度范围内，在水平方向上，覆岩下沉值先由小变大，然后在一定水平距离内保持不变，最后再由大变小；而从 220m 高度至地表的范围内，在水平方向上，覆岩下沉值先由小变大再由大变小，并且在整个垂直方向上，覆岩下沉值以采空区中线对称；基于以上两点分析，可进一步得出在高度低于 220m 的覆岩内，比如高度为 150m 附近的岩层，由于其中部与两侧的下沉量不同，且相差较大，所以在由两侧向中部过渡的岩层内会因上下错动而产生裂缝或断裂，并且这种裂缝或断裂在采空区至其上方 220m 左右的高度范围内由下至上越来越发育，水平范围越来越大，而在 220m 高度以上的覆岩内，这种裂缝或断裂发育较差；在某一高度上下的覆岩之间，比如高度为 150m 上下的岩层，可能会由于下沉量的不同而在岩层间产生顺层理面的离层，并且这种离层在高度低于 220m 的覆岩内发生的可能性更大；在采空区至其上方 220m 左右的高度范围内，在由两侧向中部过渡的覆岩内可能同时存在裂缝、断裂和离层。

由图 3-6 可知覆岩的水平移动规律：正值表示覆岩的水平移动从采空区左侧向采空区右侧进行，负值则相反，且水平移动以采空区中线为轴反对称分布；以采空区中线左侧覆岩的水平移动为例，从采空区至其上方 347m 的高度范围内，在水平方向上，从采空区左侧至其中线，覆岩水平移动值先由小变大再由大变小，并且水平移动值在采空区中线即覆岩最大下沉点处接近为零，且分界点的位置大致与拐点位置相同，该位置处水平移动值最大；在某一高度上下的覆岩之间，比如高度为 200m 附近的岩层，由于拐点两侧岩层的水平移动值不同，且相差较大，所以在拐点两侧岩层内会产生拉伸与压缩，在拐点左侧的拉伸区内岩层将产生裂

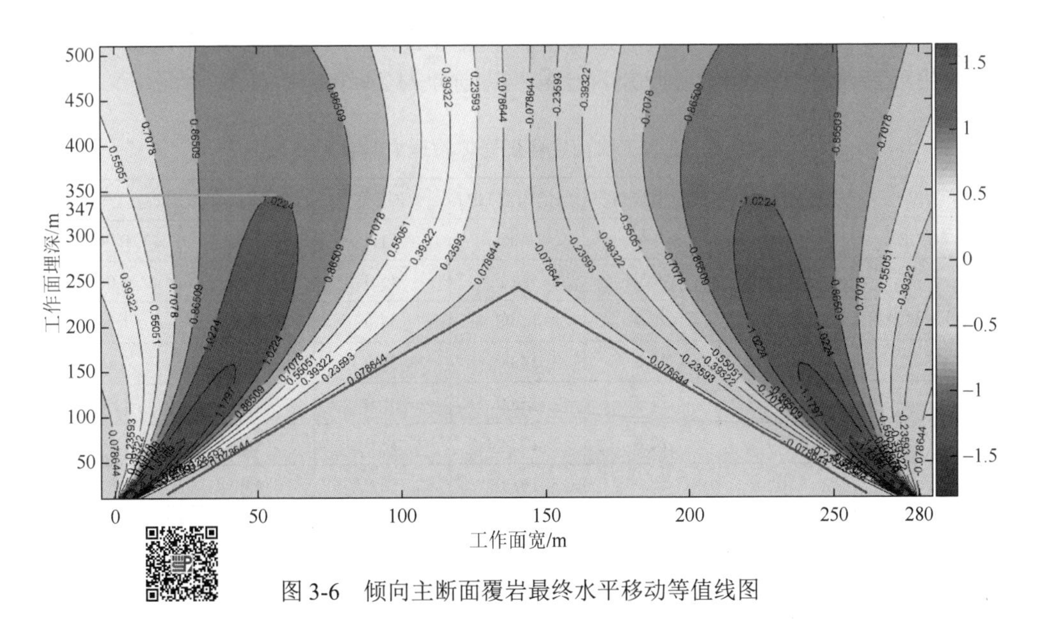

图 3-6　倾向主断面覆岩最终水平移动等值线图

缝或断裂，并且这种现象在采空区至其上方 347m 左右的高度范围内由下至上越来越发育，水平范围越来越大；上述一点与覆岩下沉有着类似的规律，但是裂隙或断裂在覆岩水平移动中存在的高度范围要比在覆岩下沉中存在的高度范围大，原因可能是在 220～347m 的高度范围内的岩层，虽然处于弯曲带，未到达充分的沉陷状态，但是其中部岩石的下沉值仍较大，并对其两侧岩石的位移仍保持着较大的牵引作用；覆岩水平移动在某一高度上存在不同值，说明存在层间接触面的滑移，且在不同的高度和水平位置内层间接触面滑移量不同；在覆岩的中下部存在一个倒“V”形区域，在此区域内覆岩的水平移动值接近于零，这与图 3-5 中下沉值为 3.3495m 等值线所构成的倒“V”形区域基本相同，说明此区域内的岩石达到了充分的沉陷状态。

3.1.3 FLAC^{3D} 数值模拟验证覆岩变形终态二维连续函数模型

1. 计算模型及模拟过程

试验工作面煤层平均倾角为 5°，故在模拟时可按水平煤层进行考虑。模型沿 X 轴方向为煤层的走向方向，长度为 2100m，沿 Y 轴方向为煤层的倾向方向，长度为 1500m，沿 Z 轴方向为垂直方向，高度为 567m，即模拟模型的尺寸长×宽×高＝2100m×1500m×567m。整个模型共划分为 826000 个单元和 854460 个节点。根据阳泉矿区的地质资料及该矿区其他相关方面的研究成果，得出了模拟试验工作面主要煤岩体物理力学参考参数，如表 3-2 所示。另外，为了建模方便并充分考虑各岩层的组合特征，根据试验工作面上覆岩层岩性表（表 3-1）将覆岩中力学性质相近或厚度较小的岩层归并为一组，共划分为 23 组，如表 3-3 所示。

表 3-2 试验工作面主要煤岩体物理力学参考参数

岩性	密度/(kg/m^3)	体积模量/GPa	剪切模量/GPa	内摩擦角/(°)	内聚力/MPa	抗拉强度/MPa
表土层	1760	0.4	0.05	21.0	0.04	0.06
泥岩	2533	6.3	4.10	15.0	1.80	1.00
砂质泥岩	2608	22.0	12.00	34.0	3.50	1.30
砂岩	2670	19.0	14.00	36.0	3.40	1.40
细砂岩	2640	21.0	16.00	35.0	4.00	1.50
中砂岩	2410	22.0	17.00	33.0	4.20	1.60
粗砂岩	2560	20.0	16.00	35.0	4.00	1.50
粉砂岩	2567	26.0	19.00	38.0	5.00	1.80
石灰岩	2690	14.0	10.00	28.0	3.00	1.30
煤	1400	5.0	3.50	20.0	2.50	1.00

表 3-3　试验工作面覆岩各分组物理力学参数

组号	组内岩层号	厚度/m	密度/(kg/m³)	体积模量/GPa	剪切模量/GPa	内摩擦角/(°)	内聚力/MPa	抗拉强度/MPa
1	56	30	1760	0.4	0.05	21.0	0.04	0.06
2	55	103	2571	14.2	8.10	25.0	2.70	1.20
3	54	66	2639	20.5	13.00	35.0	3.50	1.40
4	53	60	2594	16.4	10.70	28.0	3.10	1.30
5	52	25	2528	17.6	9.30	29.0	3.40	1.40
6	51	40	2509	22.0	14.50	33.5	3.90	1.50
7	50	16	2639	20.5	13.00	35.0	3.50	1.40
8	49、48、47	11	2564	23.2	18.00	37.0	4.70	1.70
9	46、45	10	2591	24.3	18.00	37.0	4.70	1.70
10	44、43、42	12	2609	21.2	16.30	35.3	4.10	1.50
11	41、40、39、38、37	13	2365	15.3	11.30	26.2	3.30	1.40
12	36、35	10	2550	16.2	11.60	26.5	3.40	1.40
13	34、33、32	11	2426	22.4	17.20	22.5	4.30	1.60
14	31、30、29、28	13	2543	12.2	16.40	21.9	2.80	1.20
15	27、26、25、24、23	11	2328	9.0	6.40	20.0	2.40	1.10
16	22、21、20	10	2515	20.6	16.30	34.4	4.10	1.50
17	19	12	2567	26.0	19.00	38.0	5.00	1.80
18	18、17、16、15	10	2543	12.2	8.80	22.8	2.70	1.20
19	14、13、12、11、10	5	2200	12.4	9.10	38.6	3.10	1.20
20	9	16	2560	20.0	16.00	35.0	4.00	1.50
21	8、7	13	2555	18.2	15.30	33.4	3.80	1.40
22	6、5、4、3、2	14	2627	10.9	7.60	22.8	2.50	1.20
23	1	6	1400	5.0	3.50	20.0	2.50	1.00

基于以上讨论，应用 FLAC^{3D} 软件，根据晋东煤田某矿的地质条件建立了试验工作面的模拟模型，如图 3-7 所示为三维模拟模型图。

图 3-8 所示为初始应力场垂直应力云图。为了验证工作面开采后覆岩最终沉陷预计模型的可靠性，按照试验工作面的实际尺寸进行开挖模拟，即模拟开挖尺寸为 1000m×280m×6m（长×宽×高），在 Z 轴方向 50～56m 内沿 X 轴方向从

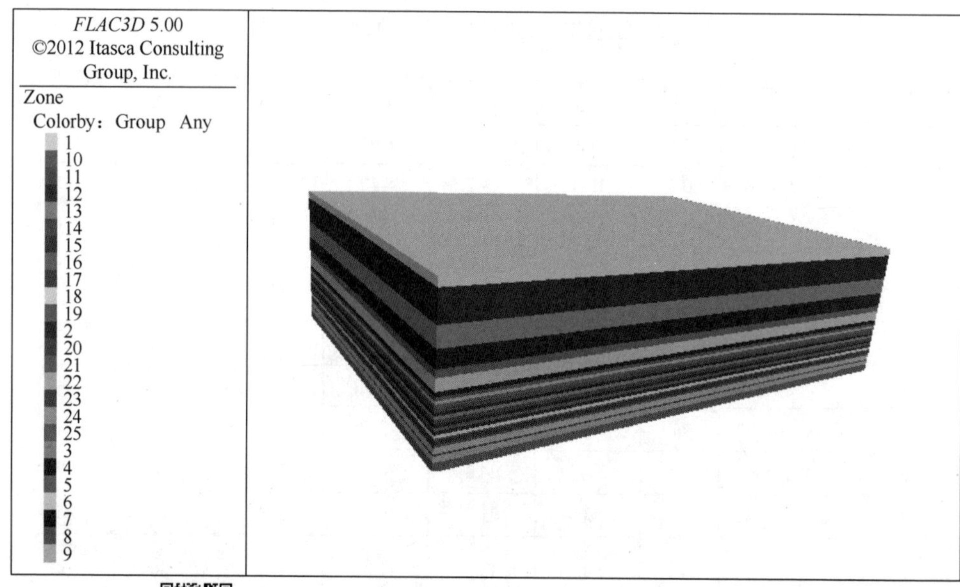

图 3-7　三维模拟模型图

550m 处开始，每开挖 100m 模拟计算 1000 步，共开挖 1000m，并在开挖计算后按照 FLAC^{3D} 默认收敛标准计算至平衡状态。为了真实地反映煤层开挖引起的覆岩位移情况，在软件开挖计算前将初始应力场作用下覆岩产生的位移清零。

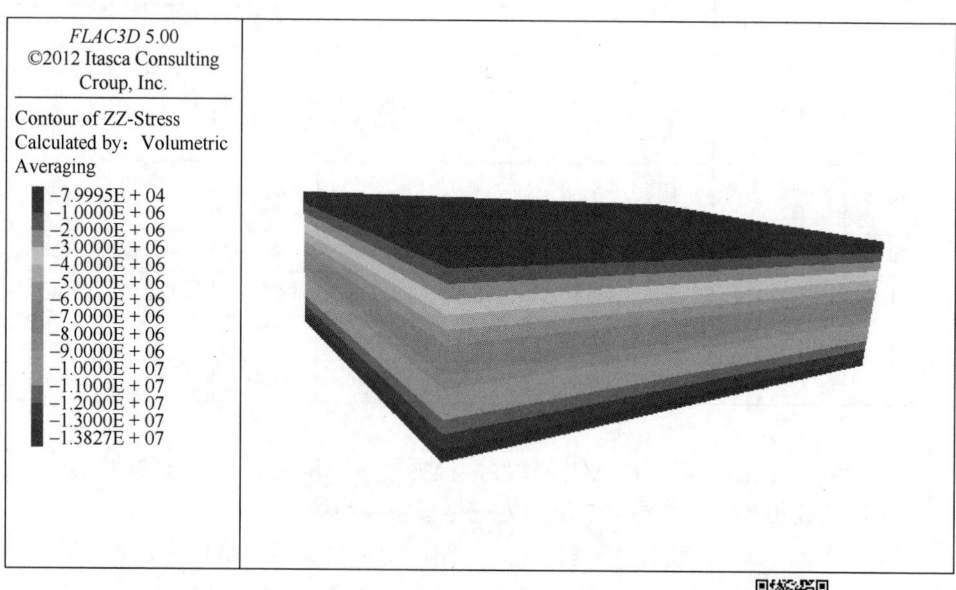

图 3-8　初始应力场垂直应力云图

2. 覆岩终态二维沉陷预计模型的验证

本部分以倾向主断面内分别通过理论模型和数值模拟得到的覆岩下沉值的对比分析为例，来验证覆岩终态二维沉陷预计模型的可靠性。由图 3-9 可知，数值模拟得到的下沉值分布也关于采空区中线对称，因此可将分别获取的理论计算结果和数值模拟结果中沿工作面方向左半侧不同位置处各高度覆岩的下沉值进行对比，如图 3-10 所示。

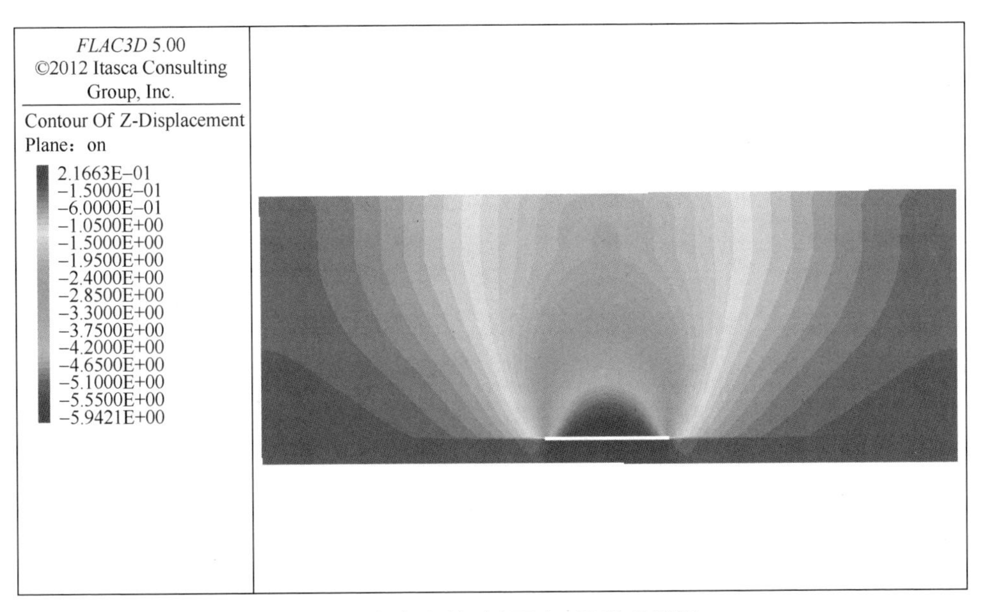

图 3-9　倾向主断面内覆岩下沉等值线图

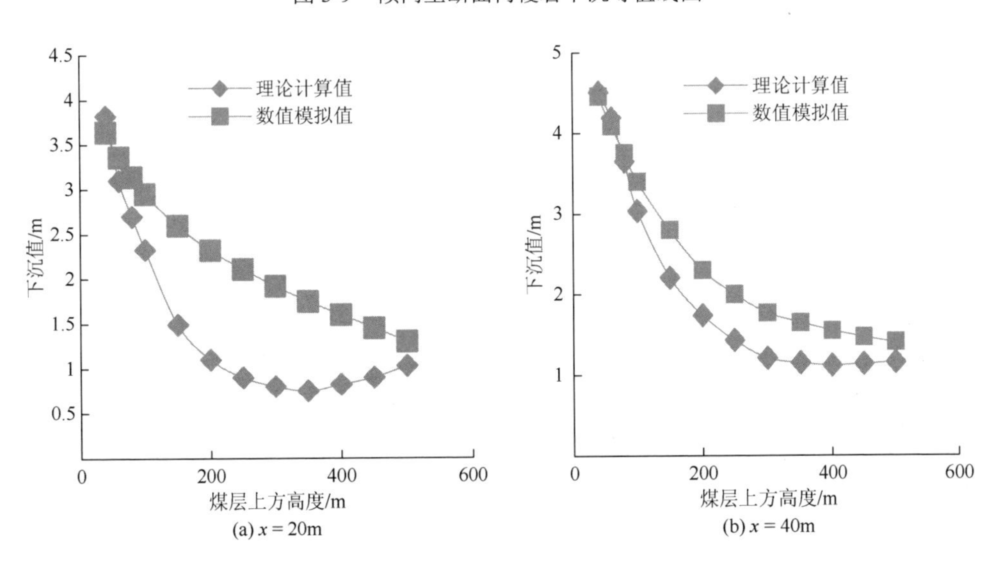

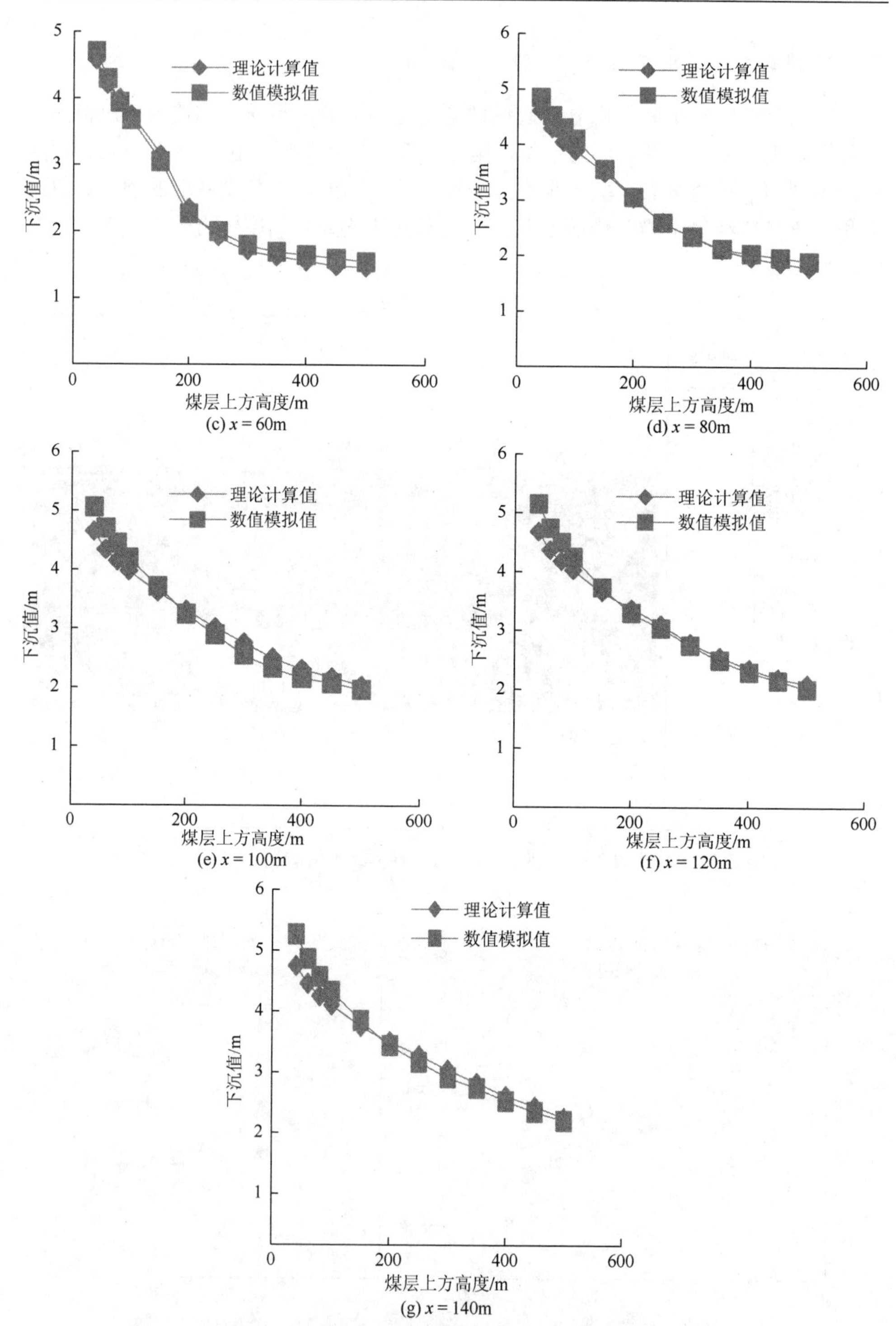

图 3-10　倾向主断面内覆岩理论计算下沉值和数值模拟下沉值对比图

由图 3-10 可知，在 $x = 20$m 和 $x = 40$m 倾向位置处各高度覆岩下沉值的理论计算结果和数值模拟结果存在差异，其原因可能是理论计算模型中考虑了拐点偏距 d，而 FALC^{3D} 模拟结果是基于模型中节点的位移而生成的，未能真实地模拟顶板悬臂的作用。由此导致在 $x = 20$m 和 $x = 40$m 处数值模拟结果要大于理论计算结果。在工作面其他倾向位置处各高度上的覆岩理论计算下沉值曲线和数值模拟下沉值曲线具有很好的重合度，从而说明了本书所开发的覆岩终态二维沉陷预计模型在覆岩沉陷预测上的可靠性。

3.1.4　覆岩下沉变形预计终态二维岩层等分层模型

本部分将介绍一个改进的模型来预测长壁工作面的地层运动和变形。在这个改进的模型中，覆盖层划分为有限数量的等厚层。根据函数分析法的原理，由底层的沉陷推导出预定层顶面的沉陷。记录每一层的坚硬岩石的百分比，此信息用于确定影响地下沉陷的函数所需的参数。通过这种方法，在指定层的顶面上的运动和变形，可以从首采煤层开始以向上的方式预测。

在这个预测地下沉陷的模型中，长壁工作面采空区的覆盖层被划分为有限个等厚层，覆盖层编号从直接顶的表面依次为 1, 2, ⋯, n，如图 3-11 所示。预定层顶面上的沉陷可以用下列步骤确定：①覆盖层荷载转化为层内等效荷载；②把等效荷载、层厚度、本层坚硬岩石占比（η_i）和预测的底层的垂直运动定义为沉陷影响函数的预测要点；③在适当的水平间隔内，整合影响函数以确定顶层的最终沉陷。这个过程是从采煤层向上一直重复，直到最终达到地面。

采用函数分析的第一步是第 i 层顶面的运动分别定义为影响函数的纵向和横向移动。沿主要横截面沉陷的影响函数如式（3-7）所示。

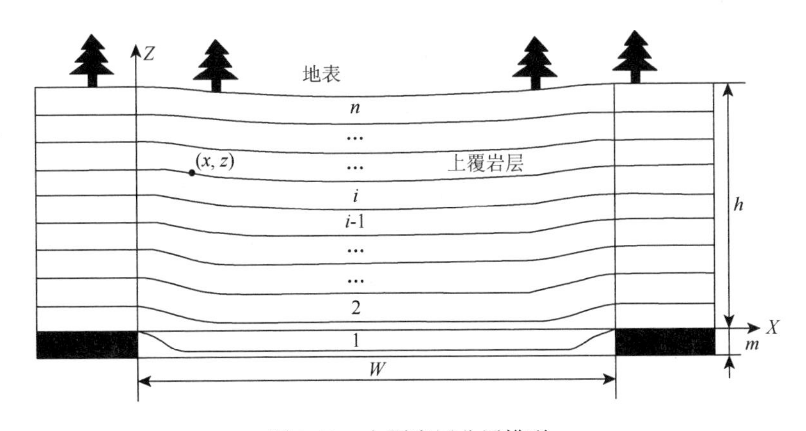

图 3-11　上覆岩层分层模型

$$f_s(x',z_i)=\frac{S(x+x',z_{i-1})\cdot a_i}{R_i}\mathrm{e}^{-\pi\left(\frac{x'}{R_i}\right)^2},\ i=1,2,\cdots,n \tag{3-7}$$

式中，x 是左面板边缘和预测点的水平距离；z 是第 i 层顶面和采煤面的垂直距离。$S(x+x',z_{i-1})$ 是位于距离预测点左侧 x' 底层的顶面沉陷的预测量。对于采煤面的顶层，把煤层开采厚度 m 运用到 $S(x+x',z_{i-1})$ 中。a_i 和 R_i 分别是第 i 层的沉陷系数和主要影响半径，坐标 x' 是影响点到预测点的水平距离。

基于焦点定理，沿主要断面水平位移的影响函数源于沉陷的影响函数表达式［式（3-7）］，其表达式为式（3-8）。

$$f_u(x',z_i)=-2\pi\frac{S(x+x',z_{i-1})\cdot a_i\cdot n}{R_i\cdot h}x'\mathrm{e}^{-\pi\left(\frac{x'}{R_i}\right)^2},i=1,2,\cdots,n \tag{3-8}$$

地下岩层的最终运动：通过积分左右拐点之间的各影响函数，确定预测点的最终地下沉陷和水平位移。在式（3-9）和式（3-10）中，d_{i1} 和 d_{i2} 分别是第 i 层的面板左右两侧拐点的偏移距离。接下来会在 3.1.5 节中讨论确定最终沉陷参数 (a_i、R_i、d_{i1}和d_{i1}) 的方法。

预测点 (x,z_i) 的最终地下沉陷是通过将左右沉陷点之间的沉陷影响函数［式（3-7）］积分得到的。

$$S(x',z_i)=\frac{a_i}{R_i}\int_{d_{i1}-x}^{W-d_{i2}-x}S(x+x',z_{i-1})\cdot\mathrm{e}^{-\pi\left(\frac{x'}{R_i}\right)^2}\mathrm{d}x',i=1,2,\cdots,n \tag{3-9}$$

预测点最后的地下水平位移可以由整合左右拐点的水平位移得到，如式（3-10）所示。

$$U_i(x',z_i)=\frac{a_i\cdot n\cdot R_i}{h}\int_{d_{i1}-x}^{W-d_{i2}-x}S(x+x',z_{i-1})\cdot x'\cdot\mathrm{e}^{-\pi\left(\frac{x'}{R_i}\right)^2}\mathrm{d}x',i=1,2,\cdots,n \tag{3-10}$$

3.1.5 最终沉陷参数的确定

与其他预测模型类似，该模型的准确性在很大程度上取决于最终的地下沉陷参数（a_i、R_i、d_{i1}和d_{i1}）。对于这一部分参数，在过去沉陷研究中和力学分析形成的经验性公式[44, 49]的基础上，提出了最终沉陷参数的经验公式。

沉陷系数 a 是在沉陷预测中最重要的参数，它的经验公式为式（3-11），其与岩层的厚度和坚硬岩石占比有关。

$$a_i=1.0032\times\left(\frac{h}{n}\right)^{-0.009}\mathrm{e}^{0.00005(35-\eta_i)},\ i=1,2,\cdots,n \tag{3-11}$$

主要影响半径是主要影响区一半的宽度，即从沉陷边缘到完全沉陷的距离。

如图 3-12 所示。要确定某一层的主要影响半径，就把这一层看作 h/n 的悬梁臂。它通过弹性固定端在左侧受到垂直限制，而右上悬梁受到前一层 $S_{\max}(z_{i-1})$ 上表面的最大可能沉陷的限制。覆岩荷载的大小 q_i 也是影响土层主要影响半径的重要因素。然后将导出的公式修改为适合在地面上的经验导出的值，它们具有相似的条件和深度。

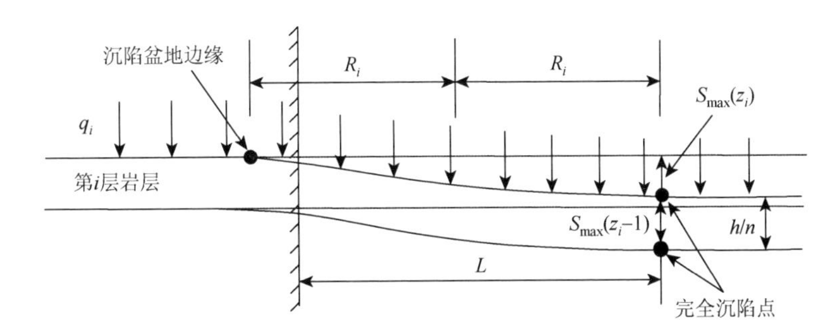

图 3-12　主要影响半径的确定

$$R_i = 0.5\left\{\left[\frac{2\cdot S_{\max}(z_{i-1})\cdot a_i\left(\dfrac{h}{n}\right)^3\dfrac{K}{Q_i^2}}{3q_i}\right]^{0.25} + 0.13\frac{i\cdot h}{n}\right\}, i=1,2,\cdots,n \tag{3-12}$$

$$q_i = \frac{\gamma\cdot h\cdot(n+1)\cdot(n-i+1)}{288\cdot n\cdot i}, i=1,2,\cdots,n \tag{3-13}$$

在式（3-12）和式（3-13）中，γ 是单个覆盖容重；K 是岩石地层的杨氏模量，可以估算成软岩层杨氏模量的 0.49 倍。覆盖层上的载荷可以用式（3-13）来估计。单个岩层因素 Q_i 可以用式（3-14）估算，在这个方程中，应该首先确定每一个岩层中的坚硬岩石占比 η_i。如果某一层主要影响半径 R_i 小于地层的主要影响半径 R_{i-1}，那么 $R_i = R_{i-1} + 0.2h/n$。

$$Q_i = \sqrt{\frac{(0.08\cdot\eta_i)^2 + [0.7\cdot(1-\eta_i)]^2}{\eta_i^2 + (1-\eta_i)^2}}, i=1,2,\cdots,n \tag{3-14}$$

第一层的偏移量可以由预测地面沉陷的经验公式计算得到：

$$d_i = 0.382075\times 0.999253^{\frac{ih}{n}}\times\frac{ih}{n}, i=1,2,\cdots,n \tag{3-15}$$

需要注意的是在式（3-11）～式（3-15）中工作面埋深 h、主要影响半径 R_i 和偏移量 d_i 的单位是 ft。

3.1.6 二维岩层等分层模型案例研究

为了证明所提出的数学模型的正确性，选择了阿巴拉契亚北部煤矿一个装有监测监控系统的地表和地下沉陷的长壁工作面。工作面宽度和埋深分别为 437m 和 187m。预测模型中使用的煤层厚度是 2.3m，如表 3-4 是工作面覆盖层的地质柱状表。利用开发的程序进行地下沉陷预测，覆盖层等分为 20 层，各层坚硬岩石占比如图 3-13 所示。有两层的坚硬岩石占比比较高（99%和 100%），埋深分别是 65.3m 和 121.2m。

表 3-4 工作面覆盖层的地质柱状表

岩石类型	厚度/m	深度/m	岩石类型	厚度/m	深度/m	岩石类型	厚度/m	深度/m
表层土壤	4.3	4.3	砂岩	12.7	78.1	砂岩	0.6	159.4
页岩	15	19.4	页岩	4.1	82.1	页岩	1.2	160.6
砂岩	1.3	20.7	煤	1.1	83.2	煤	0.2	160.8
页岩	2.6	23.2	页岩	2.0	85.2	页岩	1.4	162.3
砂岩	1.8	25.0	砂岩	5.5	90.7	石灰岩	9.9	172.2
页岩	4.0	29.0	石灰岩	0.7	91.4	页岩	1.2	173.4
煤	0.5	29.5	页岩	3.5	94.9	石灰岩	2.3	175.7
页岩	9.9	39.4	砂岩	15.9	110.8	页岩	1.1	176.8
砂岩	3.2	42.6	页岩	2.1	112.9	石灰岩	0.6	177.4
页岩	1.9	44.5	石灰岩	3.1	116.0	页岩	5.0	182.3
煤	0.3	44.8	砂岩	2.0	118.0	煤	0.1	182.4
页岩	3.8	48.6	页岩	1.8	119.8	页岩	0.2	182.6
砂岩	1.1	49.7	石灰岩	14.7	134.5	煤	0.4	183.0
页岩	9.5	59.3	页岩	2.1	136.6	页岩	3.2	186.2
石灰岩	0.6	59.9	石灰岩	10.5	147.1	煤	0.2	186.4
页岩	1.0	60.9	页岩	8.9	156.0	页岩	0.1	186.5
煤	0.4	61.3	煤	1.7	157.7	煤	2.3	188.9
页岩	4.1	65.4	页岩	1.1	158.8			

该方案每个煤岩层沉陷参数的确定公式为式（3-11）所示的经验公式。图 3-14 为预测沉陷的剖面图。在图 3-14 中，沉陷被放大了 10 倍，使偏移可以直观地观察到。由于沉陷剖面的对称性，仅在剖面上绘制了一半以上的长壁工作面的沉陷剖面图。

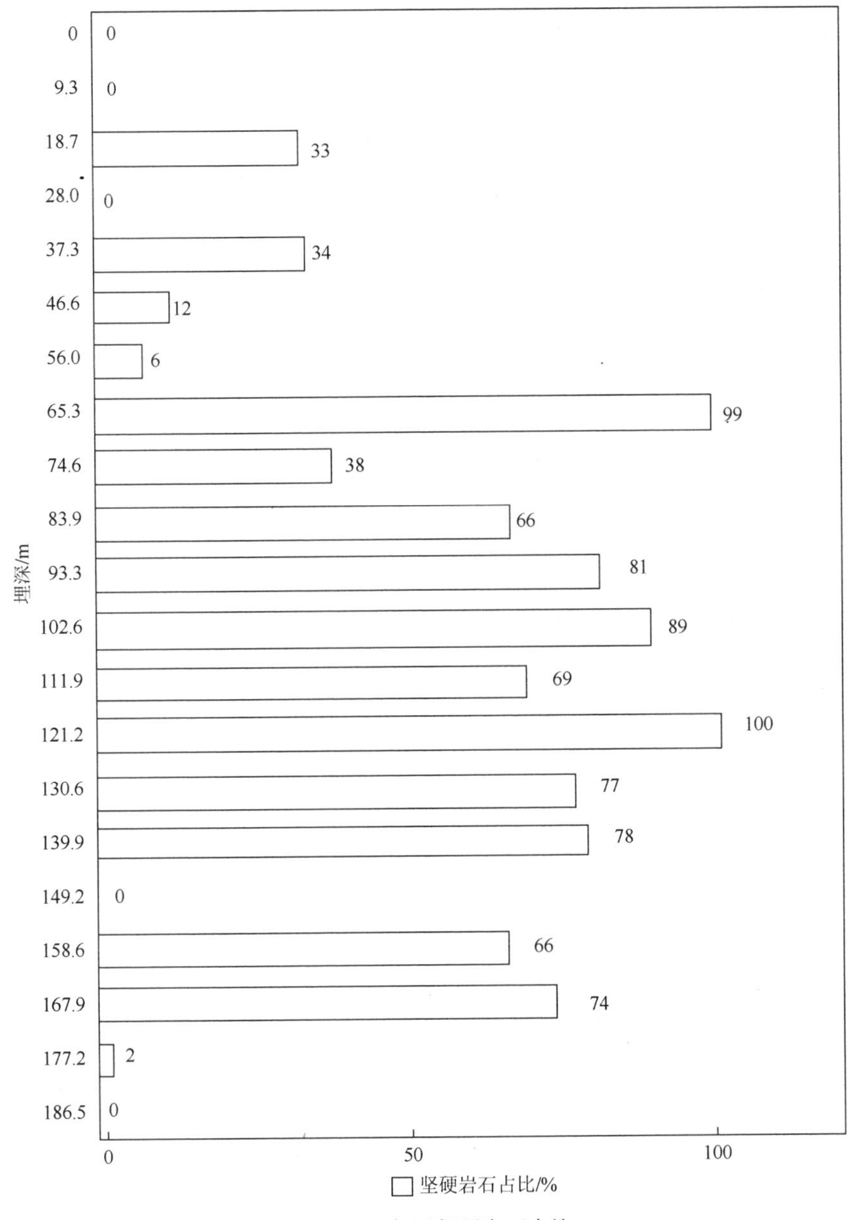

图3-13 各层坚硬岩石占比

通过大钻孔得到的地下沉陷数据与预测结果做比较。三个钻孔（1、2、3）分别位于约0m、107m和213m处，在每个钻孔中，18个锚安装在不同级别的煤层上用来测量地下岩层的沉陷。通过测量钻孔上锚的沉陷可以得到地下沉陷。每根锚的信息如表3-5所示，最低锚位于煤层以上62.90m处，而最高的锚位于煤层以上182.78m处。钻孔和锚的布置如表3-5所示。

表 3-6 是每个锚布置地点的沉陷测量值，由于安装误差和岩层的运动，第 1 个钻孔的第 1 节锚和第 2 个钻孔第 1、第 2 节锚的测量值有较大的误差。预测模型预测值与表 3-6 测量值基本符合，误差在可接受范围内。

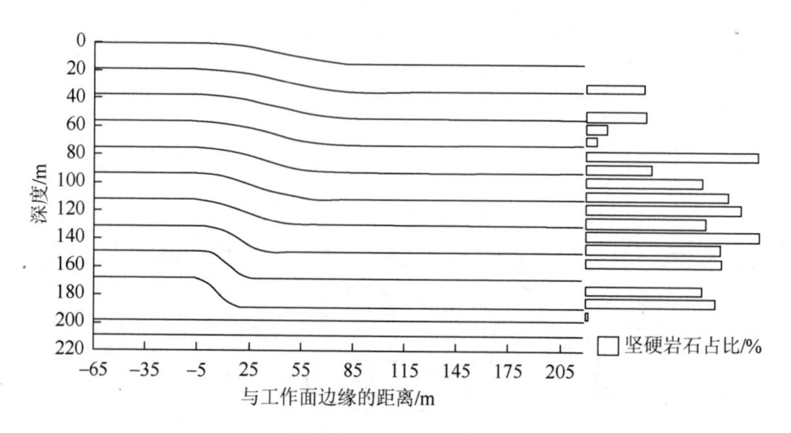

图 3-14　沉陷剖面图

表 3-5　钻孔和锚的布置　（单位：m）

锚杆序号		1	2	3	4	5	6
钻孔 1	节点 1	62.90	69.57	76.22	82.89	89.57	96.24
	节点 2	102.89	109.56	116.24	122.88	129.56	136.23
	节点 3	142.91	149.55	156.23	162.90	169.58	176.22
钻孔 2	节点 1	64.61	71.28	77.96	84.60	91.28	97.95
	节点 2	104.63	111.27	117.95	124.62	131.30	137.94
	节点 3	144.62	151.29	157.94	164.61	171.29	177.96
钻孔 3	节点 1	69.42	76.10	82.77	89.42	96.09	102.77
	节点 2	109.44	116.09	122.76	129.44	136.11	142.76
	节点 3	149.43	156.11	162.75	169.43	176.10	182.78

表 3-6　锚布置地点的沉陷测量　（单位：m）

锚	钻孔 1			钻孔 2			钻孔 3		
	实测	预测	误差	实测	预测	误差	实测	预测	误差
18	0.122	0.110	9.40%	1.402	1.588	−13.30%	1.560	1.597	−2.40%
17	0.122	0.115	5.30%	1.547	1.610	−4.10%	1.613	1.617	−0.30%
16	0.122	0.121	1.10%	1.547	1.630	−5.40%	1.626	1.636	−0.60%
15	0.122	0.126	−3.70%	1.547	1.649	−6.60%	1.689	1.654	2.10%

续表

锚	钻孔 1			钻孔 2			钻孔 3		
	实测	预测	误差	实测	预测	误差	实测	预测	误差
14	0.147	0.133	9.50%	1.547	1.666	−7.70%	1.689	1.670	1.10%
13	0.15	0.141	6.00%	1.547	1.683	−8.80%	1.689	1.685	0.20%
12	0.151	0.149	1.40%	未测得	1.698	无	1.709	1.700	0.50%
11	0.154	0.160	−3.90%	未测得	1.713	无	1.735	1.715	1.20%
10	0.165	0.171	−3.80%	未测得	1.727	无	1.735	1.728	0.40%
9	0.165	0.177	−7.40%	未测得	1.741	无	1.735	1.742	−0.40%
8	0.165	0.168	−1.70%	未测得	1.756	无	1.735	1.756	−1.20%
7	0.165	0.183	−10.60%	未测得	1.769	无	1.758	1.769	−0.70%
6	未测得	0.202	无	未测得	1.783	无	1.758	1.783	−1.40%
5	未测得	0.224	无	未测得	1.797	无	1.821	1.797	1.30%
4	未测得	0.252	无	未测得	1.812	无	1.821	1.812	0.50%
3	未测得	0.286	无	未测得	1.828	无	1.847	1.828	1.00%
2	未测得	0.325	无	未测得	1.844	无	1.847	1.844	0.10%
1	未测得	0.372	无	未测得	1.861	无	1.847	1.861	−0.80%

3.1.7　按自然岩层分层模型

虽然 3.1.4 节提到的地下沉陷预测模型可以详细、清晰地表示出煤层到地面的岩层运动特性，但是上覆岩层分层在地下沉陷的传播中也发挥了重要作用。例如，地下的坚硬煤层可以显著改变地下的荷载传递。因此，地层分离的影响导致煤层的不连续变形的发展。按自然岩层分层模型可以解决以上提到的问题。地下沉陷过程的步骤如下。

（1）收集地下长壁板的地质柱状剖面图，将直接顶到地面的地层命名第 1, 2, 3, …, n 层，如图 3-15 所示。

（2）定义地下影响函数。应该注意的是，这里的影响函数用来定义垂直和水平运动，用于研究地下地层产生的不同结果，如代表不同岩层中的地下沉陷和水平运动的倒抛物线。式（3-16）适用于沿主要剖面的沉陷。

$$f_s(x',z_i)=\frac{S_{\max}(z_i)}{R_i}\mathrm{e}^{-\pi\left(\frac{x'}{R_i}\right)^2},i=1,2,\cdots,n \tag{3-16}$$

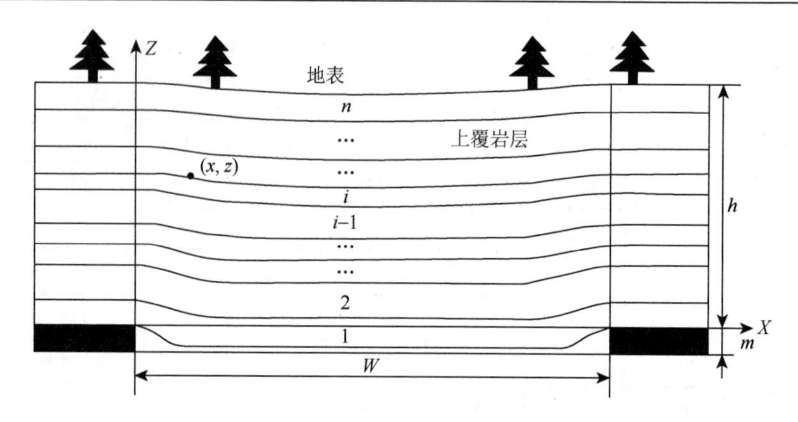

图 3-15　采取平面的上覆岩层

式中，坐标 x' 是引起沉陷的作用点和顶层预测点之间的水平距离；$S_{\max}(z_i)$ 是当前 z_i 层预测的最大的最终沉陷，可以表示为 $S_{\max}(z_i)=m\cdot a_i$，a_i 和 R_i 是第 i 层的地下沉陷因子和主要影响半径。对于开采煤层上方的第 1 层，在影响函数中应该使用在开采高度处的 $S_{\max}(z_i)$。

沿主要剖面的水平位移的影响函数是源自于沉陷的影响函数。

$$f_u(x',z_i)=-2\pi\frac{S_{\max}(z_i)}{R_i z_i}x'\mathrm{e}^{-\pi\left(\frac{x'}{R_i}\right)^2},i=1,2,\cdots,n \tag{3-17}$$

（3）在最后地下沉陷和水平位移的一个适当的水平间隔内整合影响函数。

类似于使用影响函数计算地表变形的方法，预测点 (x',z_i) 处的最后地下沉陷和水平位移是通过对相应岩层左右拐点进行积分计算得到的，如式（3-18）和式（3-19）所示。式（3-18）和式（3-19）中，W 是长壁工作面宽度；d 是拐点的偏移距离。

$$S(x',z_i)=\frac{S_{\max}(z_i)}{R_i}\int_{d-x}^{W-d-x}\mathrm{e}^{-\pi\left(\frac{x'}{R_i}\right)^2}\mathrm{d}x',i=1,2,\cdots,n \tag{3-18}$$

$$U(x',z_i)=2\pi\frac{S_{\max}(z_i)}{R_i z_i}\int_{d-x}^{W-d-x}x'\mathrm{e}^{-\pi\left(\frac{x'}{R_i}\right)^2}\mathrm{d}x',i=1,2,\cdots,n \tag{3-19}$$

3.1.8　沉陷参数推导

数学预测模型只是用一种灵活又通用的工具来表示地下岩层的沉陷和水平位移。如果没有良好的沉陷参数，是得不到任何精确的地层沉陷运动的。

在 3.1.7 节中的模型中，有三个重要的参数：a，d 和 R，它们在很大程度上控制了沉陷的发展。

1）地层沉陷系数 a

地质因素包括煤层深度、岩性、强度、结构、裂隙、节理组方向和膨胀或上覆岩层的碎胀系数，这些都显著影响地面和地下的沉陷。然而，单独讨论和分析每个因素对上覆岩层沉陷过程的影响是困难的，也是无意义的。先前对沉陷因素的研究是基于对案例数据的回归研究，总共收集了 101 例地表和地下的沉陷数据，如图 3-16 所示，并根据图 3-16 进行非线性回归，得到式（3-20）。

$$a = 163.156(z + 561.680)^{-0.857} \tag{3-20}$$

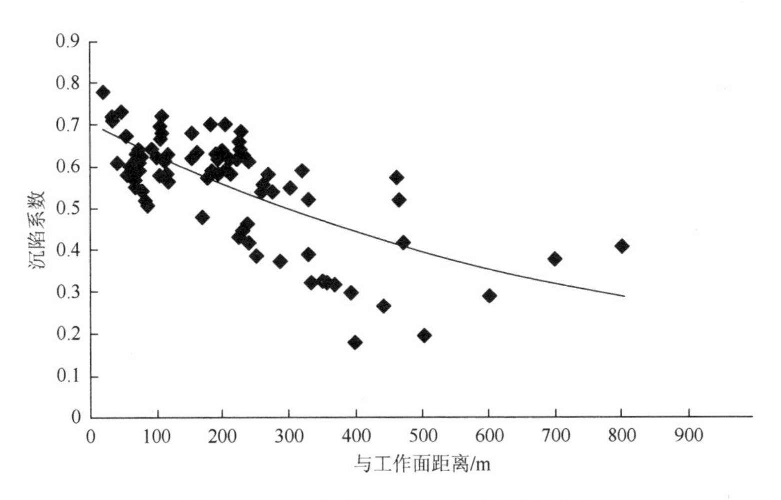

图 3-16　101 例地表和地下沉陷数据集合

2）拐点的偏移距离 d

拐点的偏移距离即转折点和面板边缘之间的水平距离。拐点即测量的临界或超临界沉陷线形的曲率在该点从凹的变为凸的。使用经验公式［式（3-21）］来确定偏移量。

$$\frac{d}{z} = 0.1683 - 0.4743 \cdot a + 0.46 \cdot \left|1 - \mathrm{e}^{-1.8408\left(\frac{W}{z} - 0.1\right)}\right| \tag{3-21}$$

3）主要影响半径 R

主要影响半径是主要影响区域宽度的一半，该区域中最终沉陷从沉陷盆地公认的“边缘”到“全面”沉陷点都各不相同。为了确定某一层的主要影响半径，将该层视为一个悬臂梁。它的左端由一个弹性固定端垂直限制，而右边的悬臂梁则被当前层最大程度的沉陷所限制。上覆岩层第 i 层的偏移距离可以被视为悬臂梁的最大偏移量 $S_{\max}(z_i)$ 。悬臂梁的最大偏移距离可以基于悬臂梁理论的公式［式（3-22）］确定。

$$S_{\max}(z_i)=\frac{q_i L_i^4}{8E_i I_i} \tag{3-22}$$

式中，上覆岩层负荷量q_i是第i层影响主要影响半径的一个重要因素；E_i和I_i分别是弹性模量和截面惯性矩；L_i是分布荷载作用下有最大偏移距离$S_{\max}(z_i)$的悬臂梁的长度，L_i用于确定第i层的主要影响半径，数学上等于$2R_i$。重写式（3-22）可得

$$R_i=0.5\times\left[\frac{2\cdot S(z_i)\cdot h_i^3\cdot E_i}{3q_i}\right]^{0.25} \tag{3-23}$$

到目前为止，上覆岩层负荷量q_i的确定是一个关键问题。含煤地层中，在岩系的整个形成时期，沉积环境和覆岩地层类型是不同的，各岩层的厚度和力学性能相差很大。结合放顶拱的确定高度，顶板变形和顶板离层是不会发生在陷落拱上方，因为它已经形成了一个平衡稳定的结构。本书致力于探索陷落拱下方岩层顶板离层位置。正如我们所知，已开掘的长壁工作面顶板遭受垂直应力(q)和水平应力(σ_h)的组合效应，如图 3-17 所示。考虑到屋顶在垂直应力下的变形，每一层的厚度和容重分别为h_i和γ_i（$i=1,2,3,\cdots,n$）。这些岩层主要包括煤层、一些厚煤层中的软岩层（如泥岩、粉砂岩），以及部分其他厚煤层上的软、硬岩层（如粉砂岩、砂岩或细砂岩）。在这个模型中，采用复合梁的原则，每个复合梁上的剪切力Q和力矩M都源自与于两个岩层之间的各个接口，这个关系可以表示为

$$Q=Q_1+Q_2+\cdots+Q_n \tag{3-24}$$

$$M=M_1+M_2+\cdots+M_n \tag{3-25}$$

根据简单的结构力学，曲率$k_i=1/\rho_i$，曲率和力矩之间的关系可表示为

$$k_i=\frac{1}{\rho_i}=\frac{(M_i)_x}{E_i I_i} \tag{3-26}$$

式中，ρ_i是曲率半径；E_i是弹性模量；I_i截面惯性矩。

由于岩层是组合在一起的，低处和高处岩层的曲率（由于岩层的大曲率半径）必然趋于一致，导致各个岩层的重新分配，可以得出式（3-27）。

$$\frac{M_1}{E_1 I_1}=\frac{M_2}{E_2 I_2}=\cdots=\frac{M_n}{E_n I_n} \tag{3-27}$$

然后式（3-26）可以变为

$$\frac{(M_1)_x}{(M_2)_x}=\frac{E_1 I_1}{E_2 I_2},\frac{(M_1)_x}{(M_3)_x}=\frac{E_1 I_1}{E_3 I_3},\cdots,\frac{(M_1)_x}{(M_n)_x}=\frac{E_1 I_1}{E_n I_n} \tag{3-28}$$

此外，M_x可以表示为

$$M_x=(M_1)_x+(M_2)_x+\cdots+(M_n)_x \tag{3-29}$$

将式（3-28）代入式（3-29），得

$$M_x = (M_1)_x \left(1 + \frac{E_2 I_2 + E_3 I_3 + \cdots + E_n I_n}{E_1 I_1}\right) \tag{3-30}$$

其中：

$$(M_1)_x = \frac{E_1 I_1 \cdot M_x}{E_1 I_1 + E_2 I_2 + \cdots + E_n I_n} \tag{3-31}$$

由 $\frac{\mathrm{d}M}{\mathrm{d}x} = Q, \frac{\mathrm{d}Q}{\mathrm{d}x} = q$ ，可得

$$(q_1)_x = \frac{E_1 I_1 \cdot q_x}{E_2 I_2 + E_3 I_3 + \cdots + E_n I_n} \tag{3-32}$$

式中， $q_x = \gamma_1 h_1 + \gamma_2 h_2 + \cdots + \gamma_n h_n$ ， $I_1 = \frac{bh_1^3}{12}, I_2 = \frac{bh_2^3}{12}, \cdots, I_n = \frac{bh_n^3}{12}$ ；参数 $(q_1)_x$ 是在考虑不同的上覆岩层的情况下第 1 层上的轴承负荷，然后我们可得

$$(q_n)_1 = \frac{E_1 h_1^3 (\gamma_1 h_1 + \gamma_2 h_2 + \cdots + \gamma_n h_n)}{E_1 h_1^3 + E_2 h_2^3 + \cdots + E_n h_n^3} \tag{3-33}$$

应该指出的是，一旦 $(q_{n+1})_1 < (q_n)_1$ 时，第 1 层只承受第 n 层传递过来的载荷。第 n 层是硬岩层，它有足够的强度，能承受上层的载荷并阻止向下层的传递过程。因此，应该重复式（3-33），以准确确定每层的上覆岩层载荷。

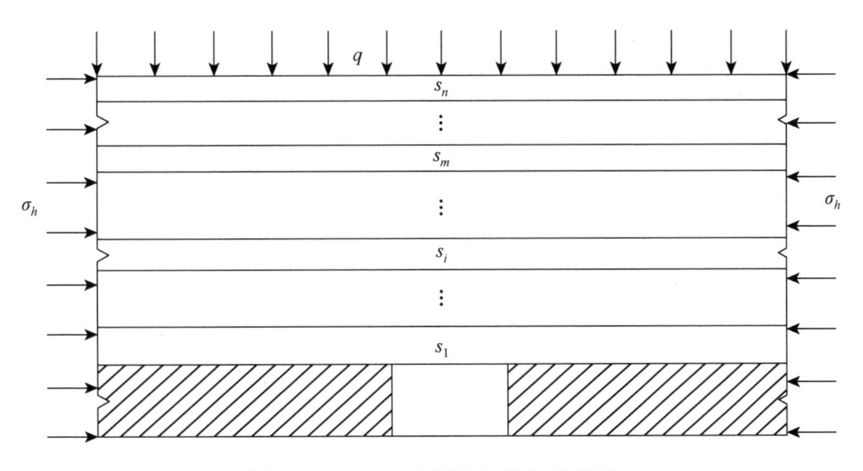

图 3-17　RTCS 上覆岩层的力学模型

3.1.9　案例研究

为了验证本书中数学模型的可靠性，选择了中国的北部的一个煤矿来研究地表和地下的沉陷。该矿井的长壁工作面宽 210m，平均上覆岩层深度为 450m，预测模型的开采高度为 9.78m。表 3-7 为长壁工作面地质柱状表，表 3-8 为上覆岩层的力学参数。

表 3-7　长壁工作面地质柱状表

地层时代	深度/m	厚度/m	柱状	岩性
第四纪	10.00	10.00		黄土层
侏罗纪	60.00	50.00		泥质灰岩
	80.00	20.00		粉砂岩
	95.00	15.00		泥岩、砂岩
	100.00	5.00		侏罗纪煤层
	160.00	6.00		砂岩
	225.00	65.00		砂砾岩、砂岩
石炭二叠纪	345.00	120.00		泥岩、砂岩
	395.00	50.00		砂岩
	430.00	35.00		砂岩
	450.00	20.00		煌斑岩
	459.75	9.75		石炭二叠纪煤层（现开采煤层）
	491.75	32.00		砂岩

表 3-8　上覆岩层的力学参数

岩层名称	密度/(kg/m^3)	弹性模量/MPa	泊松比	内聚力/MPa	摩擦角/(°)	抗压强度/MPa
黄土层	1800	10	0.300	0.02	15	0.7
泥质灰岩	2650	2245	0.200	3.50	25	34.5
粉砂岩	2480	1500	0.190	2.90	28	80.5
泥岩、砂岩	2660	2200	0.200	3.40	25	44.5
侏罗纪煤层	1290	1290	0.300	1.20	22	30.0
砂岩	2675	2100	0.215	3.40	25	75.0
砂砾岩、砂岩	2535	1600	0.200	2.50	28	95.6
泥岩、砂岩	2650	2245	0.200	3.50	25	44.0
砂岩	2670	1815	0.230	3.65	25	75.0
砂岩	2675	2100	0.215	2.50	25	75.0
煌斑岩	2680	3000	0.160	3.40	26	42.8
石炭二叠纪煤层（现开采煤层）	1290	1290	0.300	1.20	22	16.0
砂岩	2670	4054	0.170	4.00	28	90.0

后两部分涉及现场测量和物理模拟模型，以便充分了解地下地层运动的发展。

1）钻孔布置和地层塌陷监测

为了进行现场测量，从地面到煤层水平打了一个垂直钻孔，如图 3-18 所示。1 号钻孔位于工作面的中间，它的直径在 94～133mm，采用多级钻探。

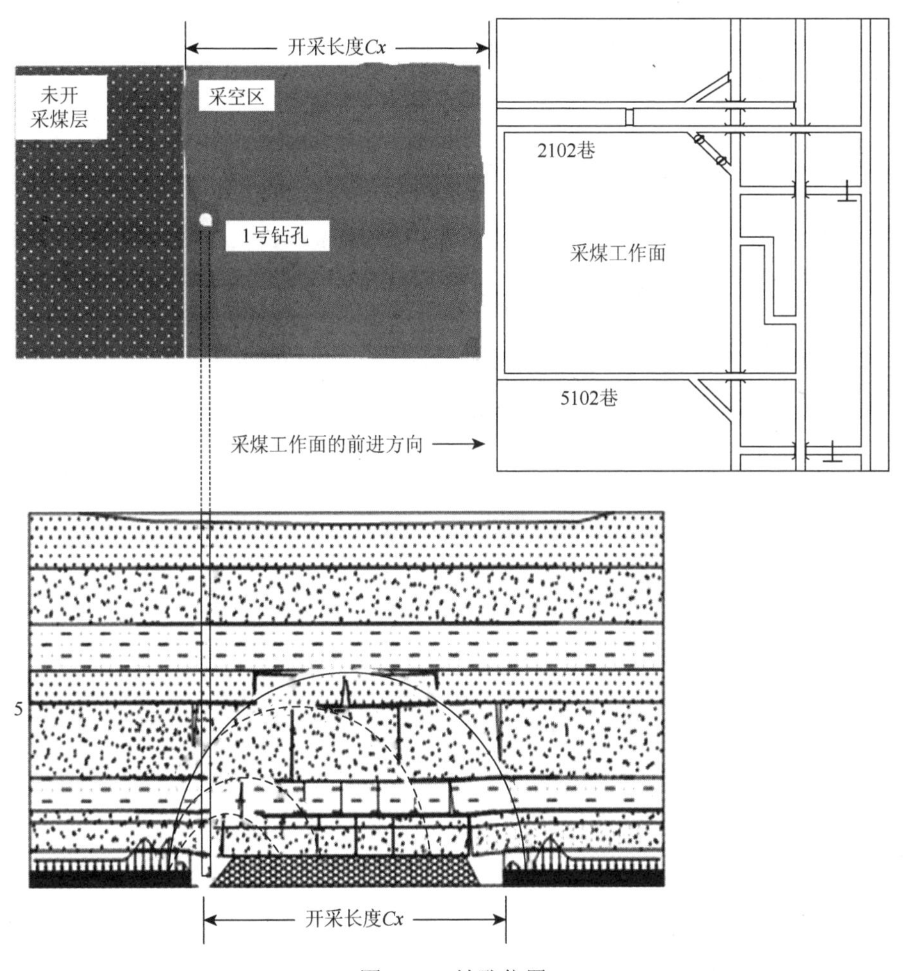

图 3-18　钻孔位置

数字全景成像技术提供了一种快速和相对廉价的观测手段，不仅可以在不受干扰的情况下获得可视记录，还能测量钻孔壁的断裂程度、孔隙度和位移度。测量过程为：当长壁采煤工作面在钻孔下前进时，测量开始进行。一旦钻孔和工作面的距离小于 30m，要每天进行测量。当距离超过 30m 时，每两天或三天重复测量。由电缆连接的探测器经黏土层达到最大深度，然后记录数据。由于地下岩层塌落，钻孔不断受损。因此，探测器可以达到的深度变得越来越浅。此外，钻孔壁的图像可以在每次测量中被捕获，也能显示岩层运动和变形。

图 3-19 显示了不同水平典型的钻孔图像，可以清楚地显示钻孔的裂隙发展。表 3-9 显示了钻孔变形运动和钻孔底部的检测位置（地面定义为 0m）。图 3-20 用柱状图显示了钻孔底部位置的变化。

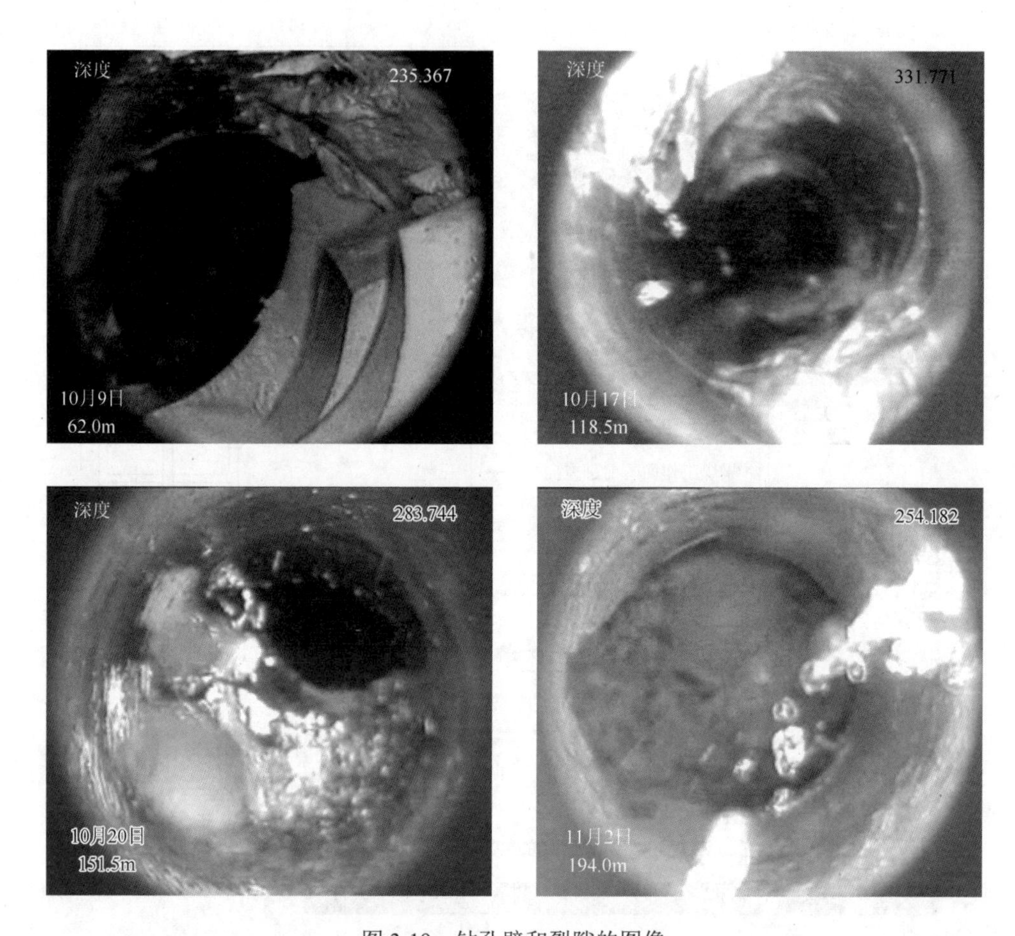

图 3-19　钻孔壁和裂隙的图像

表 3-9　钻孔变形运动和钻孔底部的检测位置

钻孔与工作面距离/m	DPI 探测器的实时影像（提示：规定煤顶水平为 0）	DPI 可达深度/m	孔壁断裂高度/m
0	裂隙（+45.0m）	450.0	0
2.0	裂隙（+45.0m）开口变宽	410.0	40.0
8.0	裂隙（+51.5m）	410.0	40.0
12.5	裂隙（+56.6m 和 +67.2m）	393.8	56.2
15.0	微裂缝（+112.0m），微钻孔壁位错（+97.5m）	393.3	56.7

续表

钻孔与工作面距离/m	DPI 探测器的实时影像（提示：规定煤顶水平为 0）	DPI 可达深度/m	孔壁断裂高度/m
19.0	1/2 钻孔壁位错（＋62.0m）	388.0	62.0
23.5	微裂缝（＋108.0m），微钻孔壁位错（＋100.0m）	388.0	62.0
27.5	钻孔壁位错（＋100.0m）持续发展	373.0	77.0
29.5	微裂缝（＋124.0m），垂直和水平裂隙（＋101.0m）	367.5	82.5
40.5	微钻孔壁位错（＋152.0m），1/4 钻孔壁位错（＋129.5m）	340.0	110.0
45.5	大裂隙（＋138.0m）	331.5	118.5
52.4	1cm 钻孔壁位错（＋152.0m）	313.0	137.0
56.0	大钻孔位错（＋160.0m 和＋172.0m）	310.5	139.5
61.5	微裂缝（＋178.0m），钻孔壁位错（＋172.0m）持续发展	298.5	151.5
76.0	＞3.0cm 钻孔壁位错（＋181.5m）	268.5	181.5
82.0	＞1/2 钻孔壁位错（＋181.5m），直径增加 2.0cm。此水平以下的钻孔完全破裂	268.5	181.5
117.5	直径 0.7m 的气蚀孔出现在 194.2～193.0m，钻孔破裂（＋193.0m）	257.0	193.0
120.0	3/4 钻孔壁位错（＋209.0m）	241.0	209.0
127.0	直径 0.7m 的气蚀孔在 209.7～209.0m，209.0m 处的钻孔完全破裂	241.0	209.0
138.0	矸石（＋209.0m）	241.0	209.0
199.5	矸石（＋209.0m）伴有直径 0.7m 的气蚀孔	176.0	274.0
203.0	矸石（＋274.0m）伴有直径 0.7m 的气蚀孔	176.0	274.0
212.2	矸石（＋317.0m）	133.0	317.0
218.3	矸石（＋317.0m）	133.0	317.0
235.0	矸石（＋317.0m）	133.0	317.0
244.0	2/3 钻孔壁位错（＋339.0m）	111.0	339.0
278.5	钻孔壁位错（＋358.0m 和＋356.0m），2.0cm 钻孔壁位错（＋349.0m），2.5cm 钻孔壁位错（＋342.0m）	108.0	342.0

用 DPI 探测器做检测工作，我们发现在开采煤层上方的一般垮落带在 0～120.0m，裂隙带在 120.0～350.0m。在钻孔与工作面距离达到一定值（＞45.5m）时，会发生一些层分离。探测器位置的变化表明，工作面推进距离和损坏的钻孔长度是正相关的（图 3-20），可以估计垮落带和裂隙带的近似范围。

2）物理模拟模型

物理模拟模型是研究受开采影响的岩层运动的有效技术之一[55]，它已经被许多研究者[56-58]用于模拟长壁工作面开采，包括沉陷问题和其他相关问题。物理模

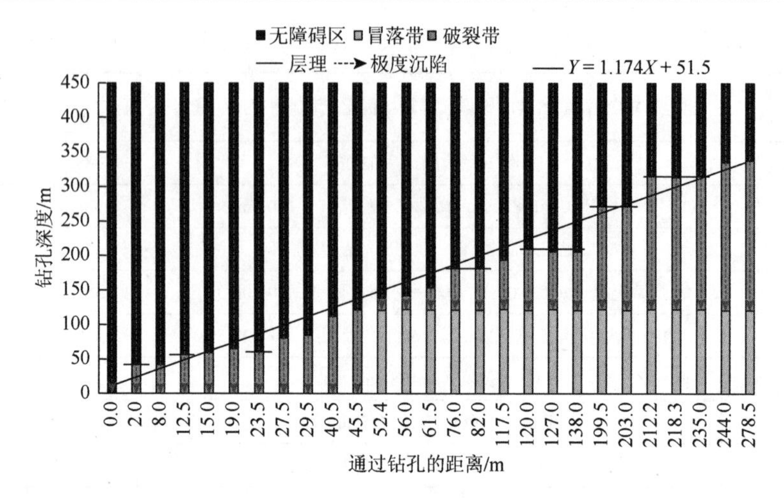

图 3-20　钻孔底部位置的变化

拟模型的优点是允许自然机制下地层变形的发生，可以与现场观察或相关数值模型做比较，如地面运动、裂纹扩展、垮落和地下运动这些发展过程，很难显示在数值模型中，但可以清楚地显示在一个物理模拟模型中。这些过程和连续多个煤层开采后的上覆岩层间的相互运动也可以通过物理模型研究。

许多研究人员已经使用不同类型的材料和测试协议模型来模拟地下开采条件。Whittaker 等[15]利用重力加载的砂石和石膏的混合物来模拟长壁开采和各种条件下诱发沉陷。Xie 等[58]用细沙、石膏、石灰和不同部位的黄土的混合物来模拟一个完全机械化综放面板和不同岩层。Liu 等[57]研究了多煤层开采对上覆层的影响，使用石膏、粗砂岩、轻质碳酸钙和煤烟来控制煤矿甲烷气体排放。

相似材料模拟是根据相似原理，将矿山岩层按一定比例缩小，利用相似材料制作成模型，在模型中模拟煤层开采，观测模型上岩层的移动和破坏情况，依据模型上出现的情况，分析、推测矿山实地开采煤层所引起的岩层与地表移动情况。相似材料模拟是以相似理论、因次分析法为依据的实验室研究方法。欲使模型与实体原型相似，需要满足原型与模型的各对应量成一定的比例及各对应量所组成的数学物理方程相同，具体在岩层与地表移动方面的应用，应保证模型与实体的几何相似、运动学相似及动力学相似。

（1）几何相似。几何相似要求模型与原型的几何形状相似，二者的长度（包括长、宽、高）均保持一定比例，即

$$a_1 = \frac{L_M}{L_H} \tag{3-34}$$

式中，a_1 是长度相似常数，或称为模型比例尺；L_M 是模型的长度；L_H 是原型的长度。

（2）运动学相似。运动学相似要求模型与原型中所有各对应点运动相似，即要求各对应点的运动速度、加速度、运动时间等都成一定比例。因此，要求时间比为常数，即

$$a_t = \frac{T_M}{T_H} \tag{3-35}$$

式中，a_t是时间相似常数，或称为时间比例；T_M是模型中各对应点完成沿几何相似的轨道运动所需时间；T_H是原型中各对应点完成沿几何相似的轨道运动所需时间。

（3）动力学相似。动力学相似要求模型与原型间所有作用力都保持相似，即满足下列条件：

$$R_M = \frac{L_M}{L_H} \times \frac{\gamma_M}{\gamma_H} \times R_H \tag{3-36}$$

式中，R_M、R_H分别是相似材料和岩石的力学性质；γ_M、γ_H分别是相似材料和岩石的重度。

（4）长度相似常数。根据实验模拟的开采范围和模型实验台尺寸，选取模型长度相似常数为 1∶300，即

$$a_l = \frac{L_M}{L_H} = 1:300 \tag{3-37}$$

（5）时间相似常数$a_t = \sqrt{a_l}$，可得时间相似常数为 0.058。

（6）应力相似常数。本次试验容重相似常数a_γ为 0.63，应力相似常数与几何相似常数和容重相似常数有以下关系式成立，所以可知应力相似常数为 0.0021。

$$R_M = \frac{L_M}{L_H} \times \frac{\gamma_M}{\gamma_H} \times R_H = a_l \times a_\gamma \times R_H \tag{3-38}$$

$$a_\gamma = \frac{\gamma_M}{\gamma_H} = 0.63 \tag{3-39}$$

根据相似常数计算出了模型铺设的各个岩层的参数，如表 3-10 所示。

表 3-10　各岩层相似材料力学参数

层位	岩性	原型			模型		
		层厚/m	容重/(g/cm³)	抗压强度/MPa	层厚/mm	容重/(g/cm³)	抗压强度/MPa
1	黄土层	10.0	1.80	0.7	33.0	1.13	0.0015
2	泥质粉细砂岩	50.0	2.40	34.5	167.0	1.51	0.0725
3	粗、细砂岩互层	20.0	2.71	80.5	67.0	1.71	0.1695

续表

层位	岩性	原型			模型		
		层厚/m	容重/(g/cm^3)	抗压强度/MPa	层厚/mm	容重/(g/cm^3)	抗压强度/MPa
4	砂质泥岩、细砂岩互层	15.0	2.65	44.5	50.0	1.67	0.0935
5	侏罗纪煤层	5.0	1.41	30.0	17.0	0.89	0.0630
6	粉细砂岩	60.0	2.70	75.0	200.0	1.70	0.1575
7	砂砾岩、中粗砂岩互层	65.0	2.72	95.6	217.0	1.71	0.2008
8	砂质泥岩、粉细砂岩互层	120.0	2.60	44.0	400.0	1.64	0.0924
9	中细砂岩	50.0	2.70	75.0	167.0	1.70	0.1575
10	粉细砂岩	35.0	2.66	75.0	117.0	1.68	0.1575
11	煌斑岩、煤岩互层	20.0	2.50	42.8	67.0	1.58	0.0899
12	石炭二叠纪煤层	9.8	1.40	16.0	32.0	0.88	0.0336
13	细砂岩、中粗砂岩互层	32.0	2.71	90.0	107.0	1.71	0.1890

本次实验铺设总高度应为160.0cm。在铺设过程中，严格按照各煤岩层的实际尺寸来施工。每次铺设厚度最大不超过3.0cm，尽量保证平稳均匀，每层之间加云母粉使模型层理分明。根据模型材料的容重、岩层厚度及配比号，分别计算模型铺设分层材料用量（表3-11）。

表3-11　各岩层相似材料配比参数与用量

层位	岩性	累厚/cm	分层及厚度/cm	每分层总质量/kg	配比号	每分层用砂量/kg	每分层用灰量/kg	每分层用膏量/kg	每分层用水量/kg
1	黄土层	3.3	1.65×2	27.72	12∶1∶0	25.588	2.132	0.000	1.10
2	泥质粉细砂岩	20.0	1.86×9	31.25	10∶9∶1	28.407	2.557	0.284	1.25
3	粗、细砂岩互层	26.7	1.68×3	28.22	7∶7∶3	24.696	2.470	1.058	1.13
4	砂质泥岩、细砂岩互层	31.7	1.67×3	28.06	9∶8∶2	25.250	2.224	0.561	1.12
5	侏罗纪煤层	33.4	1.70×1	28.56	10∶8∶2	25.964	2.077	0.519	1.14
6	粉细砂岩	53.4	2.00×10	33.60	8∶7∶3	29.867	2.613	1.120	1.34
7	砂砾岩、中粗砂岩互层	75.1	1.97×11	33.10	6∶6∶4	28.368	2.837	1.891	1.32
8	砂质泥岩、粉细砂岩互层	115.1	2.00×20	33.60	9∶8∶2	30.240	2.680	0.672	1.34
9	中细砂岩	131.8	1.39×12	23.35	8∶7∶3	20.757	1.816	0.778	0.93
10	粉细砂岩	143.5	1.30×9	21.84	8∶7∶3	19.413	1.699	0.728	0.87

续表

层位	岩性	累厚/cm	分层及厚度/cm	每分层总质量/kg	配比号	每分层用砂量/kg	每分层用灰量/kg	每分层用膏量/kg	每分层用水量/kg
11	煌斑岩、煤岩互层	150.2	1.34×5	22.51	9∶8∶2	20.261	1.800	0.450	0.90
12	石炭二叠纪煤层	153.4	1.60×2	26.88	9∶7∶3	24.192	1.880	0.800	1.08
13	细砂岩、中粗砂岩互层	160.0	2.25×2	37.80	6∶5∶5	32.400	2.700	2.700	1.51

工作面和上覆岩层是按比例缩小为一个相似的二维模型。主要材料是砂石和石膏，它们可以模拟开采活动后垮落过程和裂隙增长，表现开采沉陷的机理。物理模型的尺寸是 420cm×25cm×200cm。工作面和上覆岩层与实际的工作面布局和岩层属性相符，如图 3-21 所示。

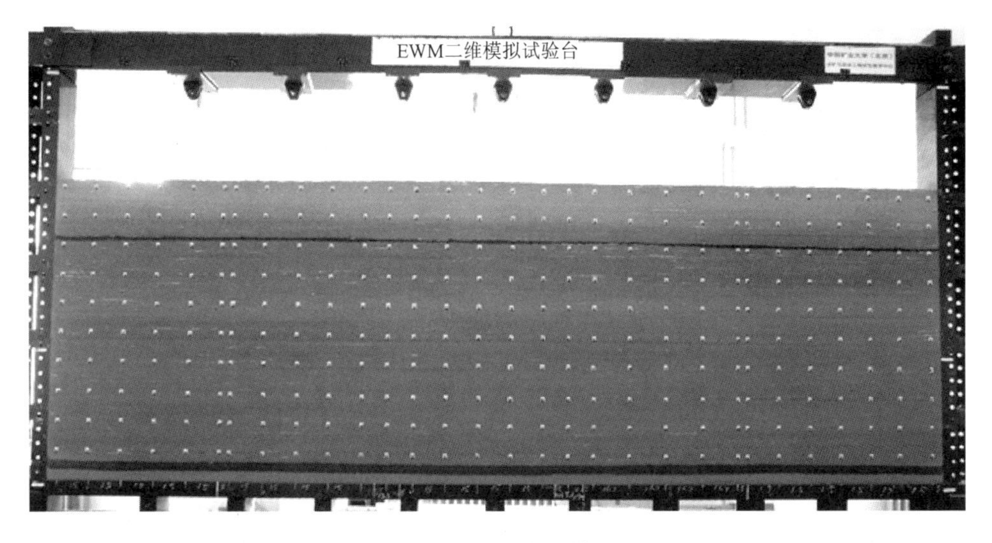

图 3-21　二维物理模型

本次实验采用的观测方法为全站仪测量角度法，如图 3-22 所示；其核心思想是通过精确测量观测点的竖直角和水平角，并通过换算来求出观测点的相对坐标。

在模型架的两侧上分别设置 4 个不受开采影响的固定点，即图 3-22 中的点 A、点 B、点 C 和点 D，并使 $AD=BC$，$AB=DC$，在地面 P 点设置电子经纬仪，以过点 P 与模型架正交的平面作为基准面，来观测点 A、点 B、点 C、点 D 的水平

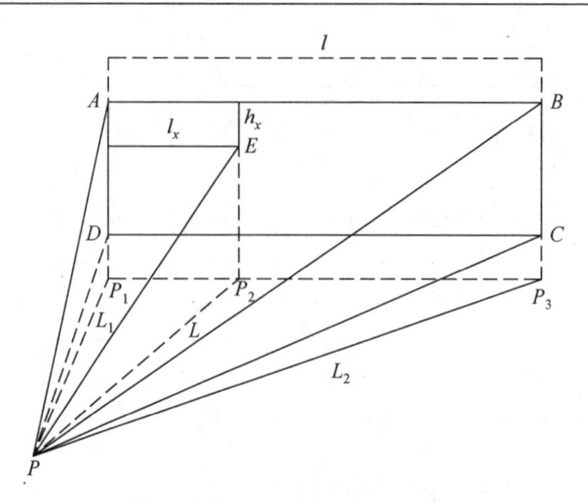

图 3-22　模型位移观测原理图

角及垂直角，并且准确量出线段 AD 和 DC 的距离，以这些数据作为观测模型中任意点 E 的起算数据。

假设 PA、PD 和 PB、PC 在水平面的投影距离分别为 L_1 和 L_2，在水平面内 L_1 与 L_2 的夹角为 α。模型内任意点 E 到点 P 的水平投影距离为 L，L 与 L_1、L_2 的夹角分别为 α_1 和 α_2；点 E 到 AD 边的距离为 l_x，到 AB 边的距离为 h_x。

如图 3-23（a）所示，设点 A、点 D 观测的垂直角分别为 δ_1 和 δ_2，点 A 和点 D 之间的垂直高度为 H_0，则

$$\begin{cases} H_1 = L_1 \tan\delta_1 \\ H_2 = L_1 \tan\delta_2 \Rightarrow L_1 = \dfrac{H_0}{\tan\delta_1 - \tan\delta_2} \\ H_0 = H_1 - H_2 \end{cases} \tag{3-40}$$

同理，设点 B、点 C 观测的垂直角分别为 δ_4 和 δ_3，则由式 3-40 得

$$\begin{cases} H_1 = L_2 \tan\delta_4 \\ H_2 = L_2 \tan\delta_3 \Rightarrow L_2 = \dfrac{H_0}{\tan\delta_4 - \tan\delta_3} \\ H_0 = H_1 - H_2 \end{cases} \tag{3-41}$$

如图 3-23（b）所示，模型内任意点 E，其水平角观测值分别为 α_1 和 α_2，垂直角为 δ_x，则分别在 ΔPP_1P_3、ΔPP_1P_2 和 ΔPP_2P_3 内应用三角正弦定理可得

$$\begin{cases} \dfrac{L}{\sin\alpha} = \dfrac{L}{\sin\angle 2} = \dfrac{L}{\sin\angle 1} \\ \dfrac{L}{\sin\angle 1} = \dfrac{l_x}{\sin\alpha_1} \\ \dfrac{L}{\sin\angle 2} = \dfrac{1 - l_x}{\sin\alpha_2} \end{cases} \tag{3-42}$$

联立式（3-40）～式（3-42）可得

$$l_x = \frac{1 \times \sin\alpha_1(\tan\delta_4 - \tan\delta_3)}{\sin\alpha_1(\tan\delta_4 - \tan\delta_3) + \sin\alpha_2(\tan\delta_1 - \tan\delta_2)} \tag{3-43}$$

联立式（3-42）和式（3-43）可得

$$L = \frac{H_0 \times \sin\alpha}{\sin\alpha_1(\tan\delta_4 - \tan\delta_3) + \sin\alpha_2(\tan\delta_1 - \tan\delta_2)} \tag{3-44}$$

联立式（3-40）和式（3-44）可得

$$h_x = H_1 - L \times \tan\delta_x = \frac{H_0 \tan\delta_1}{\tan\delta_1 - \tan\delta_2} - \frac{H_0 \sin(\alpha_1 + \alpha_2)\tan\delta_x}{\sin\alpha_1(\tan\delta_4 - \tan\delta_3) + \sin\alpha_2(\tan\delta_1 - \tan\delta_2)} \tag{3-45}$$

煤层开采前先将模型上布设的观测点测量一遍，并通过式（3-43）和式（3-45）计算得出其 l_{x0} 和 h_{x0} 作为该点的原始数据，随着工作面的开采，观测点将产生移动，通过观测和计算便可得出此刻该点的 l_{xi} 和 h_{xi}，从而根据式（3-46）可求得该观测点的下沉量 W_i 和水平移动量 U_i。

$$\begin{cases} W_i = h_{x0} - h_{xi} \\ U_i = l_{xi} - l_{x0} \end{cases} \tag{3-46}$$

由以上分析可知，固定点 A、D 和点 B、C 必须分别处于同一铅垂线上，并且点 A、B 和点 D、C 分别位于同一水平高度上。另外由式（3-42）和式（3-45）可知，为方便计算还必须准确量出线段 AD 和 BC 的长度 H_0，以及线段 AB 和 DC 的长度 l。设置好后，用经纬仪准确测量固定点和观测点的竖直角 δ_1、δ_2、δ_3、δ_4 和 δ_x 及水平角 α_1 和 α_2。

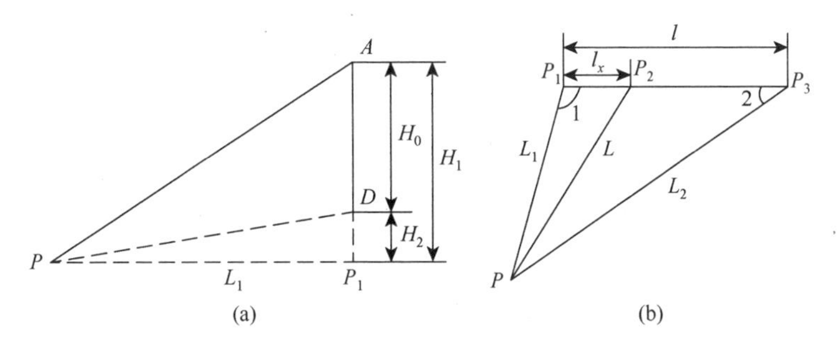

图 3-23　模型计算原理图

在工作面从揭露剖面向前推进一定距离的过程中，如 130.0m、190.0m 和 230.0m，捕捉到如图 3-24～图 3-26 所示的照片。我们发现工作面每推进 20.0m，顶板就会有规律地破断，基本上与现场测量的 16.0～18.0m 的周期性加权长度相吻合。最近的关键层在煤顶 30.0m 的上方，直到工作面推进了 190.0m 都一直处于悬挂状态。垮落区向上扩展，突破坍塌的关键层，导致一个不断增长的顶板有许多小裂隙的阶梯状垮落区。如图 3-24 和图 3-25 所示，从 130.0m 到 190.0m，垮落区的高度明显随着工作面的推进而持续增长，在 8.0m 和 105.0m 的高度处，发生了两种典型的顶板垮落，出现悬于垮落区之上的岩石铰接。如图 3-26 所示，开采从 190.0m 推进到 230.0m 时，我们发现会形成一个 25.0m 的长悬臂梁，位于煤顶上方 55.0m，这是因为上覆岩层上方 55.0～110.0m 存在另一个关键层，这个关键层是强壮的中细砂岩，有一个 25.0m 长的断裂长度。

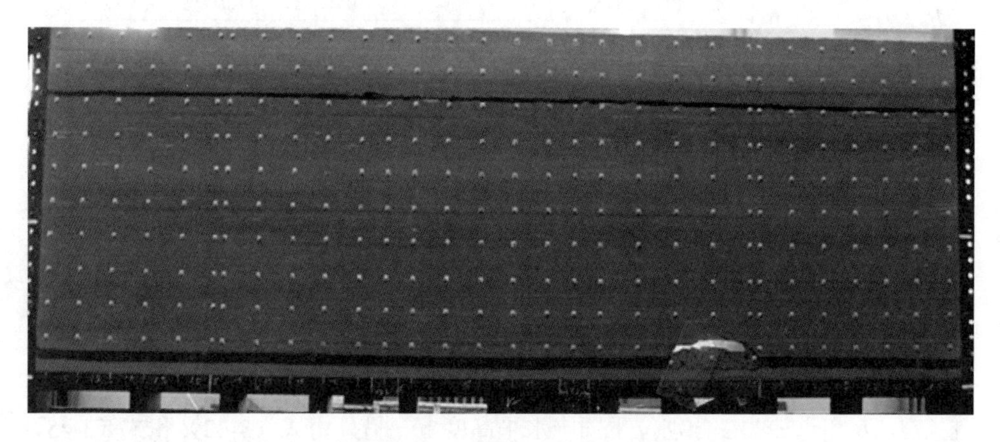

图 3-24　工作面距离是 130.0m 时上覆岩层的垮落过程

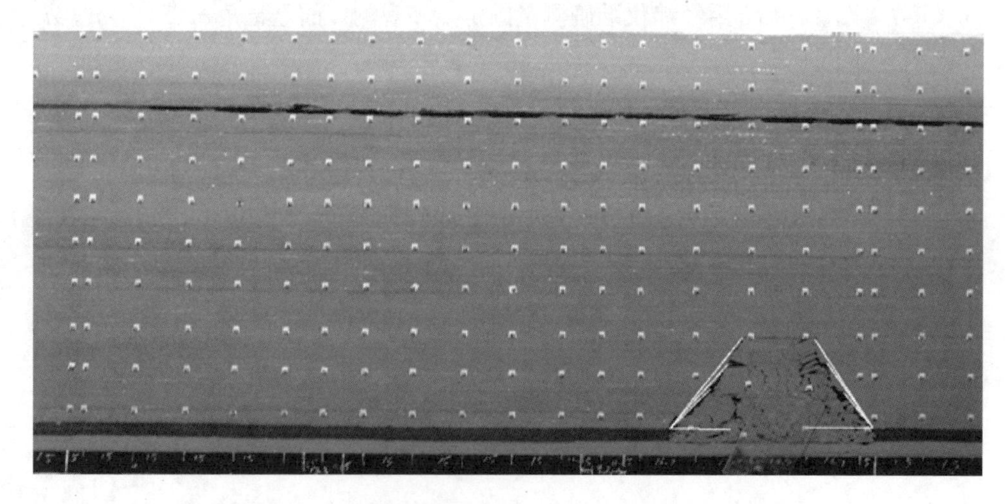

图 3-25　工作面距离是 190.0m 时上覆岩层的垮落过程

为了直接显示上覆岩层是如何弯曲的，安装了几排监测点装在如图 3-24～图 3-26 所示的几个高度，来监测岩层沉陷数据。通过记录监视点的位移，上覆岩

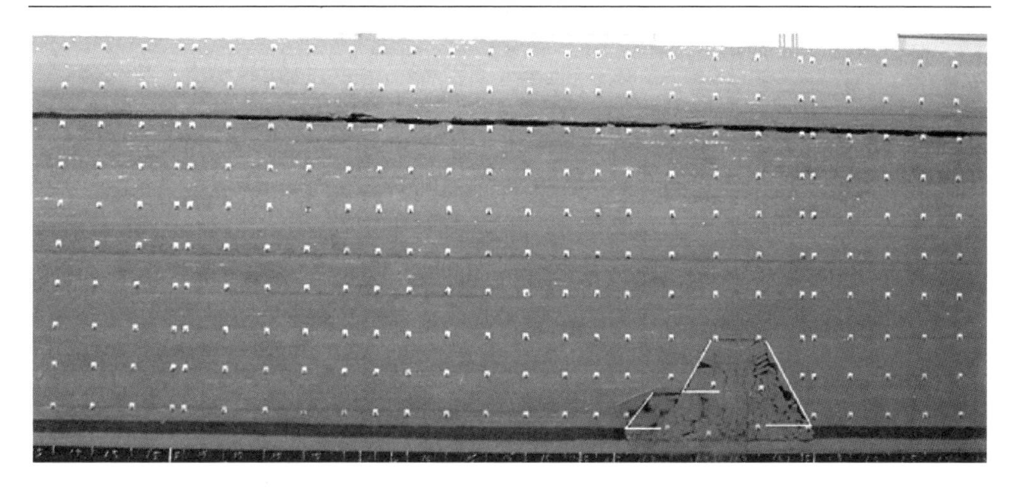

图 3-26 工作面距离是 230.0m 时上覆岩层的垮落过程

层沉陷的曲线见图 3-27。一个明显的现象是，地层和采空区之间的距离影响地层的运动。需注意的重要的一点是，在相邻地层有类似的力学性能时会发生三组同步的沉陷。地层从顶板到 381.6m，或者 331.2～280.0m，或者从地面到 225.0m，同时沉陷，这是因为关键层存在于约 345.0m 和 225.0m 的高度。

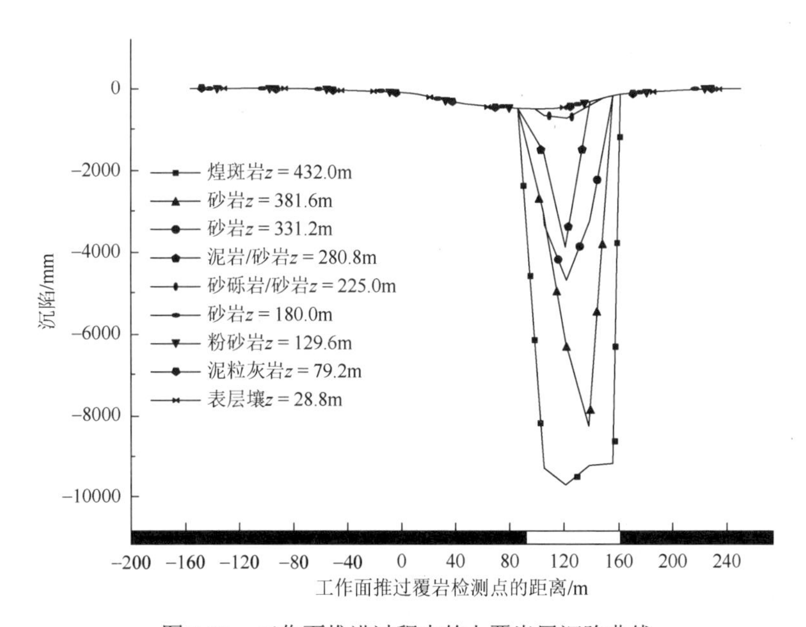

图 3-27 工作面推进过程中的上覆岩层沉陷曲线

使用 3.1.7 节介绍的地下沉陷模型，包括煤层上方地下每层的沉陷预测剖面和可以被计算并绘制的物理建模曲线。

可以看出，接近开采煤层有一个更好的沉陷发展，尤其是直接顶的沉陷曲线，它与下面一条表示物理模型中煤层顶板运动的曲线高度一致。物理模型中，在工作面推进的过程中，关键层出现在地表以下 225.0m 和 345.0m 处，同时根据数学模型预测关键层也悬挂在同一高度。图 3-28 圈中的点和曲线底部表示物理模型和数学模型之间的一致性。表 3-12 显示了数学模型和物理模型的更详细的数据及两者之间的误差。

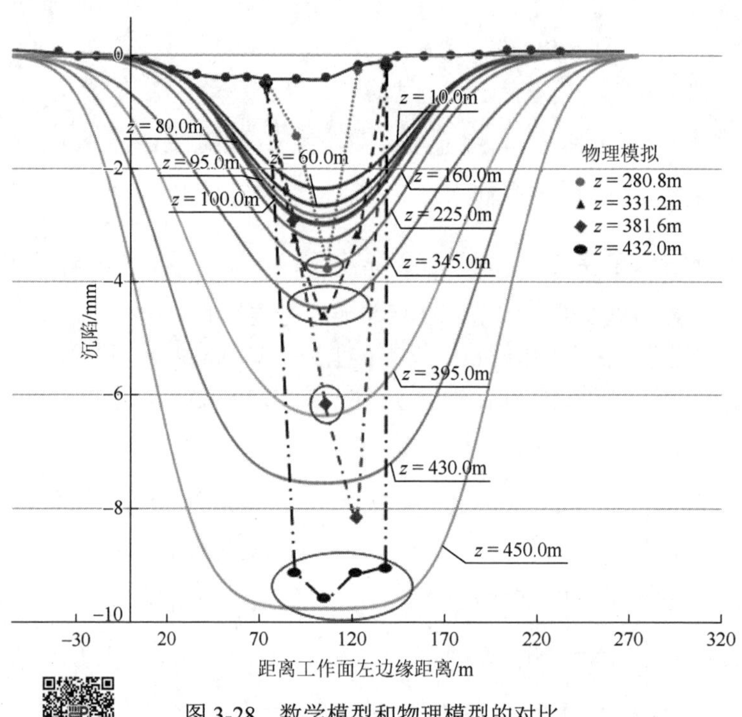

图 3-28　数学模型和物理模型的对比

表 3-12　数值结果和计算的比较

深度/m	数学模型的沉陷/m	物理模型的沉陷/m	误差/%
225.0～280.8	−3.74	−3.73	0
331.2～345.0	−4.44	−4.60	−3.49
381.6～395.0	−6.35	−6.11	3.93
432.0～450.0	−9.76	−9.52	2.52

为了更好地研究地下岩层的变形情况，沿长壁工作面主要截面的最后沉陷和水平位移也可以利用按自然岩层分层模型计算。图 3-29 给出了煤层上方每层的最终地下沉陷等值线图及其与现场数字全景成像技术测量的比较，图中的虚线可被视为地

下 275.0m 和 345.0m 高处岩层的两种不同强度的运动之间的分界线。当穿过横虚线时，运动的强度依据图中等值线的密集程度而明显降低。这两条虚线将一般沉陷区划分为垮落区和裂隙区，这与 3.1.9 节中数字全景成像技术提到的现场测量结果高度一致。同样的强度也出现在预测水平位移的等值线图中，如图 3-30 中虚线标出所示。

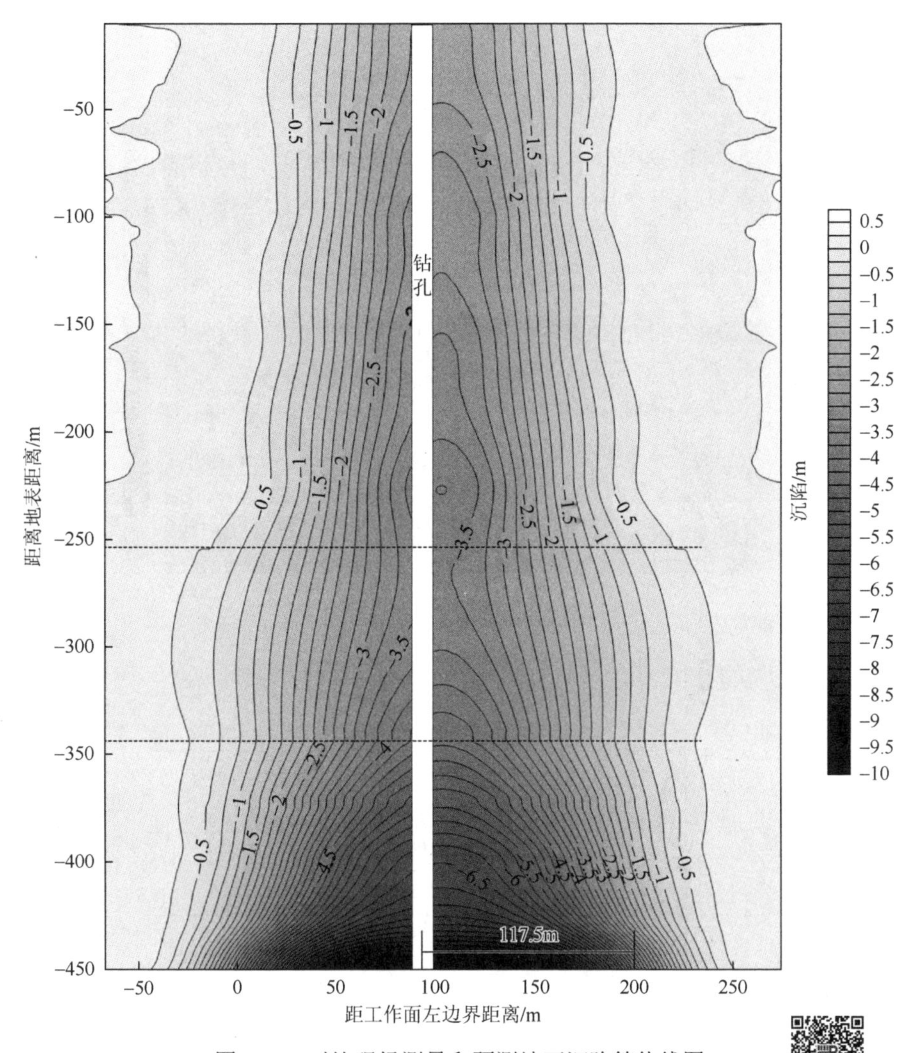

图 3-29　对比现场测量和预测地下沉陷等值线图

假设一个长 800m 的长壁工作面已被开采出来，预测上覆岩层的沉陷曲线可以被计算出来，如图 3-31 所示，深色区域显示了关键层的位置。图 3-32 提供每个岩层沿工作面主要截面的最终的水平位移剖面。图 3-31 和图 3-32 中，100m 和 345m 岩层间的关键层导致剖面极大萎缩，沉陷和水平位移都发生了很大的变化。

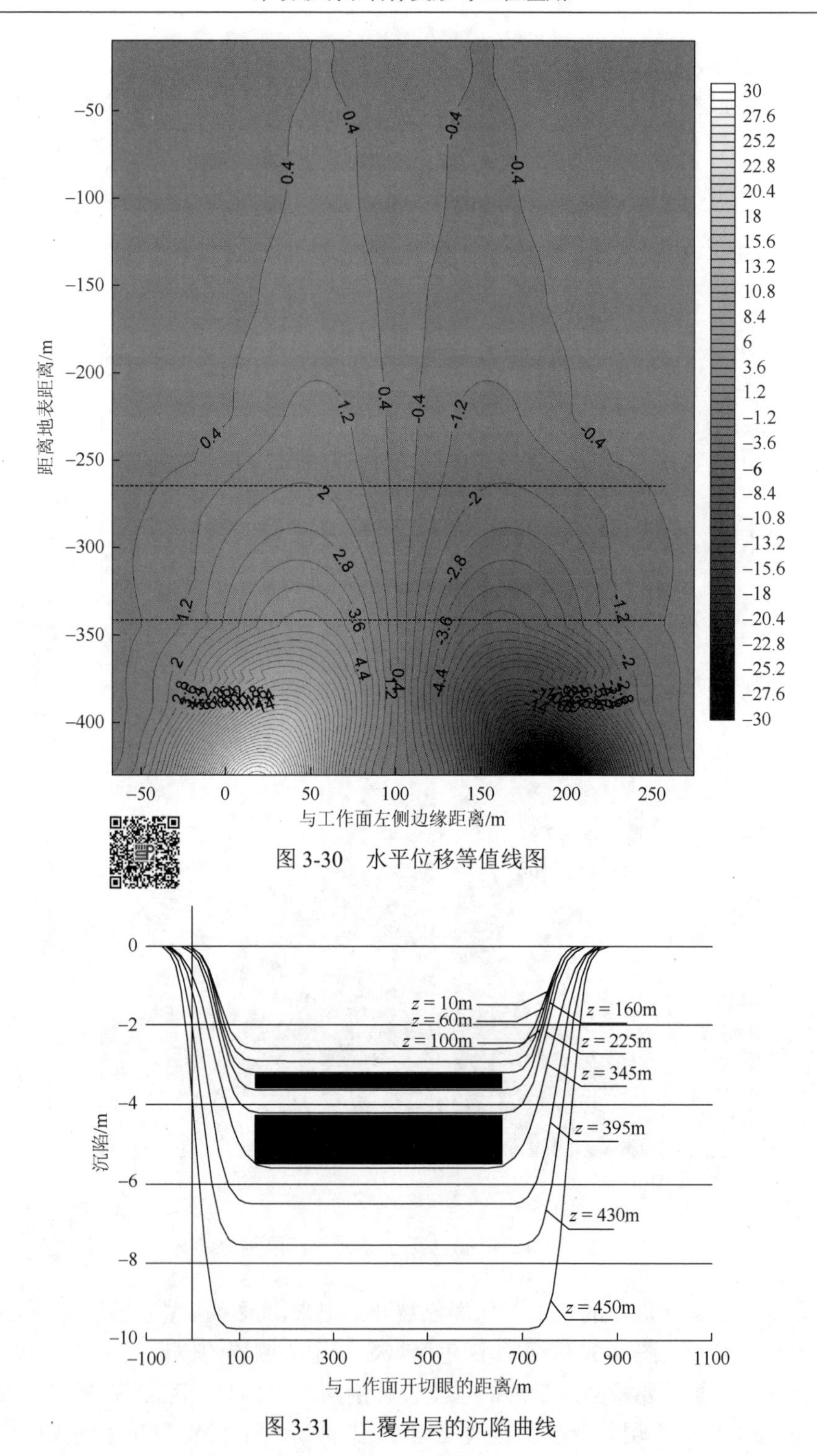

图 3-30　水平位移等值线图

图 3-31　上覆岩层的沉陷曲线

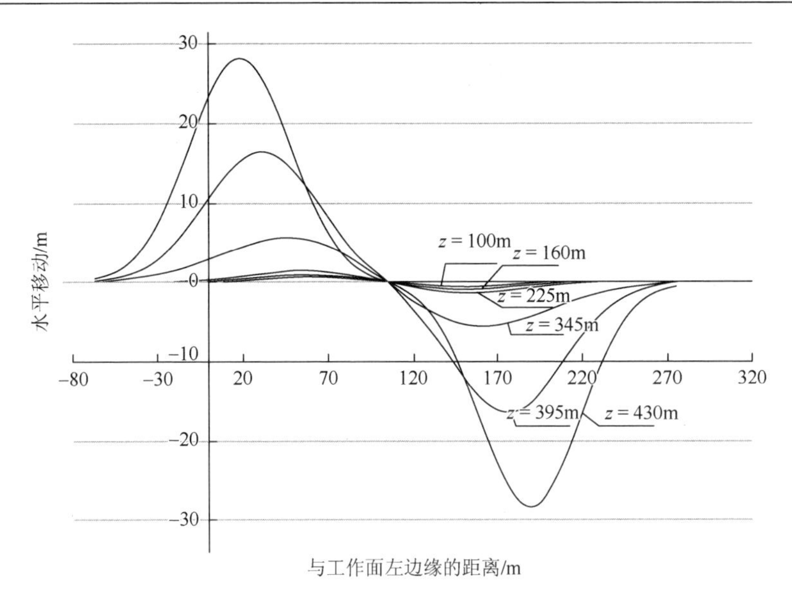

图 3-32　沿着主要的横截面的水平位移

3.2　水平煤层工作面上覆岩层终态三维开采沉陷预计模型

3.2.1　模型开发

在现有开采沉陷工程中，为了便于研究，一般将三维空间开采沉陷问题分成沿走向主断面和倾向主断面的两个平面内的开采沉陷问题，然后分析这两个主断面内的地表的移动与变形。但是在本书中整个工作面上覆岩层的移动与变形的研究中，涉及 x 、 y 和 h 三个变量，从数学表达式上看实为四维空间问题。若仅限于在二维空间的主断面内进行研究，将不能直观、全面地反映覆岩的移动与变形情况。因此，有必要开发三维情形下的工作面覆岩沉陷预计模型。

基于影响函数法的基本原理（图 3-33），很容易将二维情形下的沉陷预计公式推广到一般三维情形下。由二维情形下的地表下沉预计的影响函数表达式［式（3-1）］推广得到三维情形下的地表下沉预计的影响函数表达式：

$$f_s(x',y')=\frac{S_{\max}}{R^2}\mathrm{e}^{-\pi\left(\frac{x'^2+y'^2}{R^2}\right)} \tag{3-47}$$

由二维情形下的地表水平移动影响函数表达式［式（3-3b）］推广得到三维情形下的沿 X 轴方向和 Y 轴方向的地表水平移动影响函数表达式：

$$f_{ux}(x',y')=-2\pi\frac{S_{\max}}{R^2\cdot h}x'\mathrm{e}^{-\pi\left(\frac{x'^2+y'^2}{R^2}\right)} \tag{3-48a}$$

$$f_{uy}(x',y') = -2\pi \frac{S_{\max}}{R^2 \cdot h} y' \mathrm{e}^{-\pi\left(\frac{x'^2+y'^2}{R^2}\right)} \tag{3-48b}$$

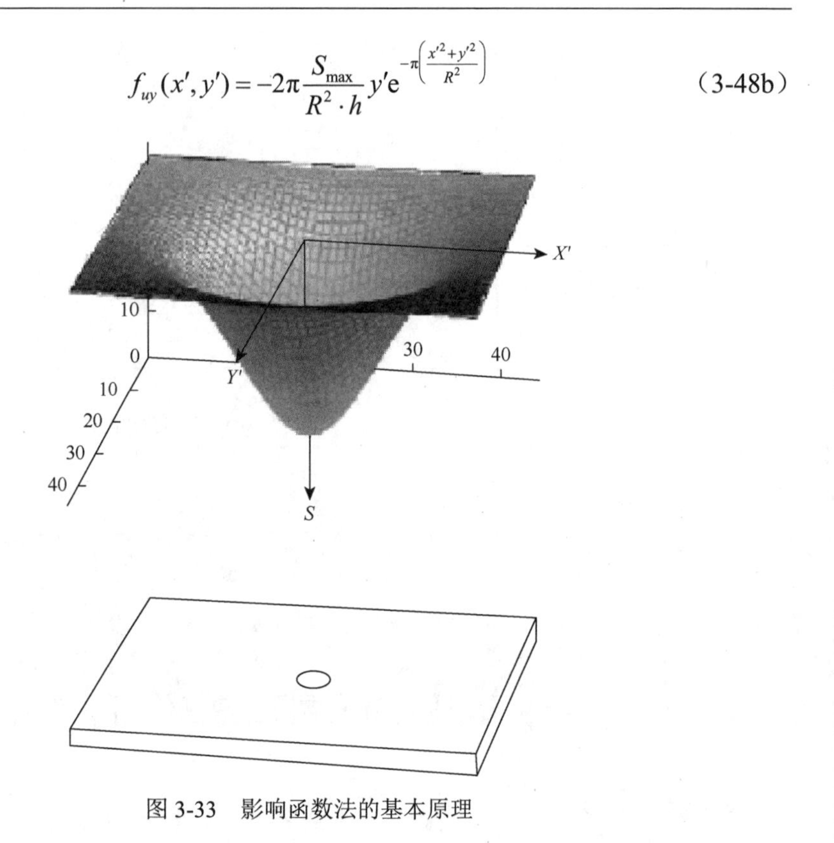

图 3-33　影响函数法的基本原理

显然，二维情形下的影响函数积分计算方法在三维情形下依然适用。接下来，将采用三维情形下影响函数计算模型及其积分方法对矩形采空区的地表沉陷进行预计。如图 3-34 所示，引入 X-O-Y 全局坐标系，其原点位于采空区左下角，X 轴方向为走向方向，Y 轴方向为倾向方向。矩形采空区的长度和宽度分别为 L 和 W。

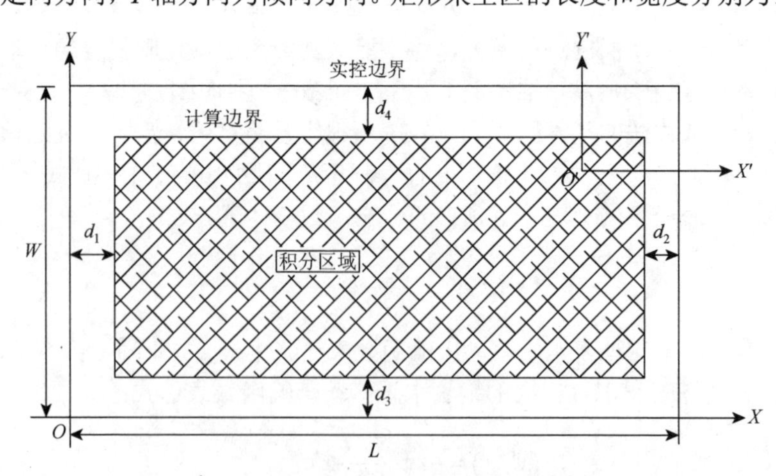

图 3-34　全局坐标系与局部坐标系示意图

在预测点（x,y）处的最终下沉值 $S(x,y)$ 是三维情形下的地表下沉影响函数［式（3-47）］在图 3-34 中积分区域内的积分值。由于拐点偏距的存在，积分区域并非实际采空区边界而是其向内收缩拐点偏距 d 距离后的区域。正如二维沉陷预计模型的开发一样，为了简化数学模型，引入了一个局部坐标系 X'-O'-Y'，该坐标系的原点位于地表预测点处。因此，三维情形下地表最终下沉数学表达式为式（3-49）。

$$S(x,y)=\frac{S_{\max}}{R^2}\iint \mathrm{e}^{-\pi\left(\frac{x'^2+y'^2}{R^2}\right)}\mathrm{d}A$$

$$S(x,y)=\frac{S_{\max}}{R^2}\int_{d_1-x}^{L-d_2-x}\mathrm{e}^{-\pi\left(\frac{x'}{R}\right)^2}\mathrm{d}x'\cdot\int_{d_3-y}^{W-d_4-y}\mathrm{e}^{-\pi\left(\frac{y'}{R}\right)^2}\mathrm{d}y' \tag{3-49}$$

同理，在积分区域 A 内分别对式（3-48a）和式（3-48b）进行积分可得到三维情形下的沿 X 轴方向和 Y 轴方向的地表最终水平移动预计的数学表达式：

$$U_x(x,y)=\iint f_{ux}(x',y')\mathrm{d}A$$

$$U_x(x,y)=\left[2\pi\frac{S_{\max}}{Rh}\int_{d_1-x}^{L-d_2-x}x'\mathrm{e}^{-\pi\left(\frac{x'}{R}\right)^2}\mathrm{d}x'\right]\cdot\left[\frac{1}{R}\int_{d_3-y}^{W-d_4-y}\mathrm{e}^{-\pi\left(\frac{y'}{R}\right)^2}\mathrm{d}y'\right] \tag{3-50a}$$

$$U_y(x,y)=\iint f_{uy}(x',y')\mathrm{d}A$$

$$U_y(x,y)=\left[2\pi\frac{S_{\max}}{R\cdot h}\int_{d_3-y}^{W-d_4-y}y'\mathrm{e}^{-\pi\left(\frac{y'}{R}\right)^2}\mathrm{d}y'\right]\cdot\left[\frac{1}{R}\int_{d_1-x}^{L-d_2-x}\mathrm{e}^{-\pi\left(\frac{x'}{R}\right)^2}\mathrm{d}x'\right] \tag{3-50b}$$

其中，$S_{\max}=ma$。

由 3.1.1 节中覆岩沉陷预计的基本原理及覆岩最终沉陷预计参数 $a(h)$、$R(h)$ 和 $d(h)$，可得到三维情形下的覆岩最终移动预计模型：

$$S(x,y,h)=\frac{a(h)\cdot m}{R(h)^2}\int_{d(h)-x}^{L-d(h)-x}\mathrm{e}^{-\pi\left(\frac{x'}{R(h)}\right)^2}\mathrm{d}x'\cdot\int_{d(h)-y}^{W-d(h)-y}\mathrm{e}^{-\pi\left(\frac{y'}{R(h)}\right)^2}\mathrm{d}y' \tag{3-51}$$

$$U_x(x,y,h)=\left[2\pi\frac{a(h)\cdot m}{R(h)\cdot h}\int_{d(h)-x}^{L-d(h)-x}x'\mathrm{e}^{-\pi\left(\frac{x'}{R(h)}\right)^2}\mathrm{d}x'\right]\cdot\left[\frac{1}{R(h)}\int_{d(h)-y}^{W-d(h)-y}\mathrm{e}^{-\pi\left(\frac{y'}{R(h)}\right)^2}\mathrm{d}y'\right] \tag{3-52a}$$

$$U_y(x,y,h)=\left[2\pi\frac{a(h)\cdot m}{R(h)\cdot h}\int_{d(h)-y}^{W-d(h)-y}y'\mathrm{e}^{-\pi\left(\frac{y'}{R(h)}\right)^2}\mathrm{d}y'\right]\cdot\left[\frac{1}{R(h)}\int_{d(h)-x}^{L-d(h)-x}\mathrm{e}^{-\pi\left(\frac{x'}{R(h)}\right)^2}\mathrm{d}x'\right] \tag{3-52b}$$

式中，$R(h)$ 是采动覆岩主要影响半径；$d(h)$ 是覆岩拐点偏距；m 是煤层开采厚度；W 是工作面宽度；L 是采空区的走向长度；h 是工作面埋深；x 是覆岩预计点在全局坐标系中的 X 轴坐标；y 是覆岩预计点在全局坐标系中的 Y 轴坐标；

x' 是局部坐标系中煤层开挖单元体与覆岩预计点之间在 X' 轴方向上的距离；y' 是局部坐标系中煤层开挖单元体与覆岩预计点之间在 Y' 轴方向上的距离。

因此，式（3-51）、式（3-52a）和式（3-52b）即为三维情形下采空区上覆岩层终态沉陷预计模型。

3.2.2　案例应用研究

本部分采用三维情形下的工作面上覆岩层终态沉陷预计模型并借助 MATLAB 对试验工作面覆岩移动与变形情况进行预计、分析。仍然采用 3.1.6 节所示的案例进行研究，从二维情形下的预计结果可知，全应变能够综合地反映出工作面上覆岩层在采动影响下的移动与变形情况，在煤层上方 100m 范围内覆岩存在高全应变值且变化较大，对判断裂缝、断裂或离层的存在位置和发育范围具有重要指导意义，因此本部分主要对三维情形下煤层上方 100m 范围内的覆岩全应变分布规律进行详细分析，其余高度范围的覆岩移动与变形预计结果仅作简单的图形展示和描述。

1）煤层上方 100m、200m、300m、400m、500m 高度处的覆岩移动与变形

由图 3-35～图 3-40 可知，上覆岩层的各移动与变形值均随着煤层上方高度的增加而减小，移动与变形值的分布也均具有很好的对称性。覆岩全应变在采空区周边都存在一个拉伸全应变区及其内侧的一个压缩全应变区，且采空区倾向两侧的全应变值略大于走向两侧的全应变值。另外，结合图 3-40 可以看出，在走向方向上整个上覆岩层基本均达到了充分的沉陷状态，存在无数多个倾向主断面，而在倾向方向上仅在煤层上方一定高度范围内的覆岩达到了充分的沉陷状态，仅存在一个走向主断面，此造成了上部覆岩移动与变形在走向和倾向方向上的差异。

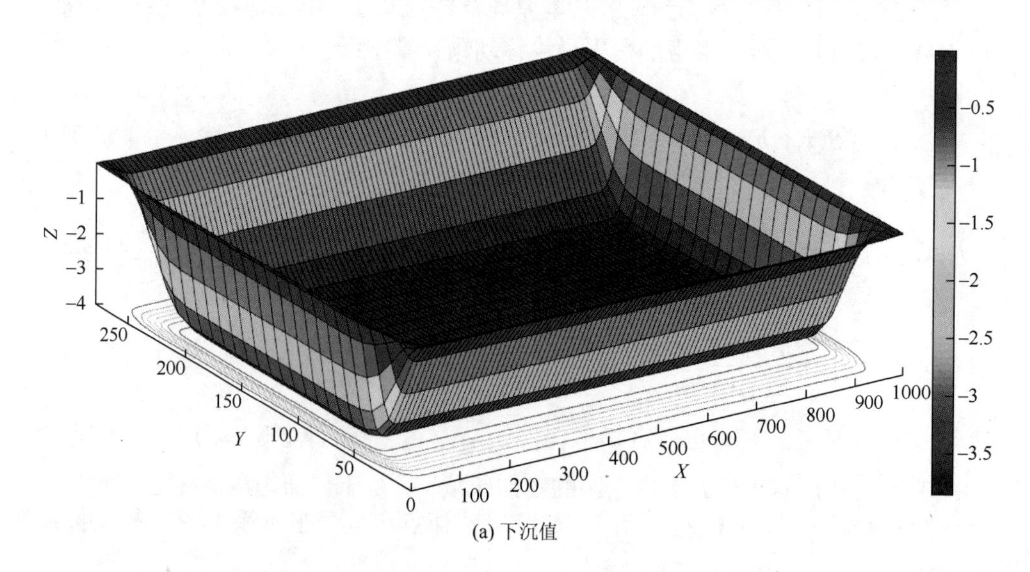

(a) 下沉值

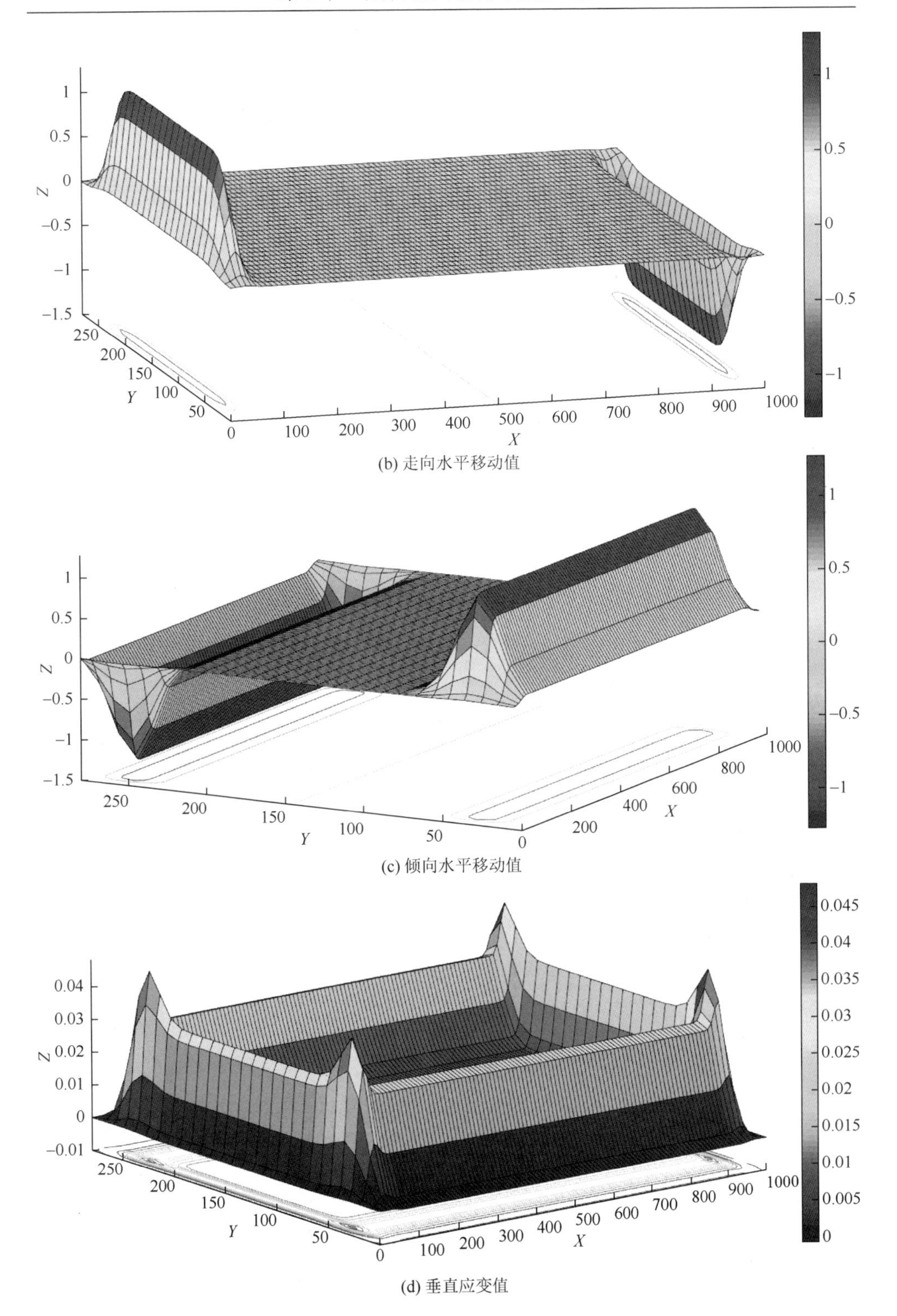

(b) 走向水平移动值

(c) 倾向水平移动值

(d) 垂直应变值

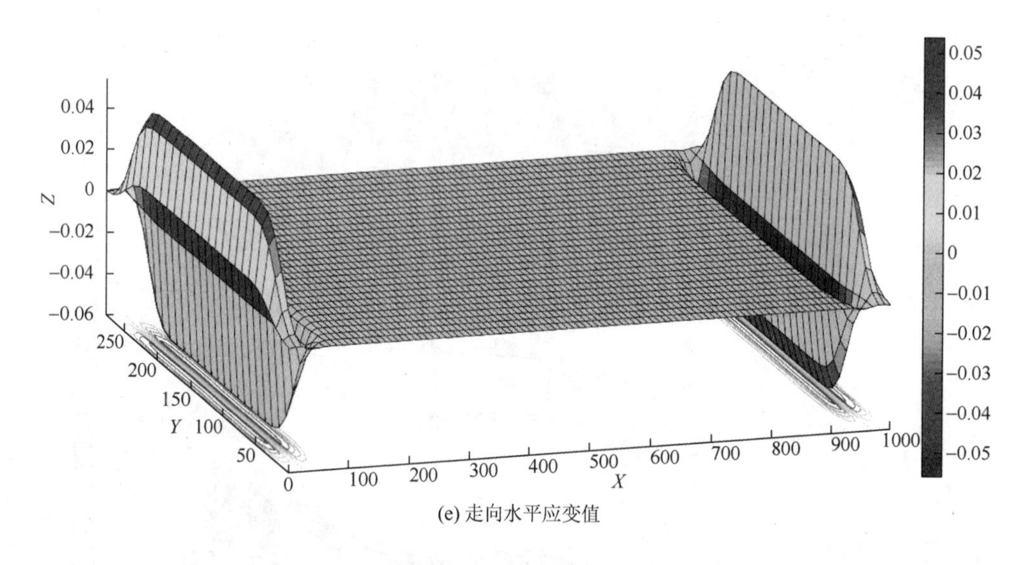

(e) 走向水平应变值

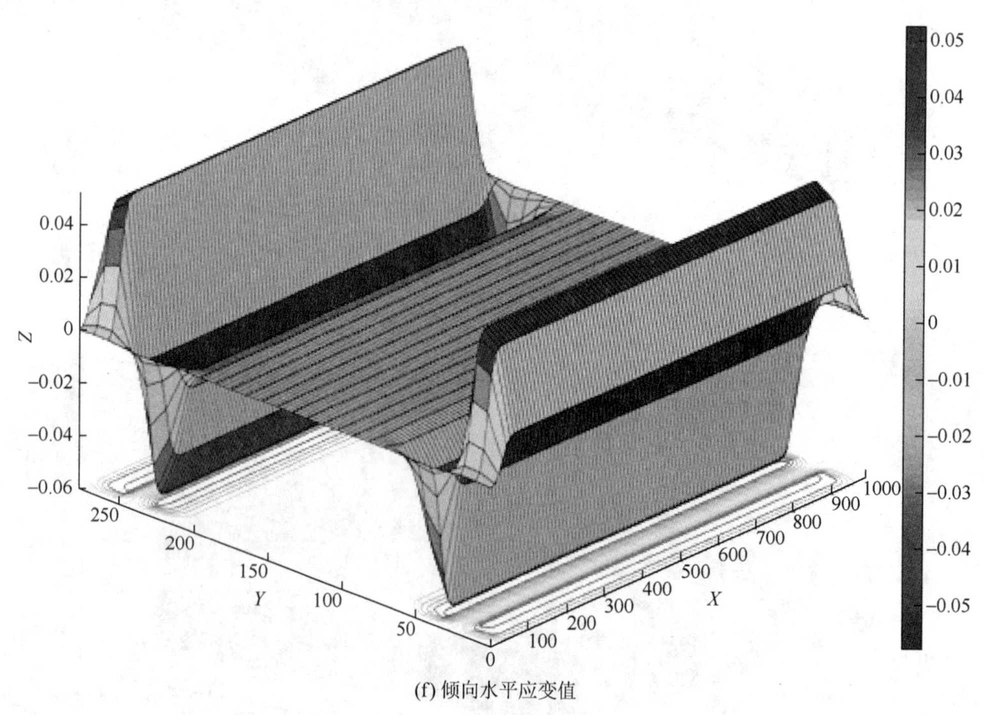

(f) 倾向水平应变值

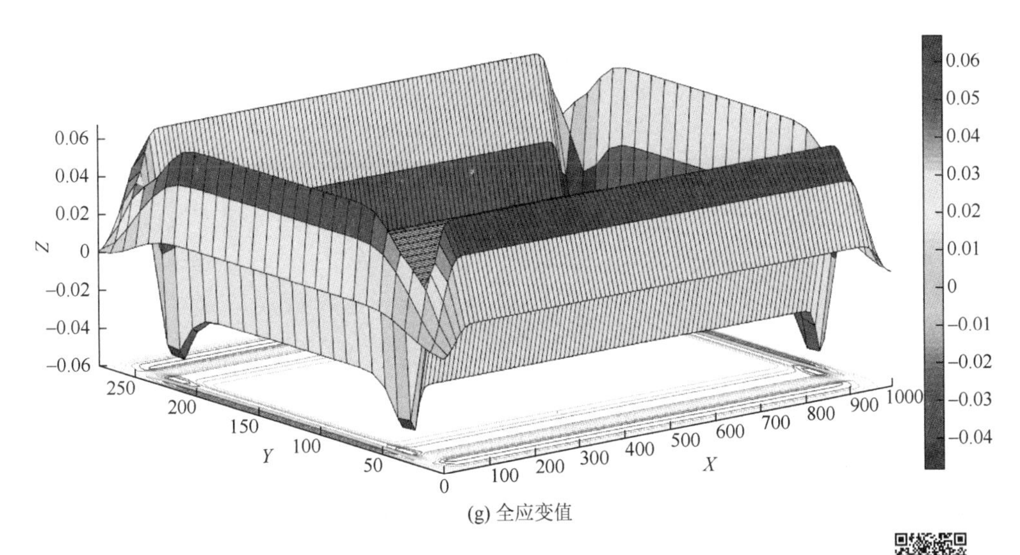

(g) 全应变值

图 3-35　煤层上方 100m 高度处覆岩的移动与变形预计结果图

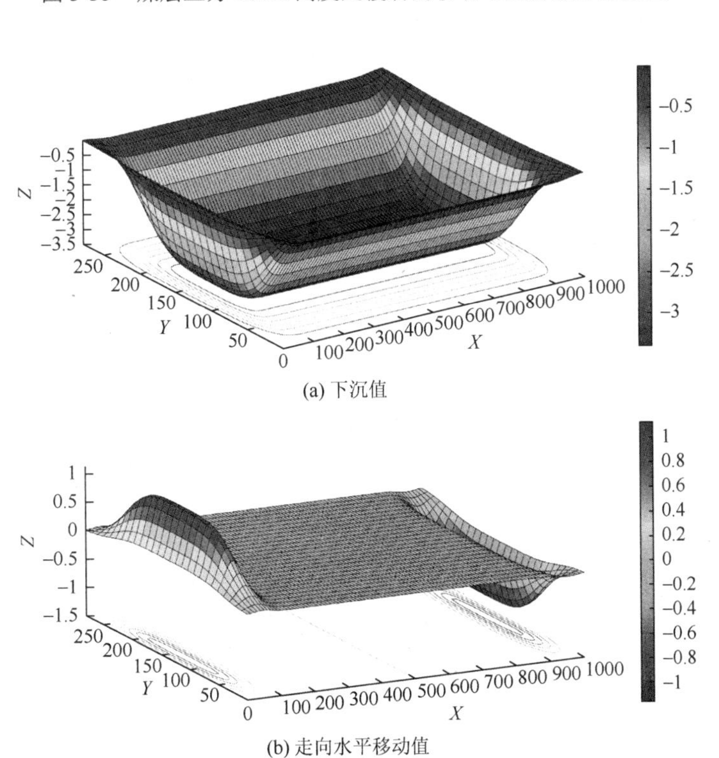

(b) 走向水平移动值

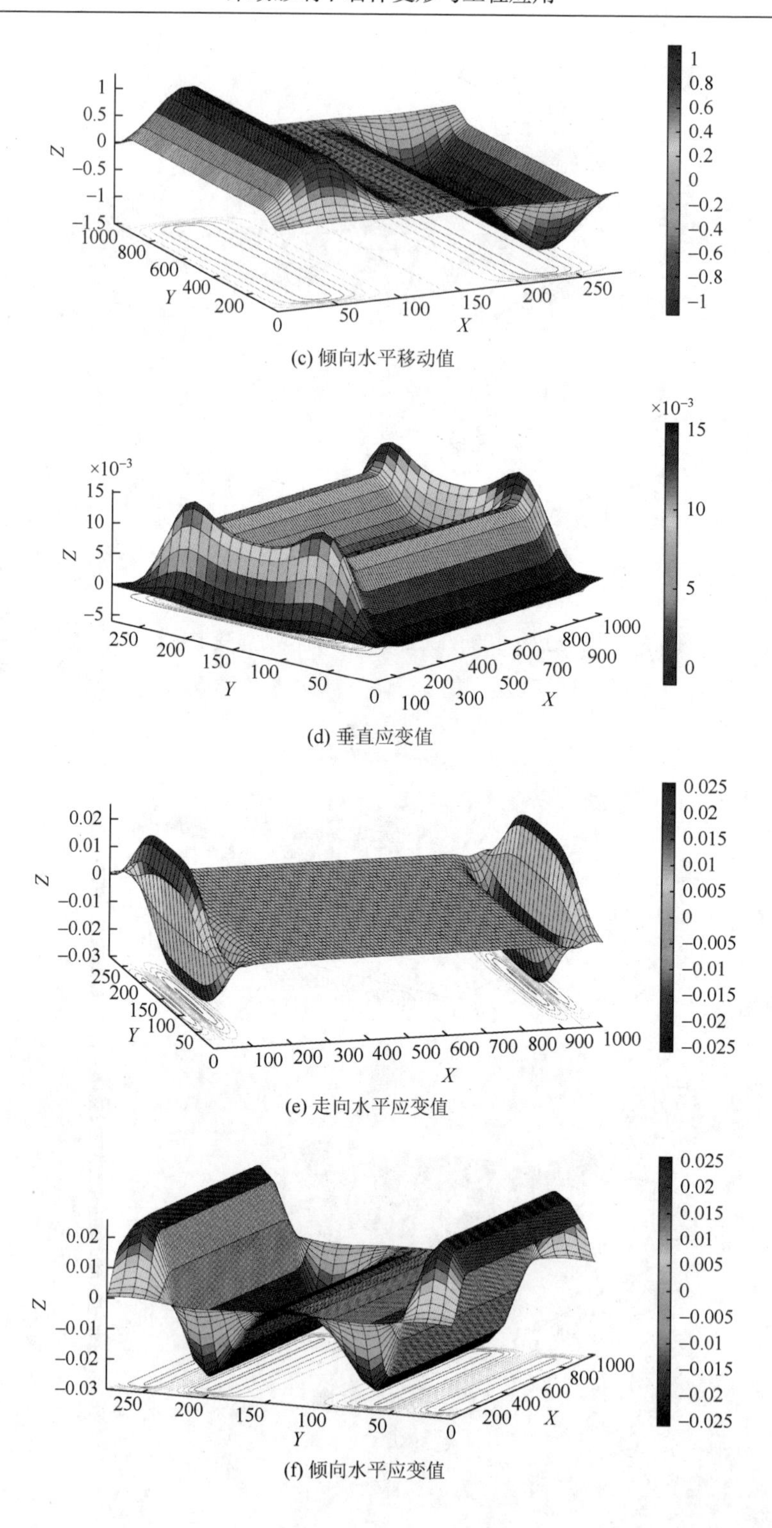

(c) 倾向水平移动值

(d) 垂直应变值

(e) 走向水平应变值

(f) 倾向水平应变值

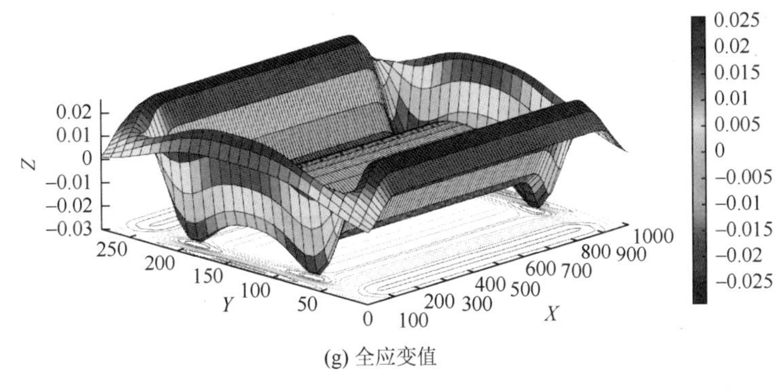

(g) 全应变值

图 3-36　煤层上方 200m 高度处覆岩的移动与变形预计结果图

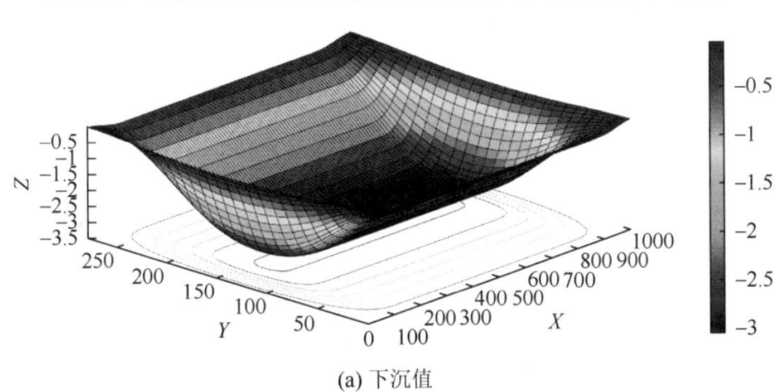

(a) 下沉值

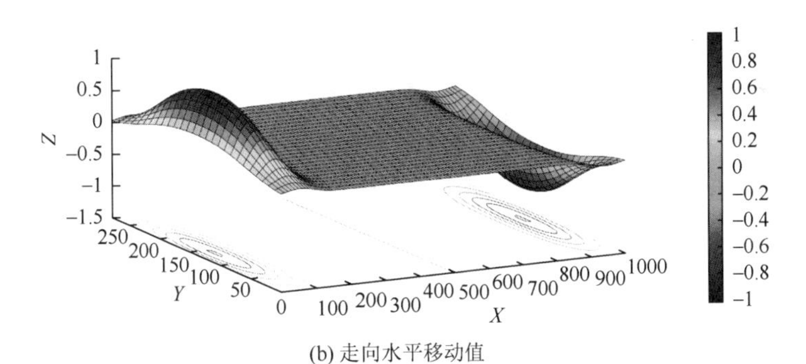

(b) 走向水平移动值

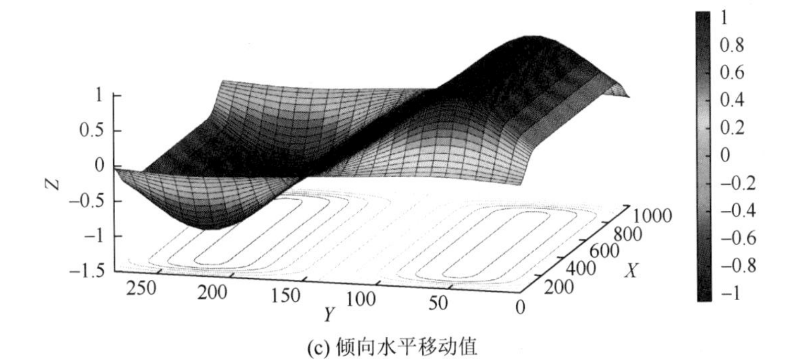

(c) 倾向水平移动值

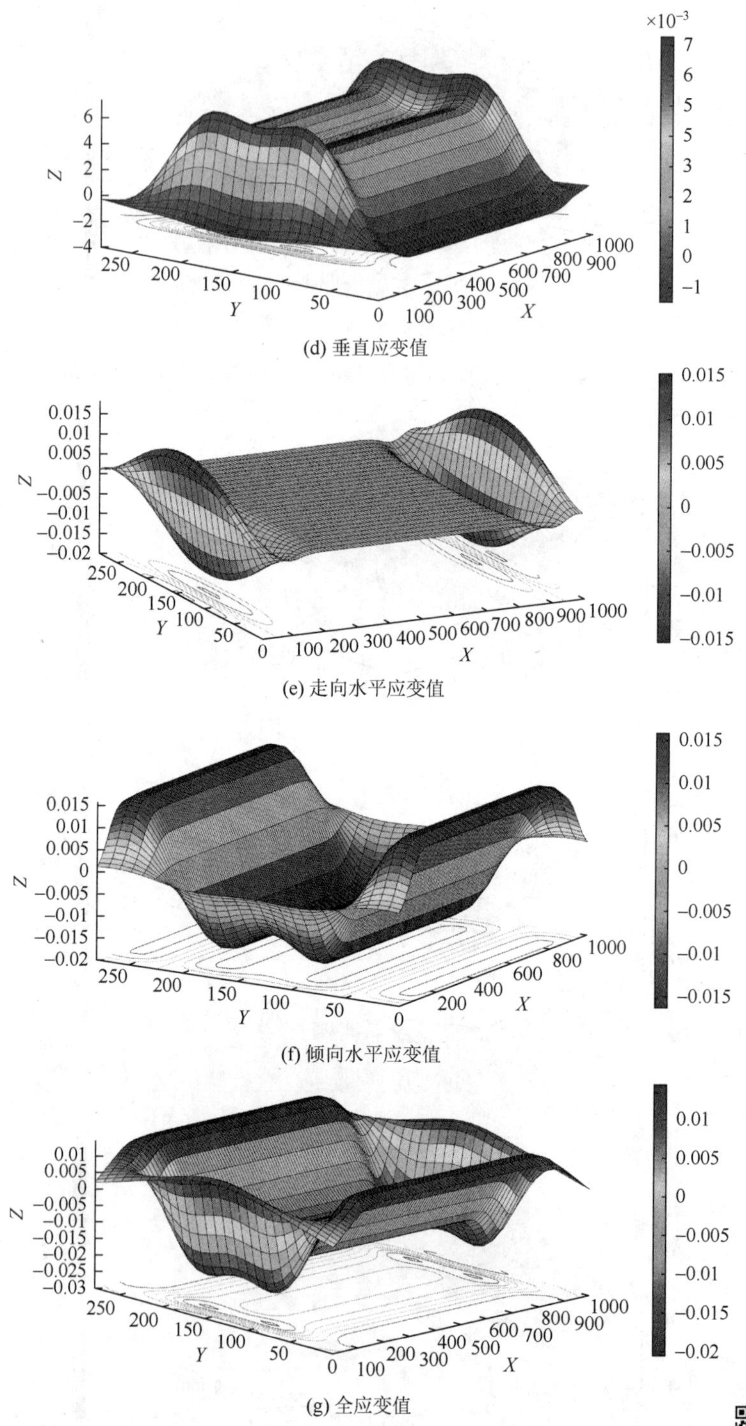

(d) 垂直应变值

(e) 走向水平应变值

(f) 倾向水平应变值

(g) 全应变值

图 3-37　煤层上方 300m 高度处覆岩的移动与变形预计结果图

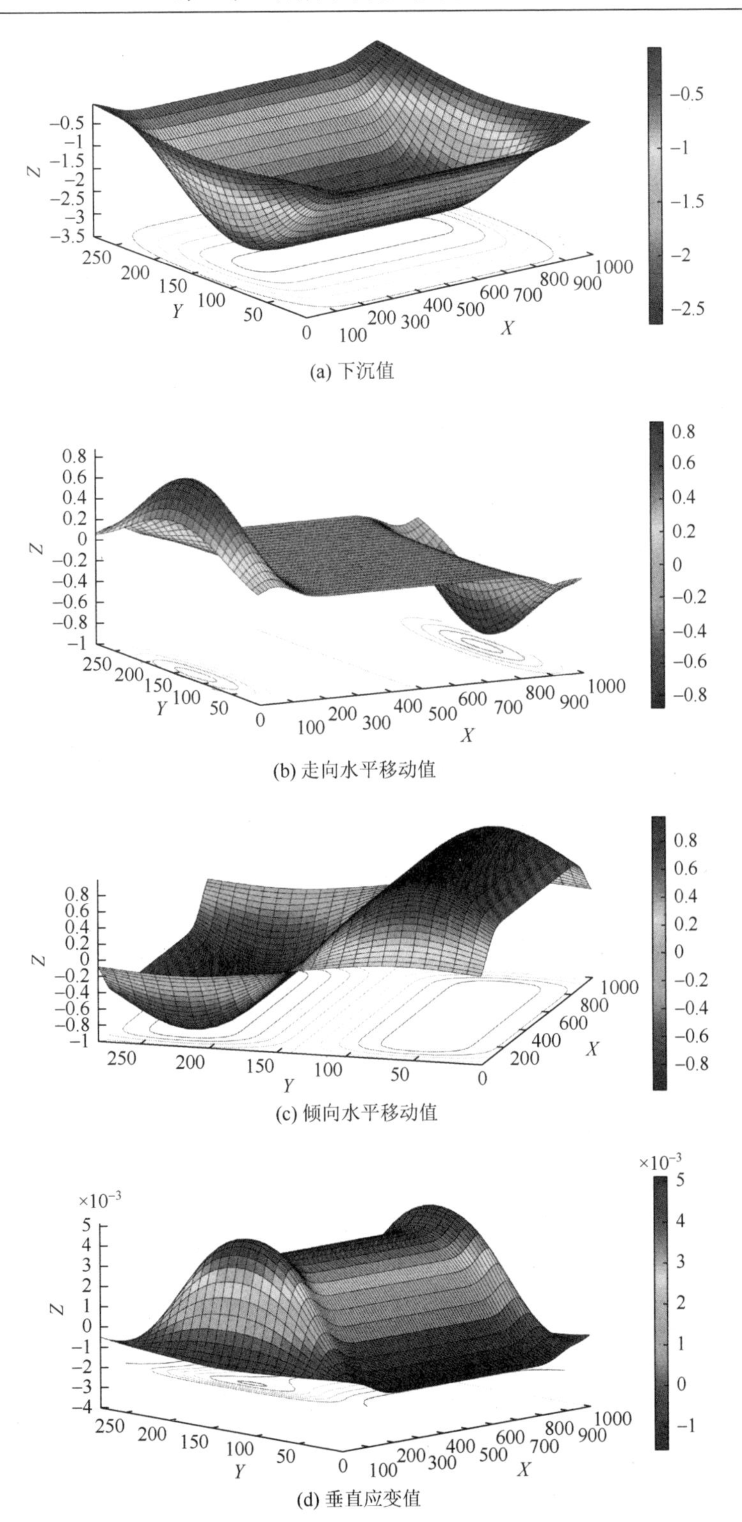

(a) 下沉值

(b) 走向水平移动值

(c) 倾向水平移动值

(d) 垂直应变值

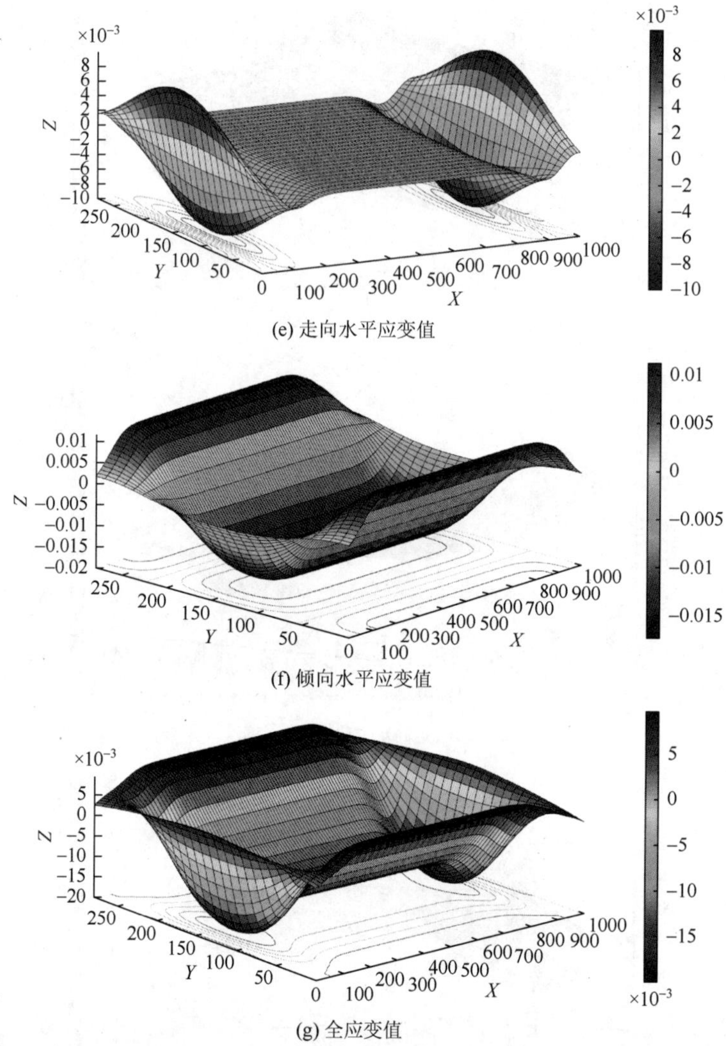

(g) 全应变值

图 3-38　煤层上方 400m 高度处覆岩的移动与变形预计结果图

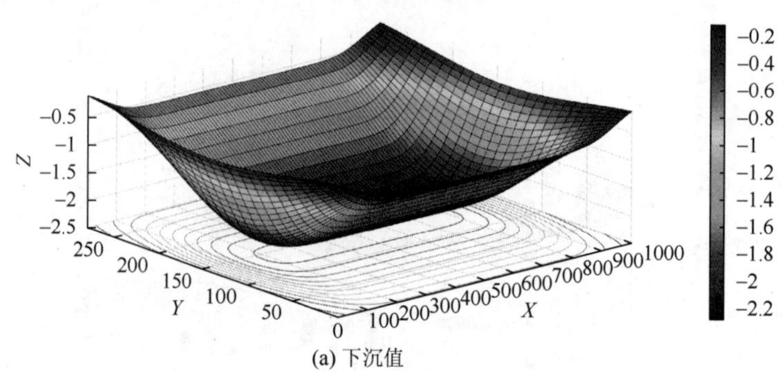

(a) 下沉值

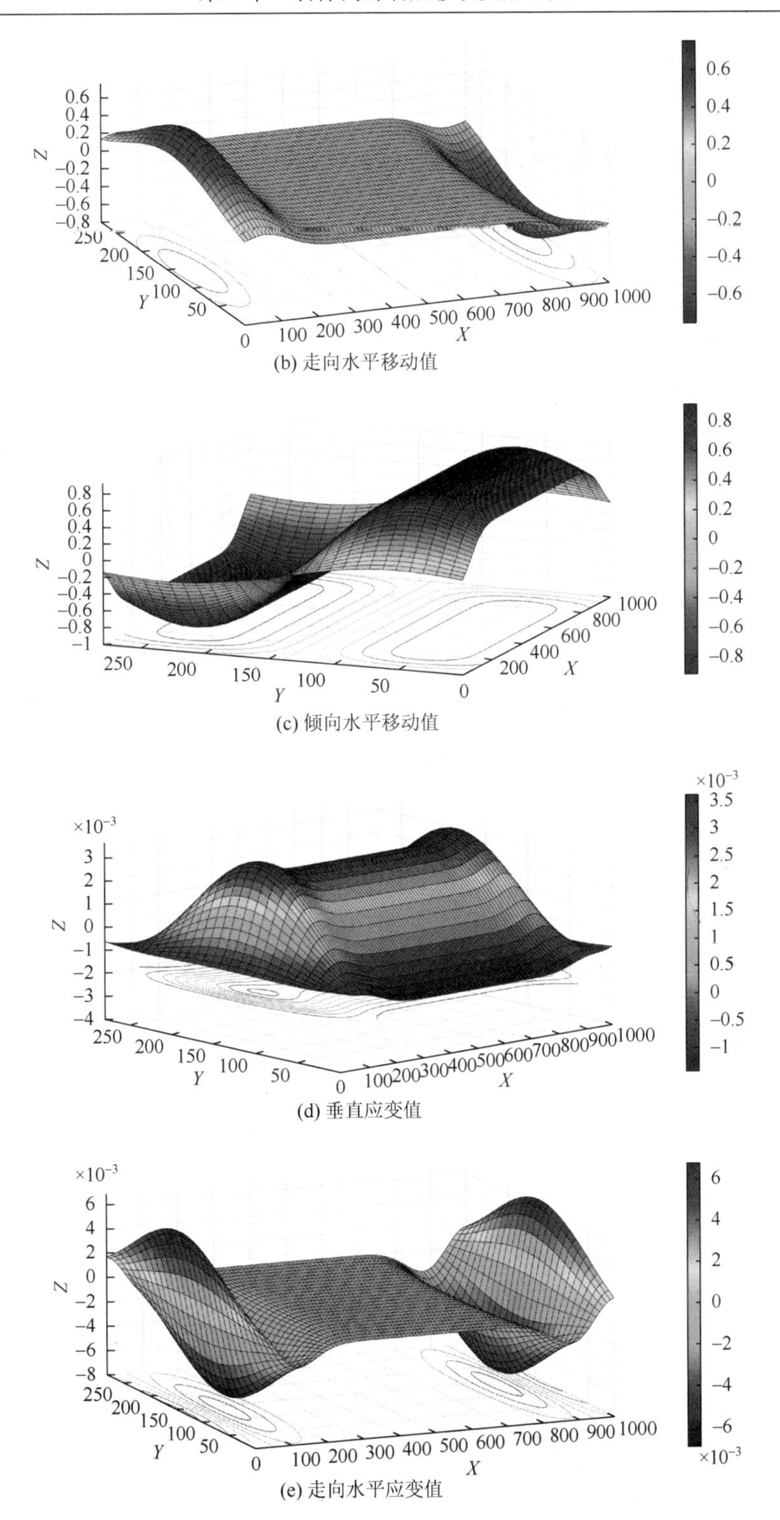

(b) 走向水平移动值

(c) 倾向水平移动值

(d) 垂直应变值

(e) 走向水平应变值

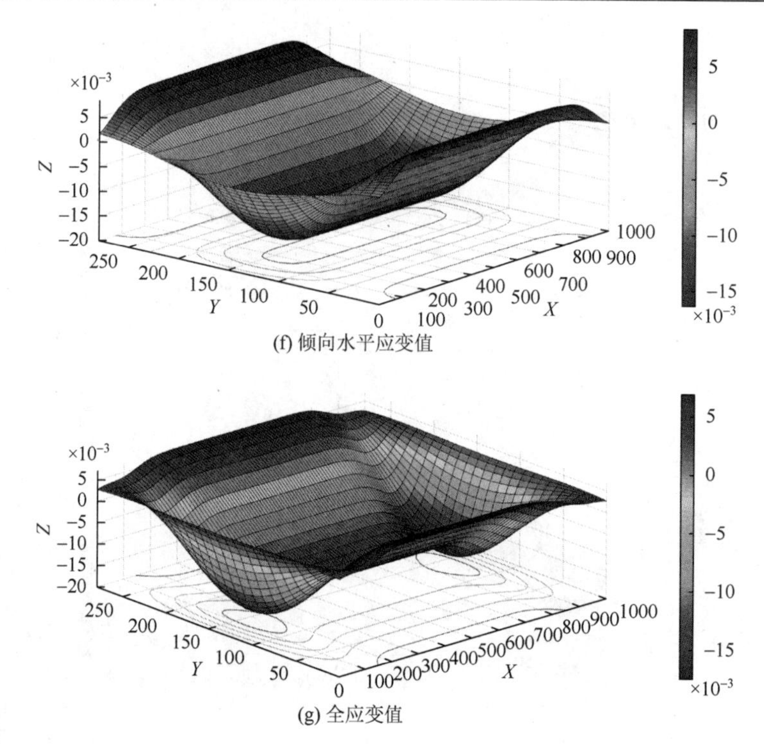

图 3-39　煤层上方 500m 高度处覆岩的移动与变形预计结果图

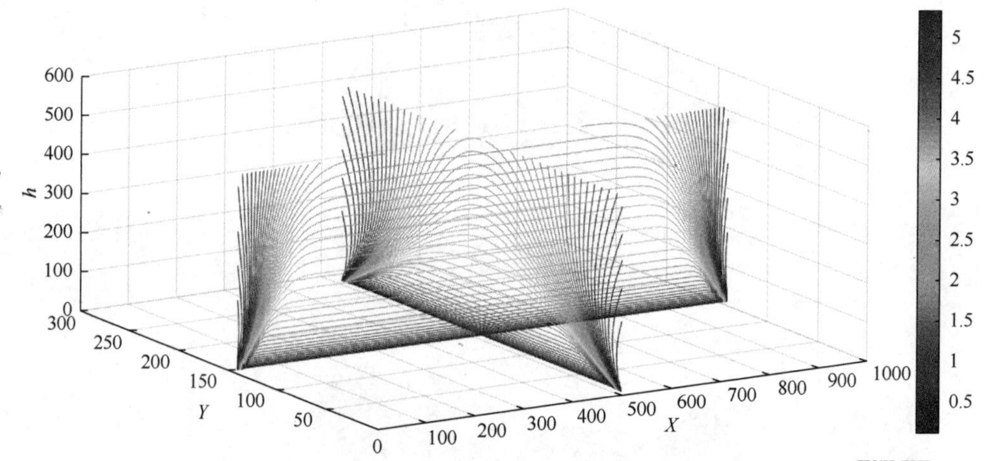

图 3-40　走向主断面和倾向主断面内覆岩下沉等值线图

2）三维情形下的煤层上方 100m 高度范围内覆岩全应变分布规律分析

图 3-41 为煤层上方 40m、50m、60m、70m、80m、90m 高度处覆岩全应变分布图，通过与图 3-35（g）、图 3-36（g）、图 3-37（g）、图 3-38（g）和图 3-39（g）

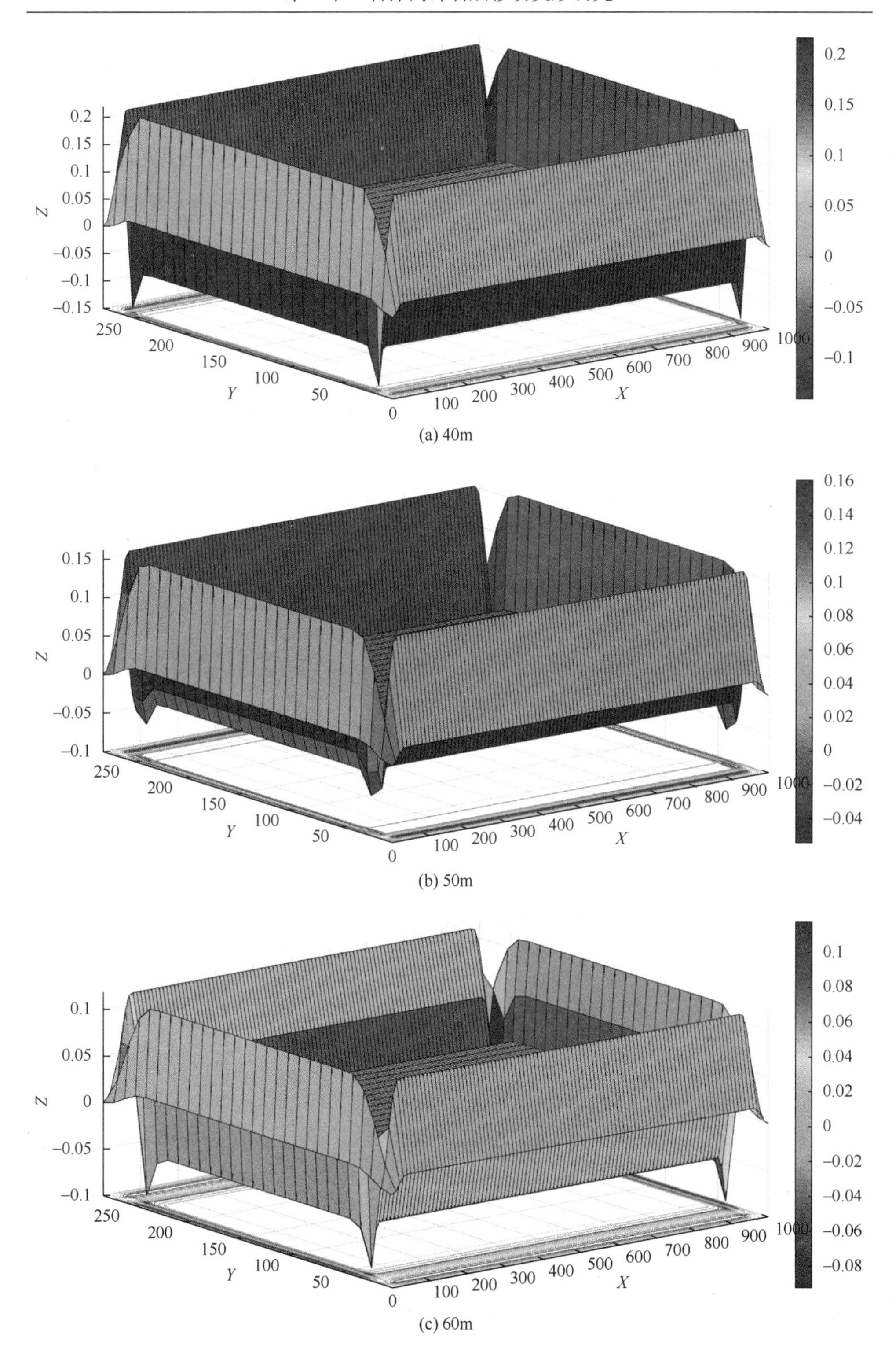

(a) 40m

(b) 50m

(c) 60m

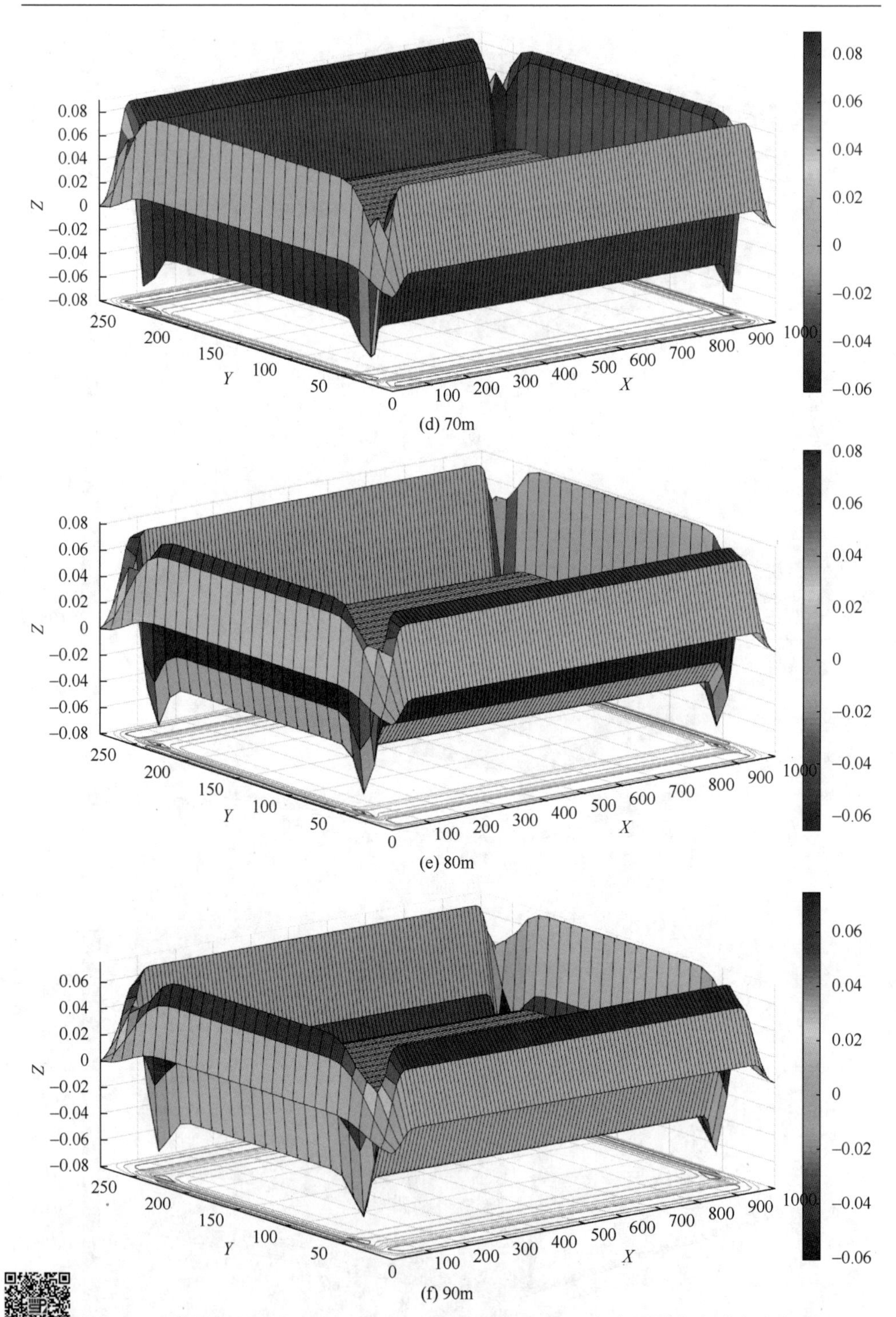

(d) 70m

(e) 80m

(f) 90m

图 3-41　煤层上方 40m、50m、60m、70m、80m、90m 高度处覆岩全应变分布图

对比，不难发现在煤层上方 100m 高度范围内覆岩存在高全应变值，结合图 3-42 中上述高度上的全应变等值线分布，可以分析得出以下结论。

覆岩全应变在采空区周边存在一个拉伸全应变区及其内侧的一个压缩全应变区，上述拉伸全应变区和压缩全应变区的宽度在采空区走向和倾向上有所不同，随着煤层上方高度的增加，全应变值逐渐减小且采空区倾向两侧的全应变值稍大于走向两侧的全应变值。由此可将覆岩全应变分为三个区域：①拉伸应变区（由下至上，倾向宽度和走向宽度均逐渐增大，但倾向宽度略大于走向宽度，在煤层上方 90m 高度上的拉伸应变区在倾向上可至进、回风巷内侧 0～32m，在走向上可至开切眼、停采线内侧 0～30m；另外拉伸应变区在采空区四个边角处为弱拉伸应变区，且其内高拉伸应变区的倾向长度和走向长度由下至上均逐渐减小）。②压缩应变区（由下至上，倾向宽度和走向宽度也均逐渐增大，但倾向宽度略小于走向宽度，在煤层上方 90m 高度上压缩应变区在倾向上可至进、回风巷内侧 32～50m，在走向上可至开切眼、停采线内侧 30～53m）。③中部卸压区（位于采空区中部，且由下至上基本呈逐渐变窄趋势，处于很弱的拉伸状态）。

全应变能够综合地反映工作面覆岩在采动影响下的移动与变形情况，可指导判断覆岩中裂缝、断裂或离层的存在位置和发育范围。另外，全应变值的正负分别反映了采动影响下岩石体的膨胀与收缩，其正负值代表了岩石内空隙的强度，可以反映覆岩内透气性。故根据采空区覆岩全应变分布规律，覆岩裂隙也可以划分为三个区域：①环形拉伸裂隙发育区（煤岩体处于拉伸应变区内，充分膨胀变形，采动裂隙发育，透气性增高，是瓦斯主要的运移与富集区）。②环形压缩裂隙闭合区（煤岩体处于压缩应变区内，裂隙受到挤压而收缩、封闭，透气性差，瓦斯运移困难）。③中部压实区（煤岩体处于卸压区内，采动裂隙在上覆岩层压力的作用下基本被压实，拉伸应变值较小甚至将近于零，透气性较差，瓦斯运移较困难）。因此，15#开采煤层的邻近煤层 14#、13#、12#、11#煤层及赋存瓦斯的围岩 K_3 和 K_4 灰岩（高度范围约为 43～45m、46～48m、55～58m）在采空区四周均存在着高环形拉伸裂隙发育区，采动裂隙发育程度高，瓦斯解吸并向邻近裂隙发育围岩运移。

3.2.3 覆岩终态三维沉陷预计模型的验证

在 $FLAC^{3D}$ 软件中使用 log 文件相关命令可以获得模拟的各项结果值，同时结合 Tecplot 软件可以对模拟后的模型进行切片处理，从而获得采空区覆岩在不同走向位置和倾向位置处的下沉等值线图（图 3-43）。将上述提取的结果值或切片图与从 MATLAB 中提取的结果值或切片图进行对比分析，可以对理论计算结果进行

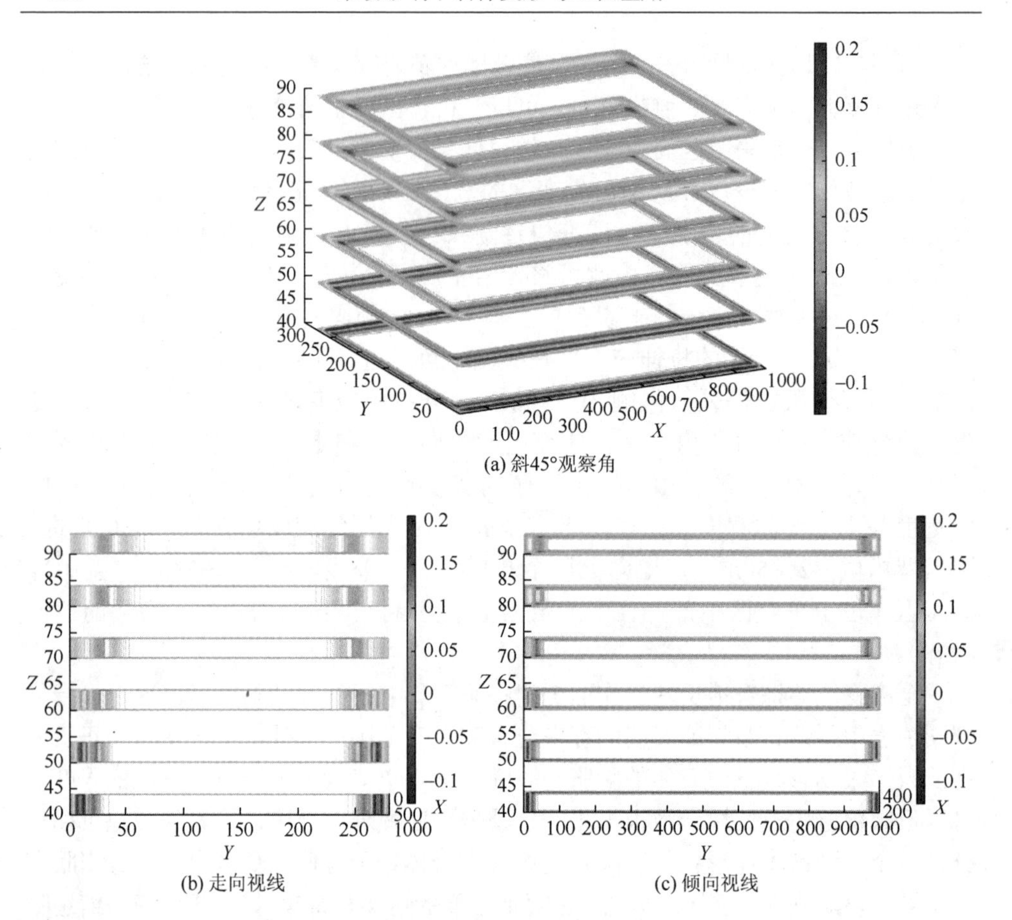

(a) 斜45°观察角

图 3-42　不同观察角度下煤层上方 40m、50m、60m、70m、80m、90m 高度处覆岩全应变等值线分布云图

验证。考虑到覆岩沉陷的对称性、篇幅限制及三维模型验证工作的繁重，本部分仅以采空区走向位置 $x = 200$m 处和倾向位置 $y = 60$m 处切片内的高度为 50m、100m、150m、200m、250m、300m、350m、400m、450m、500m 处的覆岩下沉值为例，对覆岩终态三维沉陷预计模型进行验证。

从图 3-44 和图 3-45 中可以看出，工作面开采在走向上达到了充分采动状态，而在倾向上并未达到充分采动状态，这与 3.2.1 节从理论模型中得到的预计分析结果一致。将图 3-44 和图 3-45 中各高度覆岩下沉的最大值与通过预计模型理论计算得到的各高度覆岩下沉的最大值进行了比较，并得出了相对误差值，见表 3-13 和表 3-14。可以看出，上述走向和倾向切片内各高度覆岩最大下沉值的最大相对误差分别为 3.81%和 6.36%，均在可接受范围内，因此覆岩终态三维沉陷预计模型具有一定的可靠性。

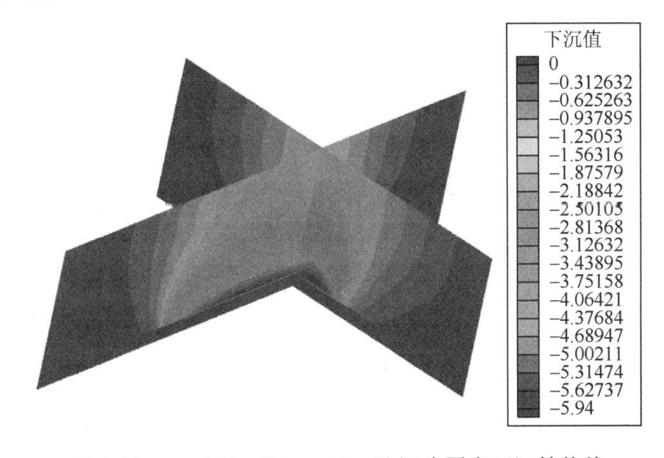

图 3-43　$x = 200\text{m}$ 和 $y = 60\text{m}$ 处切片覆岩下沉等值线

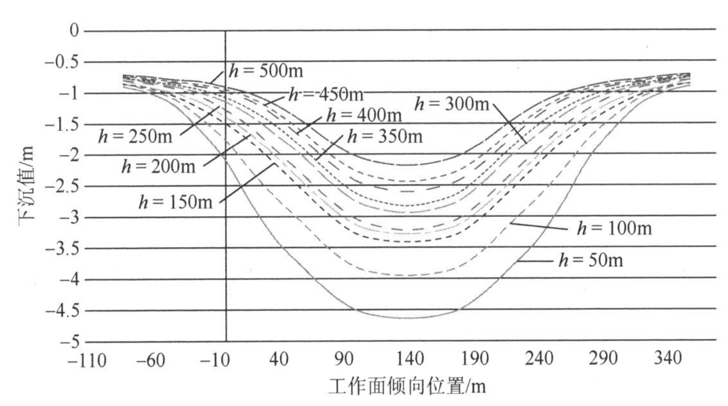

图 3-44　采空区走向位置 $x = 200\text{m}$ 处切片内不同高度覆岩下沉的数值模拟结果

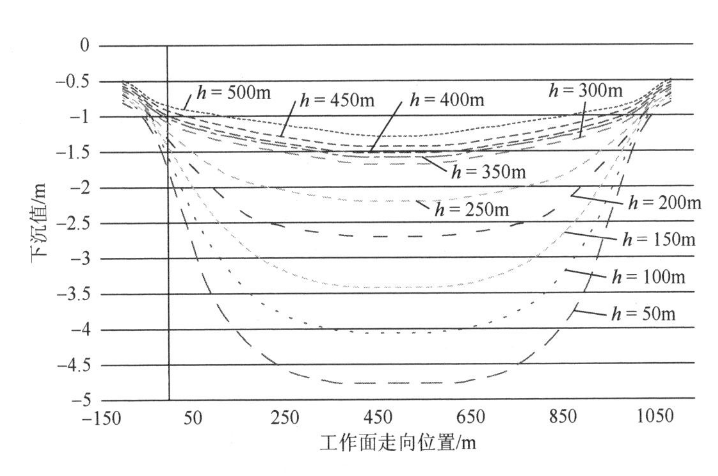

图 3-45　采空区倾向位置 $y = 60\text{m}$ 处切片内不同高度覆岩下沉的数值模拟结果

表 3-13　理论计算值与数值模拟值对比表（$x = 200\text{m}$）

煤层上方高度/m	理论计算值/m	数值模拟值/m	误差/%
50	4.58	4.64	1.29
100	3.82	3.95	−3.29
150	3.54	3.41	3.81
200	3.34	3.28	1.83
250	3.24	3.22	0.62
300	2.91	2.94	−1.02
350	2.79	2.83	−1.41
400	2.63	2.60	1.15
450	2.42	2.44	−0.82
500	2.15	2.18	−1.38

表 3-14　理论计算值与数值模拟值对比表（$y = 60\text{m}$）

煤层上方高度/m	理论计算值/m	数值模拟值/m	误差/%
50	4.64	4.77	−2.73
100	3.98	4.05	−1.76
150	3.34	3.42	−2.34
200	2.65	2.70	−1.85
250	2.34	2.20	6.36
300	1.63	1.69	−3.55
350	1.62	1.58	2.53
400	1.54	1.52	1.31
450	1.41	1.43	−1.40
500	1.32	1.29	2.33

3.3　水平煤层工作面上覆岩层动态二维开采沉陷预计模型

3.3.1　工作面覆岩动态二维沉陷预计模型的开发

煤层开采所引起的采空区覆岩移动与变形是一个相当复杂的时间与空间相结合的发展过程，这一过程称为动态沉陷过程。随着采煤工作面的不断推进，在不同的回采时间内工作面与覆岩点之间相对位置的不同，开采对覆岩点所引起的采动影响也不同。覆岩点的移动与变形经历了沉陷启动与发展阶段、常规动态沉陷阶段和沉陷衰退阶段的全过程。对于研究采动过程中覆岩的移动与变形及其中裂隙的发育情况，仅依靠3.2.3节的终态沉陷预计模型难以反映其随回采时间而变化的动态演化过程。因此，有必要进一步地研究采动覆岩移动与变形的动态过程，进而分析采动过程中覆岩中裂隙的动态演化规律。

采动覆岩动态移动与变形过程相对复杂，相关学者将其划分为了以下三个基本阶段[59-61]。

（1）沉陷启动与发展阶段。这一阶段发生在煤层开采的初始时期，可细分为两个小阶段：工作面推进距离未达到起动距 L_i（预计点下沉10mm时工作面推进的距离）时的非活跃阶段及工作面推进距离在启动距 L_i 与1.5～2.0倍埋深之间的突然沉陷阶段，如图3-46（a）；

（2）常规动态沉陷阶段。当采煤工作面以某一恒定的速度继续推进时，在推进方向上的覆岩下沉曲线随着工作面的推进而向前移动并且其形状基本保持不变，如图3-46（b）；

（3）沉陷衰退阶段。工作面回采结束后覆岩沉陷从常规动态沉陷状态向最终沉陷状态的转变过程，如图3-46（c）所示。

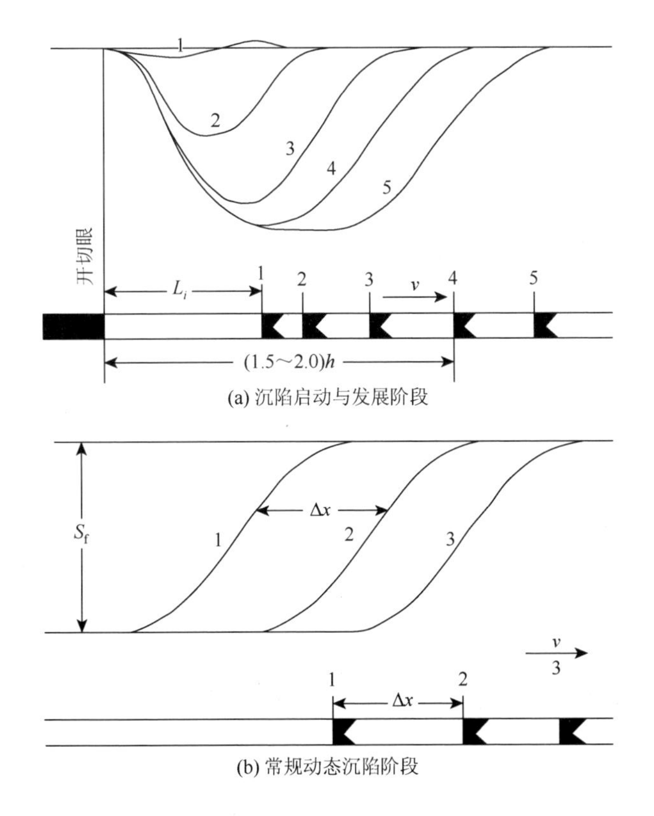

(a) 沉陷启动与发展阶段

(b) 常规动态沉陷阶段

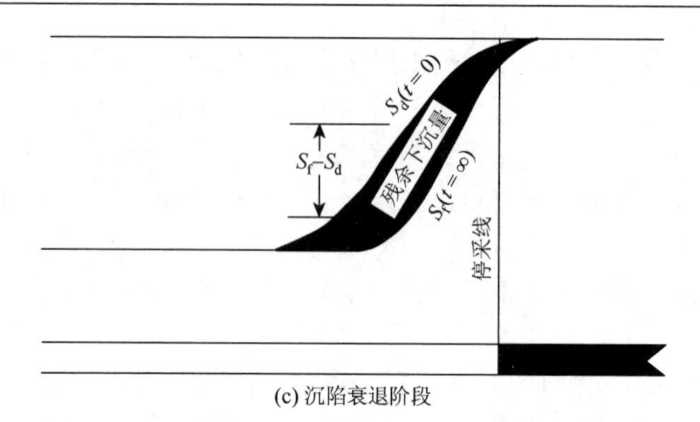

(c) 沉陷衰退阶段

图 3-46　覆岩沉陷动态发展过程

S_f是终态沉陷量；S_d是动态沉陷量

一般认为，在工作面采动过程中覆岩的常规动态沉陷过程很难使用数学模型进行准确表示，但是采动引起的覆岩动态沉陷过程可以尝试根据采空区的几何学特性和工作面正常的回采速度来预计。常规动态沉陷阶段是覆岩动态沉陷过程中最简单的但也是最重要的阶段，该阶段覆岩沉陷的准确预计是其他两个阶段预计的基础。因此，本部分将对该阶段数学预计模型的开发进行讨论。

1. 覆岩动态下沉速率

动态沉陷预计数学模型是基于与最终沉陷预计中影响函数法的类似概念所开发的。在研究动态下沉过程时，下沉速率对于动态下沉的研究就像影响函数对于最终下沉的研究一样重要。下沉速率（V）是指在单位时间内下沉预计点的下沉增量，为与下沉值单位统一，其单位取 m/d，数学表达式为

$$V(x,y)=\frac{\mathrm{d}S(x,y)}{\mathrm{d}t} \tag{3-53}$$

为了开发可靠的动态沉陷过程预计模型，关于下沉速率曲线的描述应该尽可能精确。图 3-47 展示了通过监测常规动态沉陷阶段大量预计点的下沉数据而得到的下沉速率曲线，可以看出每个下沉速率曲线的形状均类似于正态分布曲线的形状。因此，按照正态分布规律分析采动过程中预计点下沉速率的分布，可以推导出下沉速率曲线的数学表达式，即下沉速率函数：

$$V(x',y)=V_0(x,y)\mathrm{e}^{-2\left(\frac{x'+l}{l+l_1}\right)^2} \tag{3-54}$$

式中，l 是最大下沉速率滞后距，即最大下沉速率点滞后于工作面的水平距离；l_1 是超前影响距，即工作面前方下沉值达到最终下沉值的 2%的覆岩点与工作面之间的水平距离；$V_0(x,y)$ 是预计点处的最大下沉速率。

在图 3-48 中，引入了全局和局部坐标系来定义下沉速率函数，全局坐标系

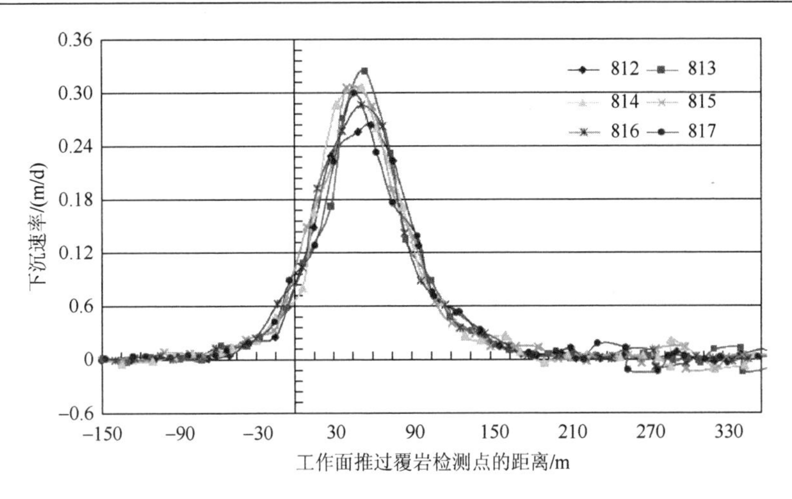

图 3-47　常规动态沉陷曲线与下沉速率

X-O-Y 的位置与其在矩形采空区覆岩下沉预计中（图 3-48）的位置一样，坐标系原点位于采空区左下角，而局部坐标系 X'-O'-Y'的原点位于工作面下边角处，并且局部坐标系的位置随着采煤工作面的推进而前移。

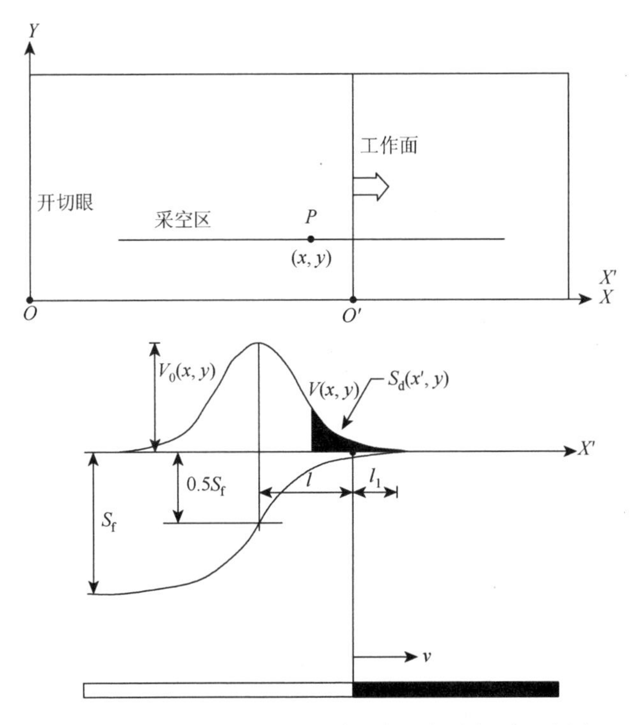

图 3-48　动态下沉预计中的全局与局部坐标系示意图

2. *覆岩动态二维沉陷模型*

1）地表下沉值的动态预计

若在很短的时间 $\mathrm{d}t$ 内，工作面向前推进了 $\mathrm{d}x=v\mathrm{d}t$ 的距离，则在 $\mathrm{d}t$ 这一时间内预计点 (x,y) 的下沉增量为

$$\mathrm{d}S=V(x',y)\mathrm{d}t=\frac{V(x',y)}{v}\mathrm{d}x' \tag{3-55}$$

那么预计点的下沉值则是当前时间 t 内预计点下沉增量的总和，如式（3-56）和图 3-48 中深色部分所示。其中，积分下限 x_p 是全局坐标系中预计点的 X 轴坐标，x' 为局部坐标系中预计点与工作面之间的水平距离，间接反映了时间 t，若预计点位于工作面前方，则 x' 为正值，反之则为负值。

$$S_\mathrm{d}(x',y)=\frac{V_0(x,y)}{v}\int_{x_\mathrm{p}}^{\infty}\mathrm{e}^{-2\left(\frac{x'+l}{l+l_1}\right)^2}\mathrm{d}x' \tag{3-56}$$

如果从 $-\infty\sim\infty$ 对下沉速率曲线进行积分，则积分结果为工作面从预计点一侧无穷远处向另一侧无穷远处推进工作中在预计点处所引起的最终下沉值，如式（3-57）所示。

$$\frac{V_0(x,y)}{v}\cdot\int_{-\infty}^{\infty}\mathrm{e}^{-2\left(\frac{x'+l}{l+l_1}\right)^2}\mathrm{d}x'=S_\mathrm{f}(x,y) \tag{3-57}$$

又因为 $\int_{-\infty}^{\infty}\mathrm{e}^{-2\left(\frac{x'+l}{l+l_1}\right)^2}\mathrm{d}x'=\sqrt{\frac{\pi}{2}}(l+l_1)$，可得到预计点处最大下沉速率与其最终下沉值之间的关系公式［(式 3-58)］。另外，为了便于计算，根据数学积分原理，式（3-56）的积分域（x_p,∞）可以分为以下两个积分域：（$x_\mathrm{p},-l$）和（$-l,\infty$），则式（3-56）可以改写为式（3-59）。

$$V_0(x,y)=\sqrt{\frac{2}{\pi}}\frac{v\cdot S_\mathrm{f}(x,y)}{l+l_1} \tag{3-58}$$

$$S_\mathrm{d}(x_\mathrm{p},y)=\sqrt{\frac{2}{\pi}}\frac{S_\mathrm{f}(x,y)}{l+l_1}\left[\int_{x_\mathrm{p}}^{-l}\mathrm{e}^{-2\left(\frac{x'+l}{l+l_1}\right)^2}\mathrm{d}x'+\int_{-l}^{\infty}\mathrm{e}^{-2\left(\frac{x'+l}{l+l_1}\right)^2}\mathrm{d}x'\right] \tag{3-59}$$

从图 3-48 中可以明显看出，式（3-59）中积分的第二部分结果为预计点处最大下沉值的一半，那么常规动态沉陷阶段预计点的动态下沉最终表达式为

$$S_\mathrm{d}(x_\mathrm{p},y)=\frac{1}{2}S_\mathrm{f}(x,y)+\sqrt{\frac{2}{\pi}}\frac{S_\mathrm{f}(x,y)}{l+l_1}\int_{x_\mathrm{p}}^{-l}\mathrm{e}^{-2\left(\frac{x'+l}{l+l_1}\right)^2}\mathrm{d}x' \tag{3-60}$$

2）地表水平移动值的动态预计

不同于地表最终终态水平移动公式的推导，对于水平移动动态预计模型的开

发，首先推导预计点倾斜的动态数学表达式，然后根据相关文献中水平移动与倾斜的关系，可以得到水平移动的动态预计数学表达式。

地表倾斜是指地表相邻两个预计点之间的下沉差值与这两点之间水平距离的比值，通常用 i 来表示。根据定义，倾斜实际上可以看作是两点之间的平均斜率。则在工作面推进方向上，预计点的动态倾斜即为该点动态下沉对 x_p 的一阶导数：

$$i_d(x_p,y)=-\sqrt{\frac{2}{\pi}}\frac{S_f(x,y)}{l+l_1}e^{-2\left(\frac{x_p+l}{l+l_1}\right)^2} \tag{3-61}$$

在已有的地表沉陷理论中，动态水平移动与动态倾斜之间存在一定的比例关系，并且最终水平移动与最终倾斜之间的比值大小同样也适用于动态沉陷理论中。式（3-62）和式（3-63）分别为动态水平移动与动态倾斜的比值关系公式和动态水平移动的数学表达式。

$$\frac{U_d(x_p,y)}{i_d(x_p,y)}=\frac{R^2}{h} \tag{3-62}$$

$$U_d(x_p,y)=-\sqrt{\frac{2}{\pi}}\frac{R^2}{h}\frac{S_f(x,y)}{l+l_1}e^{-2\left(\frac{x_p+l}{l+l_1}\right)^2} \tag{3-63}$$

3）覆岩沉陷的二维动态预计模型

在煤层采动影响下，采空区覆岩在达到最终沉陷状态前经历了复杂的时空发展过程。为了直观地反映采煤工作面推进工作中覆岩的动态沉陷规律，我们开发了沿工作面推进方向（以走向主断面为例）的覆岩沉陷的二维动态预计模型。覆岩沉陷的二维动态预计模型的基本原理如图 3-49 所示，与地表沉陷动态预计模型

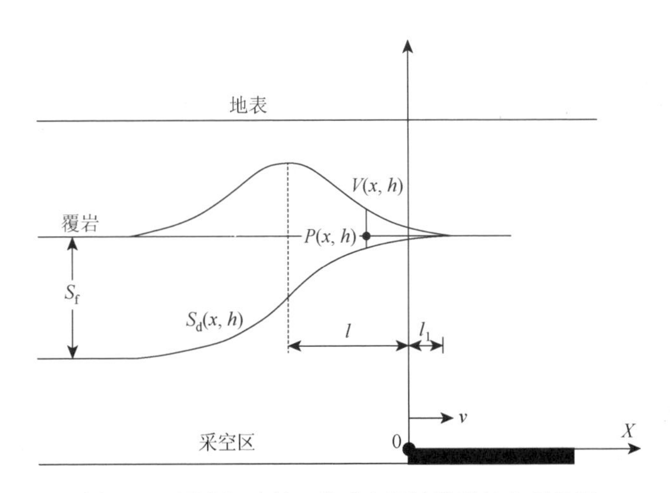

图 3-49　覆岩沉陷的二维动态预计模型基本原理图

基本原理类似，采空区覆岩的动态沉陷过程同样与其下沉速率有着密切关系，并且覆岩的下沉速率函数也符合正态分布。同样的，在很短的时间 $\mathrm{d}t$ 内，工作面向前推进了 $\mathrm{d}x = v\mathrm{d}t$ 的距离，在 $\mathrm{d}t$ 这一时间内覆岩预计点 (x, y) 的下沉增量为 $\mathrm{d}S$，那么覆岩预计点的下沉值则是当前时间 t 内覆岩预计点下沉增量的总和。另外，地表动态下沉与动态倾斜、地表动态倾斜与动态水平移动之间的关系也同样适用于覆岩。因此，式（3-64）和式（3-65）分别是由上述原理推导出的走向主断面内覆岩下沉和水平移动的动态预计数学表达式。

$$S_{\mathrm{d}}(x_{\mathrm{p}}, h) = \frac{1}{2} S_{\mathrm{f}}(x, h) + \sqrt{\frac{2}{\pi}} \frac{S_{\mathrm{f}}(x, h)}{l(h) + l_1(h)} \int_{x_{\mathrm{p}}}^{-l(h)} \mathrm{e}^{-2\left(\frac{x' + l(h)}{l(h) + l_1(h)}\right)^2} \mathrm{d}x' \tag{3-64}$$

$$U_{\mathrm{d}}(x_{\mathrm{p}}, h) = -\sqrt{\frac{2}{\pi}} \frac{R(h)^2}{h} \frac{S_{\mathrm{f}}(x, h)}{l(h) + l_1(h)} \mathrm{e}^{-2\left(\frac{x_{\mathrm{p}} + l(h)}{l(h) + l_1(h)}\right)^2} \tag{3-65}$$

式（3-64）和式（3-65）中，h 是工作面埋深；$l_1(h)$ 是覆岩超前影响距；$R(h)$ 是采动覆岩主要影响半径；$l(h)$ 是覆岩最大下沉速率滞后距；x_{p} 是全局坐标系中覆岩预计点的 X 轴坐标；x' 是局部坐标系中覆岩预计点与工作面之间的水平距离，若覆岩预计点位于工作面前方，则 x' 为正值，反之则为负值；$S_{\mathrm{f}}(x, h)$ 是走向主断面内覆岩的最终下沉值，可以通过 3.1 节中的覆岩终态二维开采沉陷预计模型得到。

采动影响下覆岩内各点的下沉量和水平方向的位移量不同，使得点与点之间存在相对的移动，从而导致覆岩发生变形。在 3.1 节中，介绍了二维情形下覆岩最终水平应变、垂直应变和全应变的概念及预计公式推导过程，相关原理同样适用于二维情形下的覆岩动态变形，由此可得到覆岩水平应变、垂直应变和全应变的动态预计公式。

覆岩动态垂直应变是覆岩动态下沉对 $-h$ 的一阶导数：

$$\varepsilon_{\mathrm{dz}}(x_{\mathrm{p}}, h) = -\frac{\mathrm{d}S_{\mathrm{d}}(x_{\mathrm{p}}, h)}{\mathrm{d}h} \tag{3-66}$$

覆岩动态水平应变是覆岩动态水平移动对 x_{p} 的一阶导数：

$$\varepsilon_{\mathrm{dx}}(x_{\mathrm{p}}, h) = -\frac{\mathrm{d}U_{\mathrm{d}}(x_{\mathrm{p}}, h)}{\mathrm{d}x_{\mathrm{p}}} \tag{3-67}$$

在二维情形下，采动覆岩的全应变可看作是二维面应变。由面应变与水平应变和垂直应变的关系，可得到二维情形下覆岩动态全应变公式：

$$\varepsilon_{\mathrm{d}t}(x_{\mathrm{p}}, h) = \varepsilon_{\mathrm{dx}}(x_{\mathrm{p}}, h) + \varepsilon_{\mathrm{dz}}(x_{\mathrm{p}}, h) + \varepsilon_{\mathrm{dx}}(x_{\mathrm{p}}, h) \cdot \varepsilon_{\mathrm{dz}}(x_{\mathrm{p}}, h) \tag{3-68}$$

因此，式（3-64）～式（3-68）即为二维情形下采空区上覆岩层动态沉陷预计模型。

3.3.2　覆岩动态沉陷参数的确定

在式（3-64）和式（3-65）中，涉及两个不同于覆岩最终沉陷参数的变量，即覆岩最大下沉速率滞后距 $l(h)$ 和覆岩超前影响距 $l_1(h)$，分别为覆岩最大下沉速率点滞后于工作面的水平距离和工作面前方下沉值达到最终下沉值的 2%的覆岩点与工作面之间的水平距离。因为这两个参数对覆岩的动态沉陷预计结果的准确性有着重要的影响，所以称之为覆岩动态沉陷参数。

对于某一高度覆岩的这两个参数可以从常规动态沉陷曲线中获得，为了得到该曲线，我们求出收集到的覆岩动态下沉值与其最终下沉值之间的比值，并对该比值与不同时间工作面推过覆岩预计点的距离之间的关系进行了图形处理，如图 3-50 所示。在曲线上，三个特征点即最终下沉值的 2%、50%和 98%被显著标出，第一个特征点可以确定 l_1，第二特征点可以确定 l。例如，图 3-50 中 $l_1 = 30\text{m}$，$l = 53\text{m}$。第三个特征点可以检验常规动态沉陷曲线的对称程度，图中该点位于工作面后方 177m 处，可以看出曲线关于最大下沉速率点不完全对称。

在对收集到的 110 个长壁采煤工作面的沉陷数据均进行上述处理后，确定了不同高度覆岩的最大下沉速率滞后距 l 和超前影响距 l_1。研究表明，$l(h)$ 和 $l_1(h)$ 主要取决于工作面的推进速度 v 和工作面埋深 h。在这两个参数中，覆岩最大下沉速率滞后距 $l(h)$ 在覆岩动态沉陷预计中扮演着更重要的作用。图 3-51 展示了从各工作面的常规动态沉陷曲线中获得的最大下沉速率滞后距 l，尽管有较明显的变化，但是仍可看出 l 具有随 h 增加而增加的趋势，并且地表点数据与覆岩点数据在这一趋势上具有较好的拟合性。上述变化产生的原因主要是所收集的案例中工作面的推进速度的差异，而这些差异未能在图中展示出来。通过对大量动态沉陷数据进行关于 v 和 h 的双变量函数曲线拟合，确定了 $l(h)$ 和 $l_1(h)$ 的经验公式：

$$l(h) = (1.5263 + 0.8472\sqrt{v})\sqrt{h} \tag{3-69}$$

$$l_1(h) = \frac{0.113h}{1 + 0.3306\sqrt{v}} \tag{3-70}$$

根据式（3-69）绘出了在工作面推进速度为 3m/d、9m/d、15m/d、21m/d、27m/d 时的 l 和 h 之间的关系曲线（图 3-52）。可以看出，工作面推进速度越慢，同一高度覆岩的 $l(h)$ 值就越小。

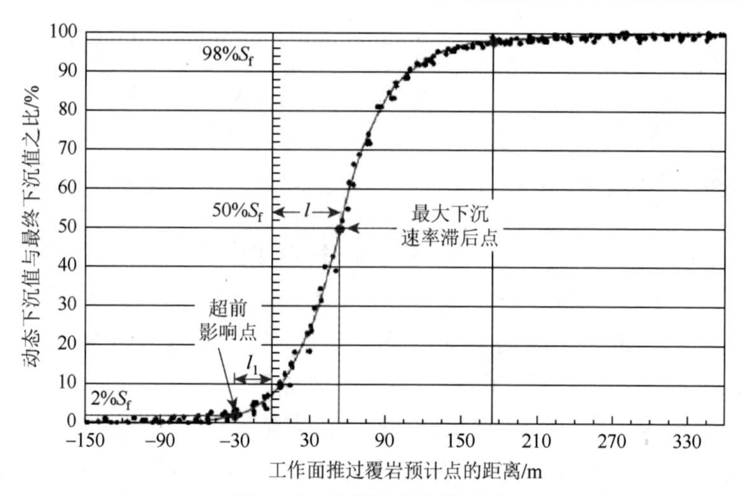

图 3-50 常规动态沉陷曲线

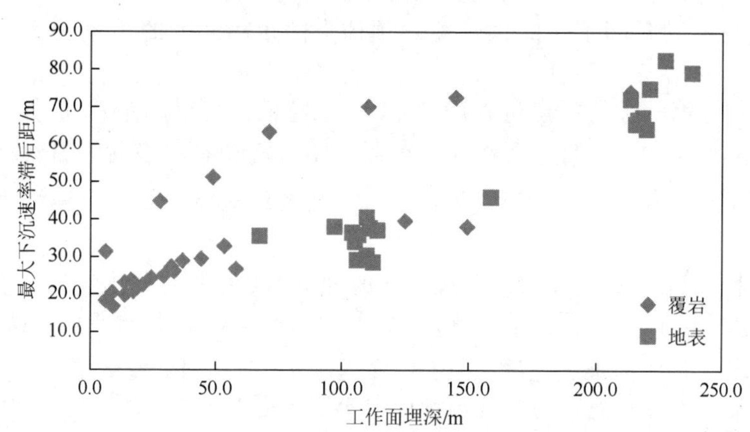

图 3-51 煤层上方不同高度处的覆岩与地表 l 值

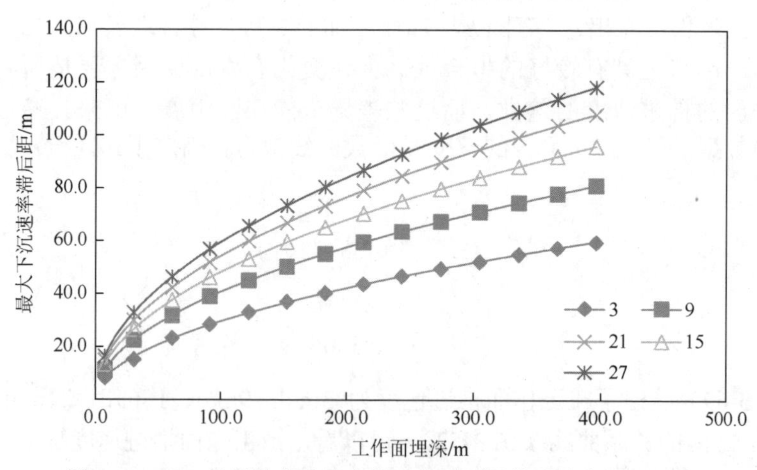

图 3-52 $l(h)$ 的经验公式确定的工作面不同推进速度下 $l(h)$ 值

3.3.3　试验工作面覆岩移动与变形的动态二维预计分析

本部分将利用覆岩动态二维沉陷预计模型对试验工作面在采动过程中的走向主断面内覆岩的移动与变形情况进行预计，分析工作面采动过程中覆岩的动态移动与变形及覆岩中裂隙的发育情况。根据晋东煤田某矿综放工作面的生产情况，试验工作面的推进速度取 3m/d，预计工作面推进 700m 时覆岩的动态沉陷情况。在图 3-53、图 3-54、图 3-57～图 3-59 中，负值表示预计点位于工作面后方，工作面的推进方向为从左至右。

1）覆岩下沉与水平移动动态演化过程

图 3-53 和图 3-54 为工作面采动影响下覆岩动态下沉和水平移动等值线图。根据图 3-53 和图 3-54，我们选取了煤层上方高度为 60m、120m、180m、240m 处的覆岩，研究了其下沉值和水平移动值与工作面位置之间的动态变化关系，如图 3-55 和图 3-56 所示。图中水平位移为负值表示水平位移方向与工作面推进方向相反，可以看出，当覆岩点相对于工作面位置不同时，覆岩点的沉陷情况不同。覆岩点沉陷从开始到结束的全过程可分为以下三个阶段。

第一阶段：当工作面从远处向覆岩预计点靠近时，沉陷波及预计点，预计点开始移动。随着工作面的不断向前推进，预计点的下沉速率由小渐渐增大，水平移动方向与工作面前进方向相反，此时为第一阶段；

第二阶段：当工作面推进至预计点正下方并继续推进时，预计点的下沉速率逐渐增大并达到最大值，同时水平移动也逐渐达到最大值，此时为第二阶段；

第三阶段：当工作面远离预计点一定距离之后，工作面对预计点的影响逐渐减弱，预计点的下沉速率逐渐趋于零，预计点也逐渐停止移动，此时为第三阶段。

上述三个阶段可以反映工作面自距开切眼一定距离推进至停采线处覆岩动态沉陷的过程，由于开切眼一侧所处位置的不同，其覆岩的移动方向应与工作面的推进方向相同。另外，与高位置处的覆岩相比，较低位置处的覆岩更早受到采煤工作面的影响而发生沉陷，沉陷过程更早趋于稳定状态。因此，由于上下岩层下沉的不同步性，在沉陷过程中岩层间会出现离层现象，但随着工作面的不断推进，岩层沉陷逐渐趋于稳定，在覆岩压力的作用下离层裂隙逐渐被压实。

2）覆岩应变动态演化过程

图 3-57～图 3-59 为工作面采动影响下覆岩应变等值线图。在垂直应变等值线图（图 3-57）中，工作面后方一定距离存在一个高拉伸应变区，而仅在工作面附近小范围内及其前方为压缩应变区。在水平应变等值线图（图 3-58）中，

某一高度上存在一个最大拉伸应变值和一个最大压缩应变值，且最大拉伸应变值位于工作面后方较短距离处而最大压缩应变值位于工作面后方较远距离处，最大拉伸应变和压缩应变值均随着高度的增加而减小。在全应变等值线图（图 3-59）中，工作面后方一定范围内存在一个高拉伸膨胀区，且该区内最大全应变值随着高度的增加而减小，在较高位置覆岩中，上述高拉伸膨胀区后方存在一个压缩区，但是此压缩区在低位置覆岩中完全消失。另外，通过对比发现覆岩动态垂直应变值、水平应变值和全应变值均小于覆岩最终应变值。

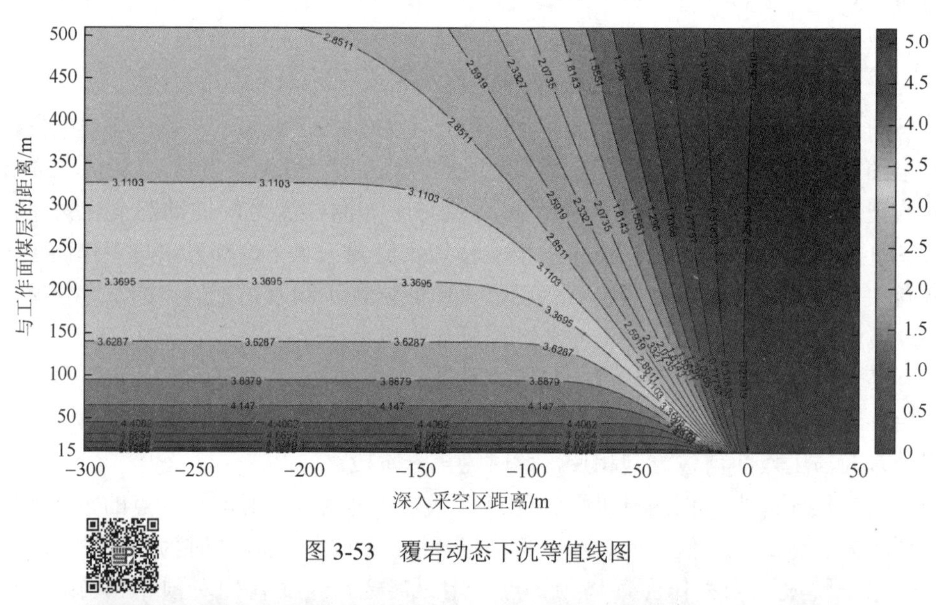

图 3-53　覆岩动态下沉等值线图

图 3-54　覆岩动态水平移动等值线图

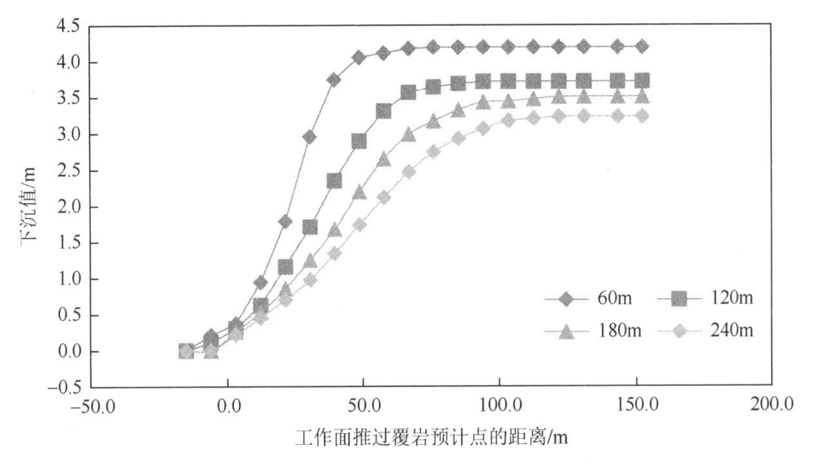

图 3-55　不同高度处的覆岩动态下沉图

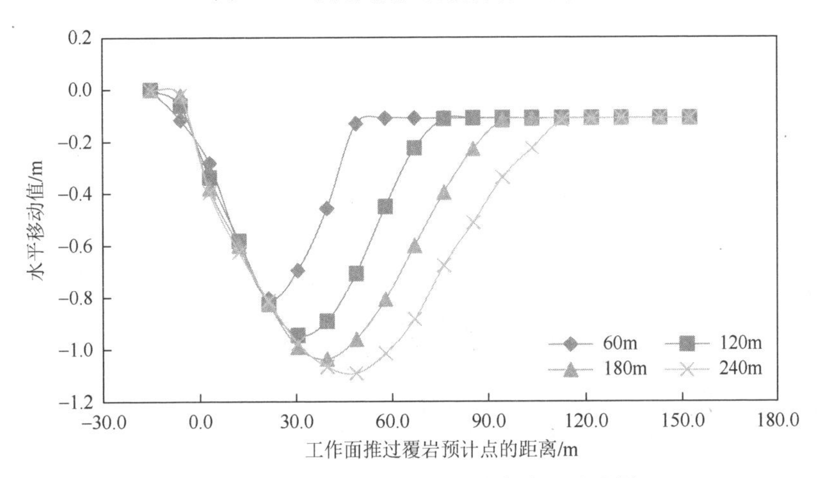

图 3-56　不同高度处的覆岩动态水平移动图

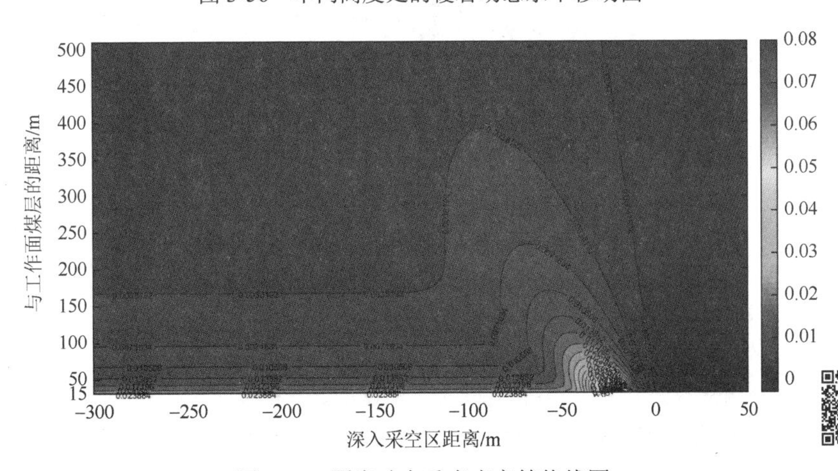

图 3-57　覆岩动态垂直应变等值线图

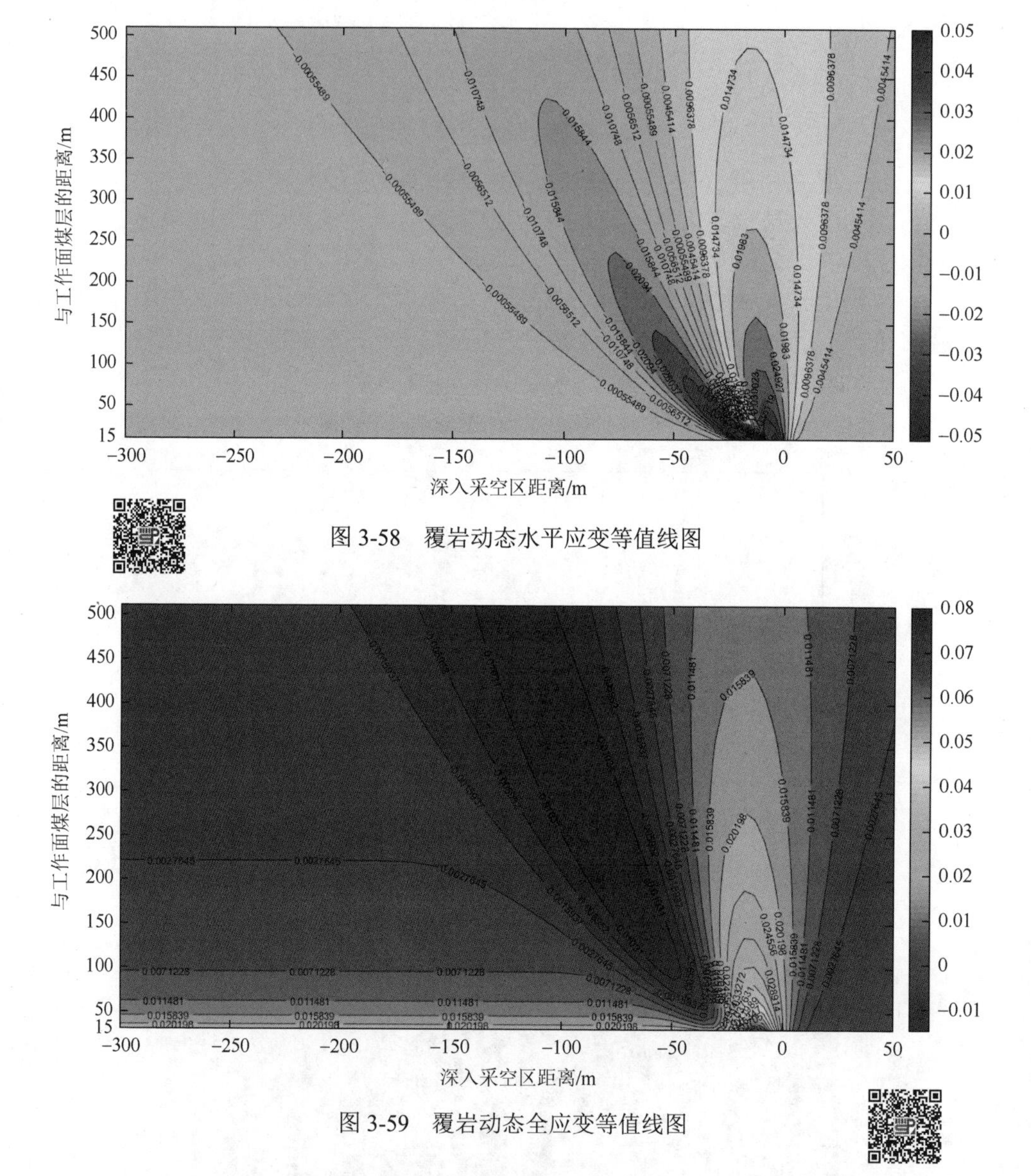

图 3-58　覆岩动态水平应变等值线图

图 3-59　覆岩动态全应变等值线图

我们同样选取了煤层上方高度为 60m、120m、180m、240m 处的覆岩，研究了其全应变值与工作面位置之间的动态变化关系，如图 3-60 所示。由图可以看出，当覆岩点相对于工作面位置不同时，覆岩点的变形与裂隙发育情况不同。覆岩点的变形与其中的裂隙发育过程可分为以下三个阶段。

第一阶段：当工作面从远处向覆岩预计点推进时，沉陷波及预计点，预计点受到拉伸而膨胀，裂隙开始发育。随着工作面的继续推进，预计点所受拉伸作用逐渐变大，当工作面推过预计点一定距离（大约 27m）时，预计点所受拉伸作用最大，此时覆岩裂隙发育程度最高。随后拉伸作用逐渐减弱，裂隙发育程度逐渐降低；

第二阶段：当工作面继续推进，预计点因由受拉伸状态逐渐转为受压缩状态，裂隙开始受到挤压而收缩、闭合。随着工作面不断推进，预计点所受压缩作用逐渐增大，工作面继续推进一段距离之后，预计点所受压缩作用最大，此时覆岩裂隙最不发育。随后压缩作用逐渐减弱，但覆岩裂隙仍处于收缩、闭合状态；

第三阶段：当工作面远离预计点一定距离之后，工作面对其影响逐渐减弱，其变形量逐渐减小并趋于稳定。

从上述覆岩点的变形与裂隙发育过程可以看出，覆岩点基本经过了由原始状态向受拉膨胀状态，再向受压收缩状态转变并逐渐趋于稳定的变形过程，相应地，覆岩中裂隙也经过了由逐渐发育到逐渐闭合的动态过程。因此，随着工作面的推进，其后方覆岩中的高拉伸膨胀区和高压缩区处于不断交替变化的状态。在工作面后方大约 27m 范围内（工作面推过约 9d 内），工作面后方覆岩中的裂隙均处于较为发育的状态，可能是瓦斯主要富集区，且工作面上覆富含瓦斯的煤岩层（14#、13#、12#、11#煤层及 K_3 和 K_4 灰岩）也均处于高拉伸应变值高度范围内，其富含的瓦斯可能会沿裂隙运移并向工作面涌入。随后裂隙受压缩并逐渐闭合，但在裂隙收缩、闭合的过程中其内的瓦斯会向下一个高拉伸膨胀区运移。

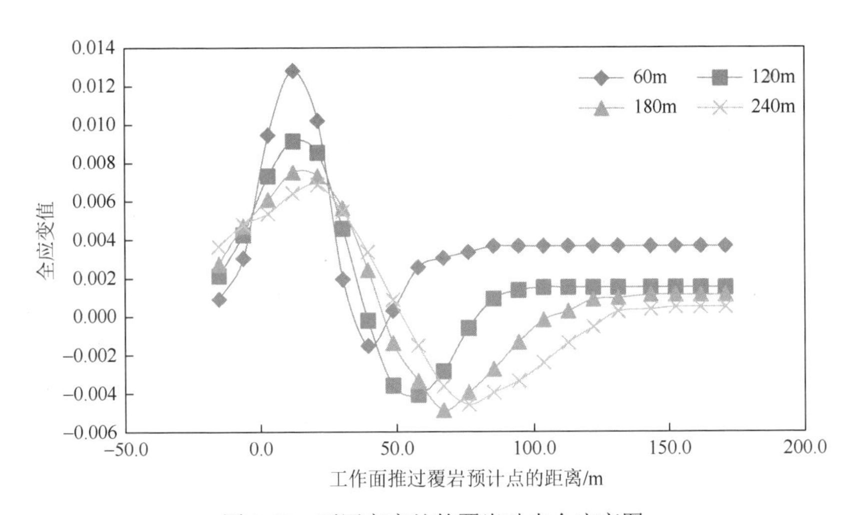

图 3-60　不同高度处的覆岩动态全应变图

3.3.4　FLAC^{3D} 数值模拟验证

不同于最终沉陷状态，覆岩的动态沉陷体现了工作面推进速度及工作面逐步向前推进对沉陷过程的影响。但是在相关文献的研究中，利用 FLAC^{3D} 对开采沉陷进行数值模拟时并没有体现出工作面逐步推进及推进速度对开采沉陷仿真模拟的影响，却是将模型中大尺寸采空区进行一次性开挖模拟。由于实际煤层的开采是以某一较稳定速度逐步进行的，所以可以考虑应用分步开挖的方式来模拟实际工作面的推进过程。通常，在长壁式工作面采煤中单个正规循环作业所产生的采空区长度为 1～2m，则在开采过程的数值模拟中一次开挖的煤层尺寸应近似等于单个正规循环作业在实际开采过程中所产生的采空区尺寸。假如工作面走向长 L_1，倾向长 L_1，每次循环作业开挖所产生的采空区长度为 l_1，整个采空区采完所需循环次数为 L_1/l_1，那么模拟所需开挖次数也为 L_1/l_1。

在煤层实际开采时，单个循环作业所产生的采空区不足以使覆岩产生较大变形。在模拟时，每次开挖的计算步数决定了覆岩的沉陷量大小，计算步数越多覆岩沉陷量就越大。因此，合适的单次开挖计算步数是使得模拟接近实际的关键。通常可以通过多次试算来确定适当的计算步数，下面对根据地表移动起动距和老顶初次来压步距确定合适计算步数的方式进行讨论。

地表移动起动距是反映覆岩沉陷的重要指标。若地表移动起动距为 S_1，在开挖长度为 S_1 的煤层后，模拟计算了 n_1 步时地表开始出现垂直位移，那么可确定一个循环作业开挖所产生的采空区长度为 l_1 时，确保地表不出现下沉的模拟计算步数为

$$N_1 \leqslant \frac{n_1 l_1}{S_1} \tag{3-71}$$

式中，N_1 是单个循环作业所采煤层长度所需模拟计算步数；S_1 是地表移动起动距；l_1 是单个循环作业开挖所产生的采空区长度。

老顶初次来压步距也是反映覆岩沉陷的重要指标。若老顶初次来压步距为 S_2，在开挖长度 S_2 的煤层后，模拟计算了 n_2 步时老顶发生了较大的变形，那么可确定一个循环作业开挖所产生的采空区长度为 l_1 时，确保老顶不出现大变形的模拟计算步数为

$$N_2 \leqslant \frac{n_2 l_1}{S_2} \tag{3-72}$$

式中，N_2 是单个循环作业所采煤层长度所需模拟计算步数；S_2 是老顶初次来压步距；l_1 是单个循环作业开挖所产生的采空区长度。

在模拟时，每次开挖计算步数应根据以上两种方法并结合多次模拟试算综合确定。

由相关文献可知，该矿区老顶初次来压步距约为 38m，地表移动起动距为 1/4～1/2 煤层埋深，取 139m。根据上述方法经过多次模拟试算发现每次循环作业计算 50 步比较合理，前述工作面推进速度为 3m/d，因此，按照每开挖 3m 计算 150 步进行模拟。

本次模拟旨在验证覆岩动态二维沉陷预计模型的可靠性，模拟工作面开挖 700m 时覆岩的动态移动与变形并获取覆岩点的下沉过程曲线。因此，根据 3.3.3 节中覆岩动态沉陷预计结果，为能体现覆岩动态沉陷的全过程，在走向主断面内模拟计算工作面后方 250m 处的采空区上方 60m、120m、180m、240m、300m、360m、420m、480m 高度上的覆岩内布置检测点，跟踪检测覆岩点的下沉量、下沉速率。图 3-61～图 3-68 为数值模拟得到的各检测点的下沉曲线和下沉速率曲线。

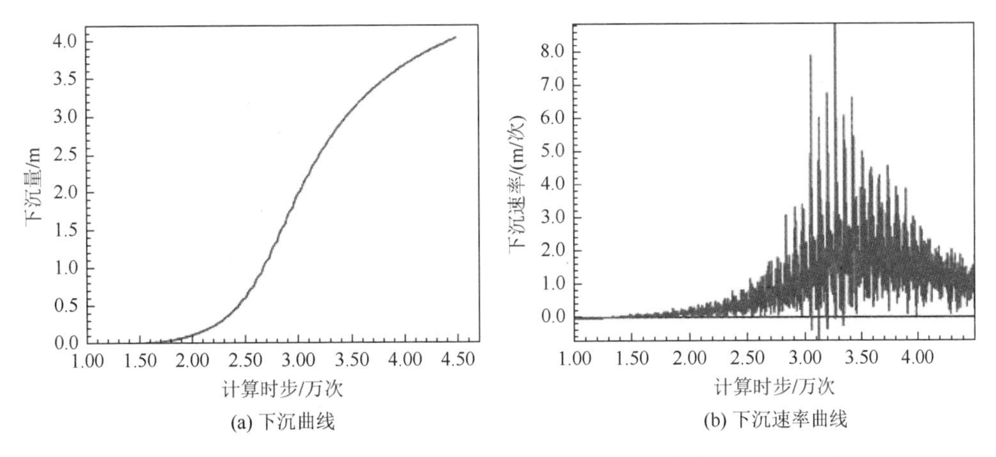

(a) 下沉曲线　　(b) 下沉速率曲线

图 3-61　$h = 60\text{m}$ 处检测点下沉值和下沉速率与计算时步的关系曲线

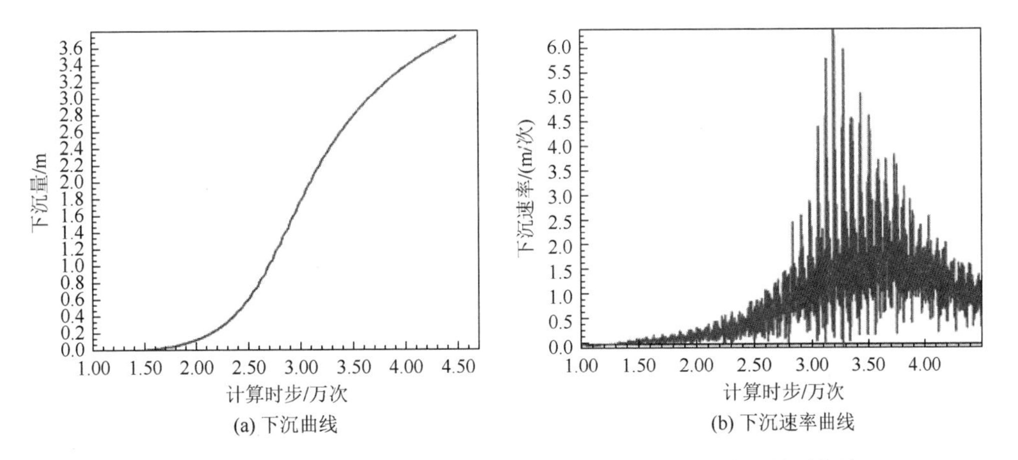

(a) 下沉曲线　　(b) 下沉速率曲线

图 3-62　$h = 120\text{m}$ 处检测点下沉值和下沉速率与计算时步的关系曲线

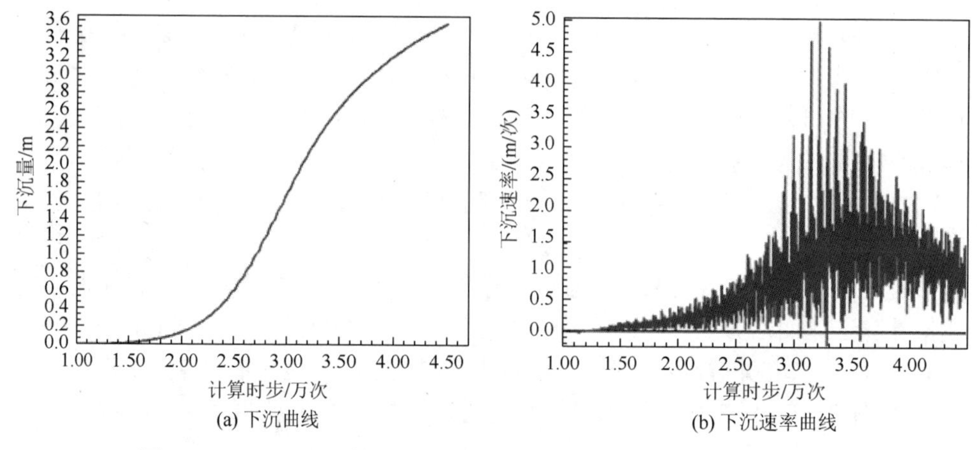

图 3-63　$h = 180\text{m}$ 处检测点下沉值和下沉速率与计算时步的关系曲线

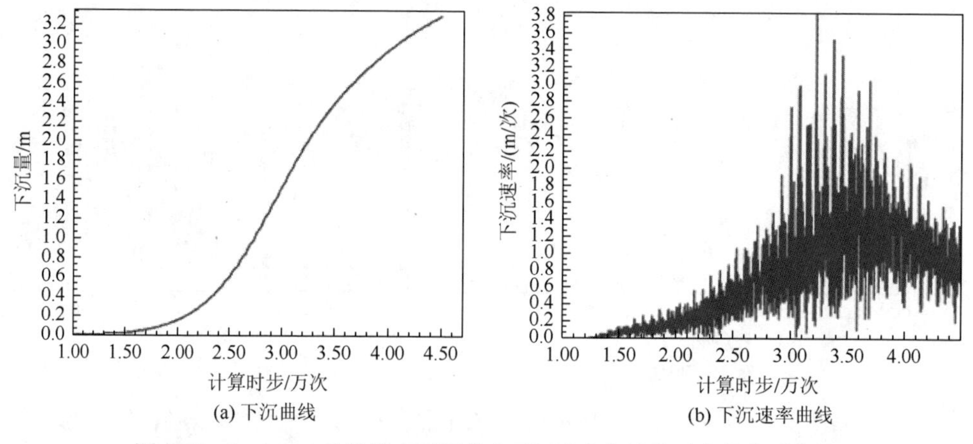

图 3-64　$h = 240\text{m}$ 处检测点下沉值和下沉速率与计算时步的关系曲线

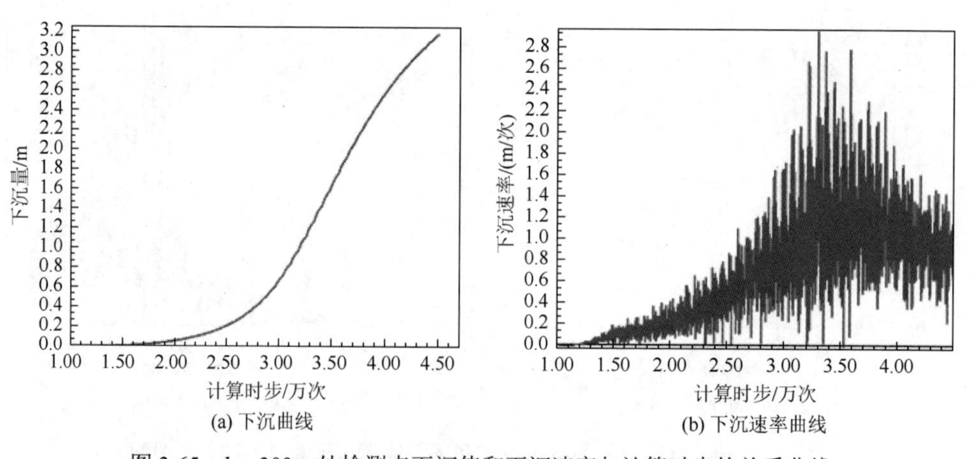

图 3-65　$h = 300\text{m}$ 处检测点下沉值和下沉速率与计算时步的关系曲线

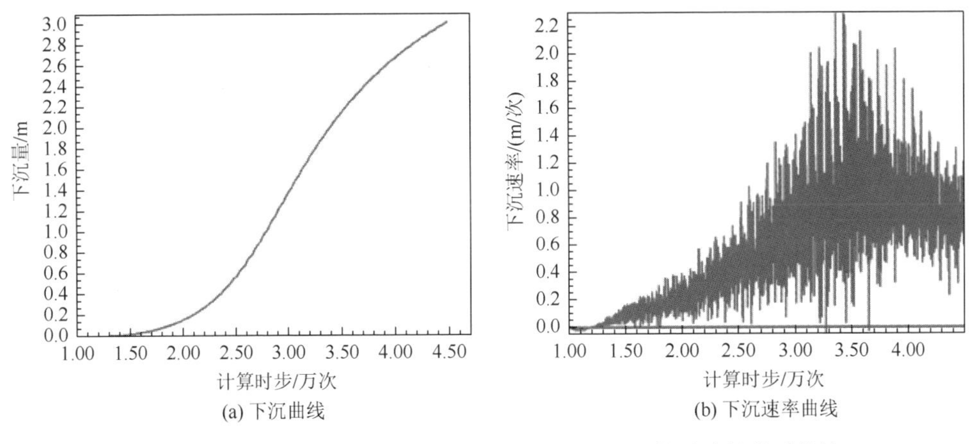

(a) 下沉曲线　(b) 下沉速率曲线

图 3-66　$h = 360\mathrm{m}$ 处检测点下沉值和下沉速率与计算时步的关系曲线

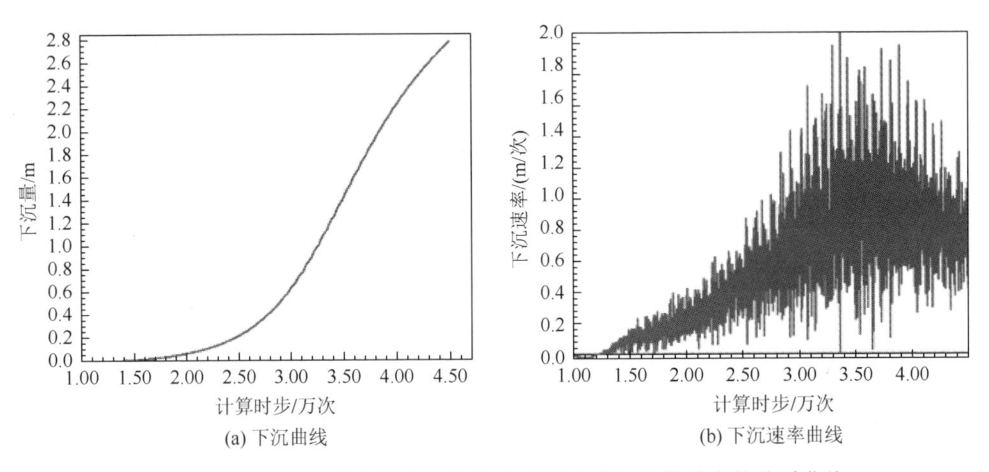

(a) 下沉曲线　(b) 下沉速率曲线

图 3-67　$h = 420\mathrm{m}$ 处检测点下沉值和下沉速率与计算时步的关系曲线

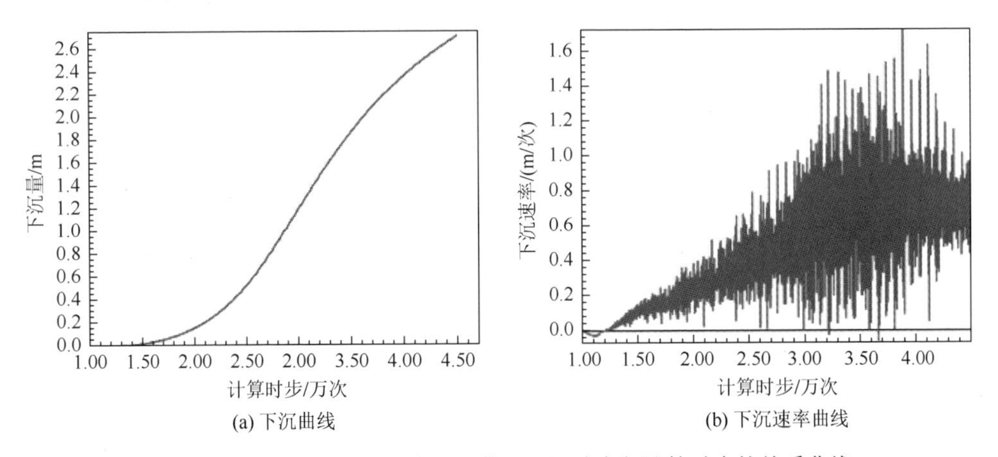

(a) 下沉曲线　(b) 下沉速率曲线

图 3-68　$h = 480\mathrm{m}$ 处检测点下沉值和下沉速率与计算时步的关系曲线

从 3.3.4 节中数值模拟验证情况可知，动态预计模型的关键在于覆岩点的下沉曲线和其下沉速率。由图 3-61～图 3-68 可以看出，各高度覆岩的下沉曲线与从覆岩动态二维沉陷预计模型预计结果中得到的下沉曲线在形态上很相近，并且图中各覆岩点的最大下沉值和通过理论计算得到最大下沉值大小相差无几。另外，各覆岩点的下沉速率曲线虽然在数值上很难与理论模型对应（软件本身只能反映计算时步），但是可以看出下沉速率基本为正态分布趋势，这一点与 3.3.1 节关于下沉速率的介绍一致。因此，通过上述简要的对比分析，以分步开挖的 $FALC^{3D}$ 数值模拟方式，基本验证了覆岩动态二维沉陷预计模型的可靠性。

3.4　本 章 小 结

针对矿井开采导致上覆岩层移动变形的问题，将描述地表的移动变形预测模型经过科学、合理的改造引入对地层岩层下沉及水平变形的描述，建立一系列的描述岩体内部岩层移动变形的新计算方法。开发了基于矿山沉陷工程的煤层顶板至近地表区间的工作面上覆岩层移动模型，主要包括：①以晋东煤田某矿为研究背景，开发了水平煤层工作面上覆岩层终态二维开采沉陷预计模型，包括单一连续模型和分层计算模型两种不同的计算策略模型；并采用 $FLAC^{3D}$ 数值模拟对单一连续模型的正确性进行了验证；②在覆岩层终态二维开采沉陷预计模型的基础上，开发了水平煤层工作面上覆岩层终态三维开采沉陷预计模型，使用 $FLAC^{3D}$ 数值模拟对模型进行了验证；③开发了水平煤层工作面上覆岩层在开采时期的动态二维开采沉陷预计模型，并对其进行了验证。

第 4 章　工作面上覆岩层采动影响下渗透率变化研究

4.1　采动影响下煤岩体渗透率变化的表征

煤岩体渗透率是反映煤岩体内瓦斯渗透运移难易程度的重要参数，仅依据采动覆岩中全应变的分布与变化规律来判断其裂隙发育情况、指导分析瓦斯运移和富集区具有片面性，有必要进一步研究分析采动覆岩中的瓦斯渗透率的分布演化规律，从而根据采空区上覆煤岩体的裂隙发育规律和其渗透率的分布变化规律对综合分析瓦斯的运移路径和富集区、合理地布置高抽巷及瓦斯抽采钻孔提供理论指导。

上覆煤岩体在采动影响下的渗透率分布与演化规律一直是瓦斯抽采的核心研究内容。但是以往大部分学者是把煤岩体的渗透率当作常数进行研究，没有考虑其在采动影响下的变化或者仅是简单地定性地分析工作面局部覆岩的裂隙发育情况和某一处的覆岩渗透率变化规律，并未从覆岩整体采动变形后裂隙的发育、分布及其渗透率变化的规律角度给出具体的定量的描述。以往学者的研究表明，煤岩体渗透率实际上是由煤岩体内的孔隙及裂隙空间的增减所决定的，并且从第 3 章中可以看出，上覆煤岩体的采动全应变分布直接影响着裂隙的发育情况，对覆岩孔隙率的改变有着重要的支配作用，而孔隙率作为关键因素，决定着煤岩体的渗透率及其对瓦斯的吸附性。因此可以通过全应变、孔隙率来定量地表征采动影响下覆岩渗透率的变化。

很多学者已经对其进行了相关的研究，提出了瓦斯吸附引起的煤岩介质本体变形下的孔隙率与渗透率之间的表征关系，但本章研究的是采动影响下渗透率的变化规律以指导分析瓦斯的运移过程，考虑瓦斯吸附而引起的煤岩介质的微小本体变形对本章研究意义不大。另外，考虑瓦斯吸附的煤岩介质变形比不考虑瓦斯吸附的煤岩介质变形计算得到的孔隙率值要小，因此为了更有利地解决工程问题，本书忽略瓦斯吸附而引起的煤岩介质微小本体变形，在现有研究基础上对孔隙率、渗透率和全应变的关系进行理论研究。

4.1.1　煤岩体全应变与孔隙率

煤岩体均可看作是多孔介质，大量研究表明其变形是以下两部分变形的总和[62, 63]。第一部分为介质的本体变形，即煤岩体骨架颗粒的变形而引起的变形，该过程是可逆的，为弹性变形过程；第二部分为结构变形，即骨架颗粒在空间结构上的相对错动而引起的变形，该过程通常是不可逆的。

在以下建立的煤岩体孔隙率与全应变的关系时，忽略了煤岩体微小的本体变形，则在相关文献研究基础上进行的分析推导如下。

用 v_s 表示多孔介质的固体骨架体积，Δv_s 表示其变化；用 v_b 表示多孔介质的外观体积，Δv_b 表示其变化；用 v_p 表示多孔介质的孔隙体积，Δv_p 表示其变化。

由孔隙率定义，假设在初始状态下煤岩体孔隙率为

$$\phi_0 = \frac{v_{p_0}}{v_{b_0}} \tag{4-1}$$

当煤岩体由初始状态到某一变形状态时，其孔隙率为

$$\phi = \frac{v_{p_0} + \Delta v_p}{v_{b_0} + \Delta v_b} = 1 - \frac{v_{s_0} + \Delta v_s}{v_{b_0} + \Delta v_b} = 1 - \frac{v_{s_0}\left(1 + \dfrac{\Delta v_s}{v_{s_0}}\right)}{v_{b_0}\left(1 + \dfrac{\Delta v_b}{v_{b_0}}\right)} = 1 - \frac{(1-\phi_0)}{1+\varepsilon_t}\left(1 + \frac{\Delta v_s}{v_{s_0}}\right) \tag{4-2}$$

式中，ϕ 是采动影响下煤岩体的孔隙率；ϕ_0 是煤岩体的原始孔隙率；ε_t 是全应变，在三维情形下为体积应变，即变形过程中煤岩体单位体积的体积改变，而在二维情形下取煤岩体的面应变为全应变，如式（3-68）所示。

忽略煤岩体的微小本体变形，令 $\Delta v_s = 0$，则式（4-2）变为

$$\phi = 1 - \frac{(1-\phi_0)}{1+\varepsilon_t} = \frac{\phi_0 + \varepsilon_t}{1+\varepsilon_t} \tag{4-3}$$

因此，采动影响下上覆煤岩体的孔隙率可以被视为全应变的函数（图 4-1）。

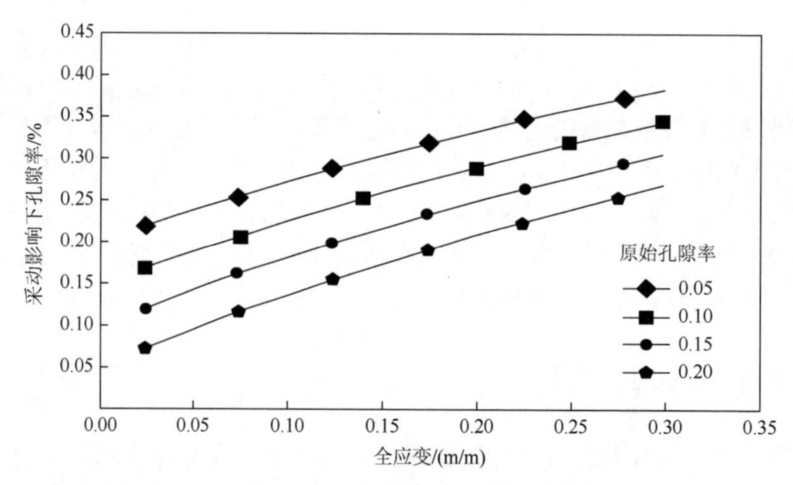

图 4-1　全应变与采动影响下孔隙率关系图

4.1.2　煤岩体全应变与渗透率

煤岩体的渗透率是研究瓦斯在其中运移的非常重要的物理参数，多年以来，众学者对其进行了许多研究。煤岩体渗透率会随着孔隙率的变化而发生改变，进而影响煤岩体中瓦斯的流动，因此借助科泽尼-卡尔曼（Kozeny-Carman）方程中渗透率与孔隙率的关系可以得到渗透率随全应变变化的关系。煤岩体渗透率和孔隙率之间关系的 Kozeny-Carman 方程为

$$K=\frac{\phi}{K_{\mathrm{c}}{S_{\mathrm{p}}}^{2}}=\frac{\phi^{3}}{K_{\mathrm{c}}\sum s^{2}} \tag{4-4}$$

式中，K_{c} 是常数，约取 5。

$\sum s$ 是单位体积的多孔介质中孔隙表面积，其表达式为

$$\sum s=\frac{A_{\mathrm{s}}}{S_{\mathrm{p}}} \tag{4-5}$$

S_{p} 是多孔介质内单位孔隙体积的表面积，其表达式为

$$S_{\mathrm{p}}=\frac{A_{\mathrm{s}}}{v_{\mathrm{p}}} \tag{4-6}$$

式中，A_{s} 是煤岩体内孔隙的总表面积。

假设在初始状态下，煤岩体渗透率为

$$K_{0}=\frac{\phi_{0}}{K_{\mathrm{c}}\sum s_{0}^{2}} \tag{4-7}$$

其中：

$$\sum s_{0}=\frac{A_{\mathrm{s}_{0}}}{v_{\mathrm{b}_{0}}} \tag{4-8}$$

当煤岩体由初始状态达到某一变形状态时，其总体积和单个介质颗粒的体积累计变化量分别为 Δv_{b} 和 Δv_{s}。考虑到对特定结构的煤岩体而言，在其应力应变的过程中，介质颗粒的总表面积近似认为不变。则有

孔隙体积的变化为

$$\Delta v_{\mathrm{p}}=\Delta v_{\mathrm{b}}-\Delta v_{\mathrm{s}} \tag{4-9}$$

故新的孔隙率为

$$\phi = \frac{v_p + \Delta v_b - \Delta v_s}{v_b + \Delta v_b} \tag{4-10}$$

新的单位体积的多孔介质中孔隙表面积为

$$\sum s = \frac{A_{s_0}}{v_b + \Delta v_b} \tag{4-11}$$

另外，煤岩体总体积的变化可由全应变直接得到

$$\Delta v_b = v_b \cdot \varepsilon_t \tag{4-12}$$

采动影响下新渗透率与原始状态下渗透率之比为

$$\frac{K}{K_0} = \frac{\phi^3 \sum s_0^2}{\phi_0^3 \sum s^2} \tag{4-13}$$

忽略煤岩体的微小本体变形，令 $\Delta V_s = 0$，并将式（4-10）～式（4-12）代入式（4-13），可整理得到渗透率变化与全应变之间的关系公式。

$$\frac{K}{K_0} = \left(\frac{1 + \dfrac{\varepsilon_t}{\phi_0}}{1 + \varepsilon_t} \right)^3 \tag{4-14}$$

式（4-14）即为采动影响下煤岩体渗透率变化的表征公式，为煤岩体全应变的函数，图 4-2 给出了式（4-14）表达的煤岩体渗透率变化与全应变的关系曲线。

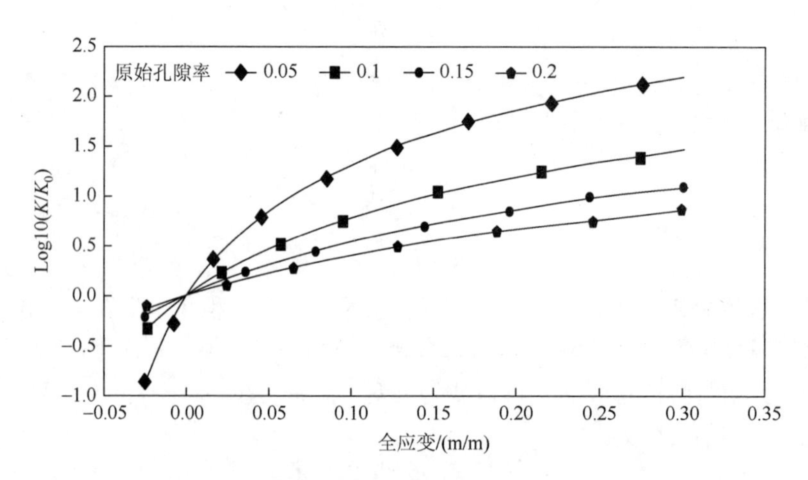

图 4-2　全应变与渗透率变化关系

由于全应变能够综合反映煤岩体本身的力学特性和有效应力，所以不论煤岩体变形是弹性的还是非弹性的，线性的还是非线性的，式（4-14）关于渗透率变化的表征公式应该都是有效的，可作为本章研究采动影响下瓦斯运移的一个重要的参数公式。

4.2 终态二维情形下工作面覆岩渗透率变化

由采动渗透率变化表征公式［式（4-14）］可知，若在煤岩体原始孔隙率已知的情况下，采动渗透率变化仅为全应变的函数。通过调研相关文献和经验数据，仍然以晋东煤田某矿试验工作面为案例，得到上覆岩层的原始孔隙率，并根据研究需要、覆岩岩性和厚度等，合理地将覆岩进行了分组处理，并求得各分组平均孔隙率，见表 4-1 和表 4-2。

表 4-1 试验工作面岩石孔隙率 （单位：%）

煤岩种类	孔隙率
松散层	30.00
泥岩	4.09–8.80 6.45
砂质泥岩	6.60
砂岩	4.20–24.60 13.20
细砂岩	2.80–17.50 7.05
中砂岩	3.60–7.10 5.35
粗砂岩	3.20–15.80 9.50
粉砂岩	4.60
石灰岩	18.00
煤	6.76

表 4-2 工作面覆岩各分组平均孔隙率

组号	组内岩层号	厚度/m	距 15#煤层顶部距离/m	平均孔隙率/%
1	56	30.20	511.23	30.00
2	55	102.50	481.03	6.53

续表

组号	组内岩层号	厚度/m	距 15#煤层顶部距离/m	平均孔隙率/%
3	54	65.90	378.53	9.90
4	53	60.40	312.63	6.70
5	52	24.80	252.23	6.98
6	51	40.40	227.43	6.07
7	50	16.20	187.03	9.90
8	49、48、47	11.29	170.83	7.05
9	46、45	10.05	159.54	5.83
10	44、43、42	12.29	149.49	7.21
11	41、40、39、38、37	12.54	137.20	5.95
12	36、35	9.38	124.66	5.54
13	34、33、32	10.94	115.28	5.15
14	31、30、29、28	13.46	104.34	6.03
15	27、26、25、24、23	10.68	90.88	6.75
16	22、21、20	10.10	80.20	7.43
17	19	11.74	70.10	4.60
18	18、17、16、15	10.44	58.36	8.25
19	14、13、12、11、10	4.95	47.92	10.57
20	9	16.30	42.97	9.50
21	8、7	12.30	26.67	9.50
22	6、5、4、3、2	14.37	14.37	13.35
23	1	6.00	0	6.76

因此，根据覆岩终态二维沉陷预计模型、式（4-3）和式（4-14）及覆岩原始孔隙率，我们得到了试验工作面采动影响下采空区倾向主断面上覆岩的孔隙率和渗透率等值线图（图 4-3～图 4-8）。

在图 4-3 中，从采动孔隙率的等值线分布来看，孔隙率与全应变基本保持着一致性：在全应变拉伸区内，采动影响孔隙率较原始孔隙率高；在全应变压缩区内，采动影响孔隙率较原始孔隙率低；在全应变充分采动区内，在采动影响下覆岩孔隙率整体上可认为仍保持着覆岩原始孔隙率的分层特性，在局部会有或大或小的变化，并且局部孔隙率的变化与全应变的大小有着密切的关系。

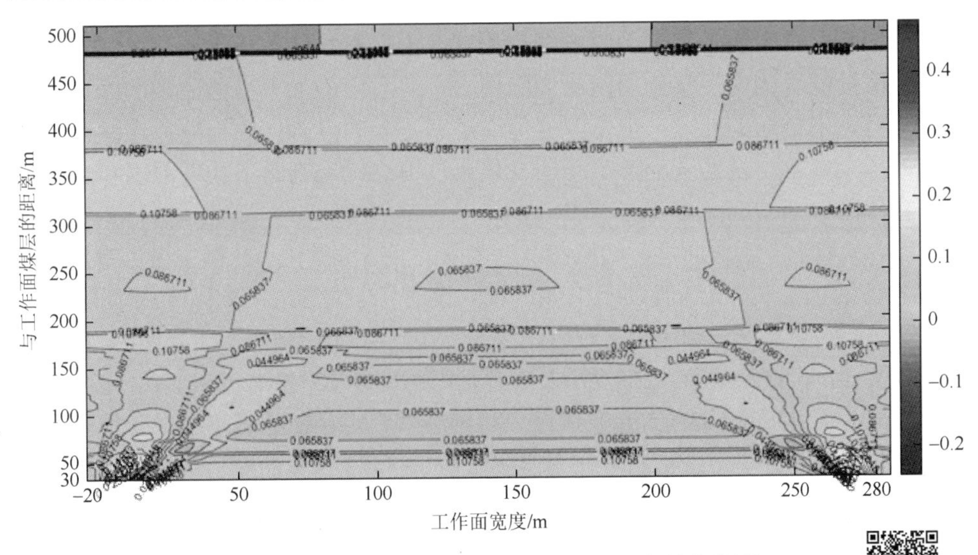

图 4-3　采动影响下倾向主断面覆岩孔隙率等值线图

从图 4-4 中可以看出，覆岩采动渗透率变化分布与全应变分布也保持一致性，根据等值线的分布也可以将渗透率变化分为三个区域：渗透率恢复区（Ⅰ）、渗透率降低区（Ⅱ）和渗透率增高区（Ⅲ），并且这三个区域和全应变的拉伸区、压缩区和充分采动区的位置、范围基本相同。在渗透率恢复区内，渗透率变化与全应变充分采动区内裂隙、离层的发育与闭合相对应，采动渗透率逐渐恢复至原始渗透率且略大于原始渗透率。

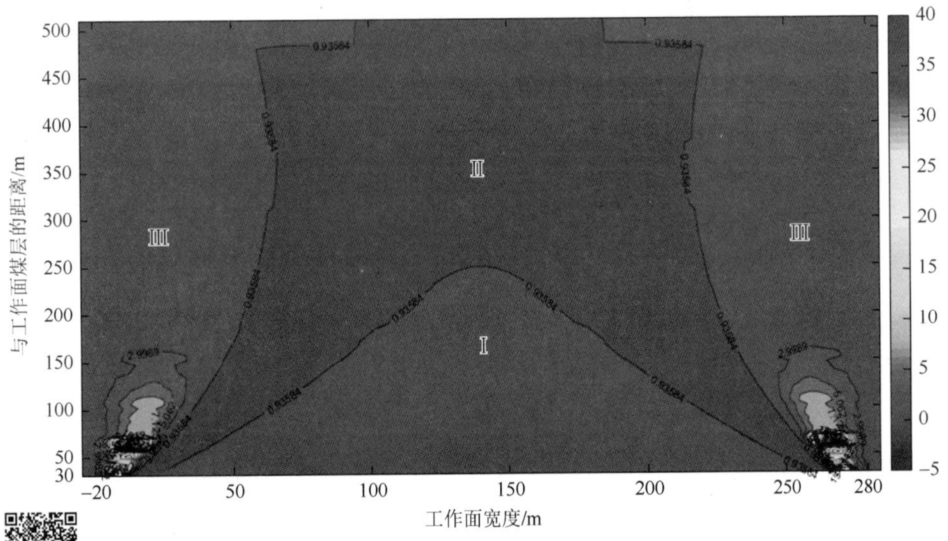

图 4-4　采动影响下倾向主断面覆岩渗透率等值线图

全应变分布表明了覆岩裂隙的发育程度，为瓦斯的运移提供通道。瓦斯从不存在裂隙的煤岩体中运移到周围的裂隙中去，并且由于上下贯通裂隙的存在，其流动具有上下导通的能力。但是煤岩体渗透率是反映煤岩体内瓦斯渗透运移难易程度的重要参数，根据采动渗透率的变化可以更准确地判断出瓦斯的主要运移路径和富集区。

图 4-5 展示了工作面进、回风巷附近范围的渗透率变化。从图中可以看出，在渗透率增高区内（等值线值大于 1 的区域）存在两个高渗透率变化区，即 62m 和 30m 高度附近，其内采动渗透率较原始渗透率最高可高出 38 倍多。15#开采煤层的邻近煤层 14#、13#、12#、11#煤层及赋存瓦斯的围岩 K_3 和 K_4 灰岩（高度范围为 43～45m、46～48m、55～58m）在进、回风巷附近均存在着高渗透率变化区。因此，在周围低渗透率覆岩特别是在等值线值为 0.93584 区域的覆岩对瓦斯渗透运移的屏蔽作用下，解吸瓦斯主要会沿着采动裂隙向以上两个高渗透率变化区运移。而在 30m 高度以内的覆岩处于采空区冒落带，从邻近煤层和围岩运移至该区域的瓦斯可能会在瓦斯原始压力的作用下经由顶板采动裂隙大量涌入采空区。相比之下，在渗流动力和升浮扩散的作用下，62m 高度附近的高渗透率变化区是瓦斯聚集量最大、浓度最高的区域，其具体范围为：进、回风巷内侧 5～22m，煤层上方 58～74m。

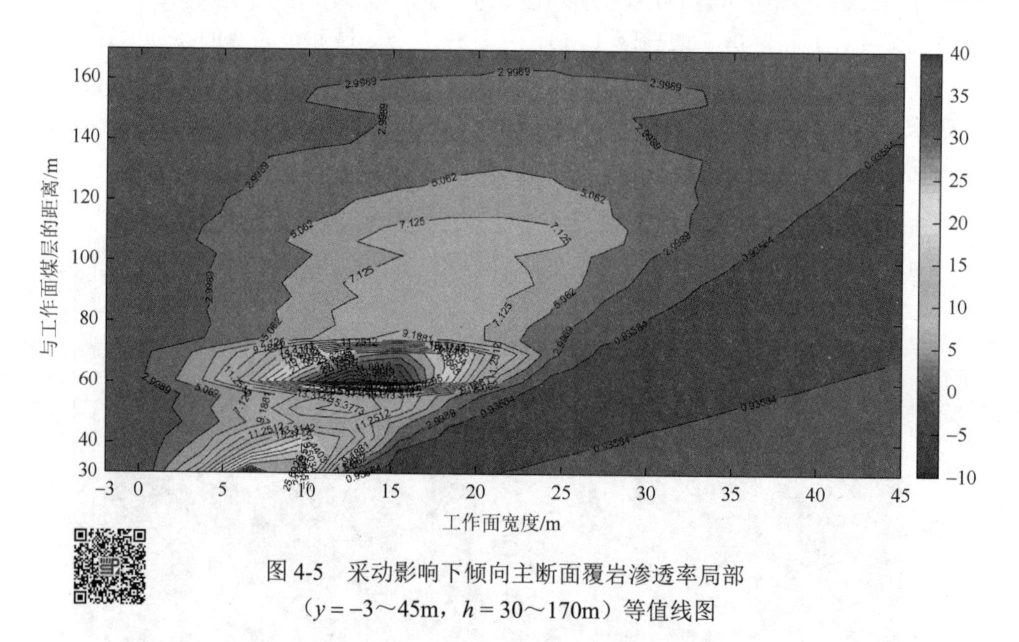

图 4-5　采动影响下倾向主断面覆岩渗透率局部（$y = -3$～45m，$h = 30$～170m）等值线图

图 4-6～图 4-8 为采动影响下采空区走向主断面内覆岩的孔隙率和渗透率等值线图，可以看出走向主断面内采动覆岩孔隙率和渗透率变化的分布也与其全应变分布基本保持着一致性，且与倾向主断面相比，在低高度范围内渗透率增高区和

渗透率降低区略向采空区侧移动，但在同一高度上渗透率变化略小一些。另外，在走向主断面内，开切眼、停采线附近一定范围内，仅存在一个高渗透率变化区，即在 61m 高度附近，其具体范围为：开切眼、停采线内侧 3～20m，煤层上方 58～71m。

由以上分析，可以初步确定采动覆岩环形渗透率变化区和环形瓦斯富集区，见图 4-9。卸压解吸瓦斯的主要渗透运移路径为由环形渗透率降低区向环形渗透率增高区运移。

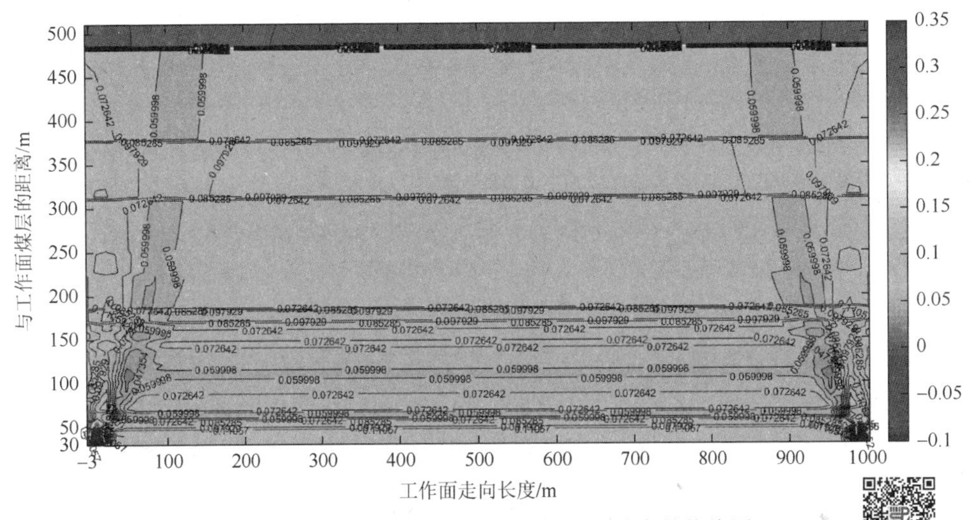

图 4-6　采动影响下走向主断面覆岩孔隙率等值线图

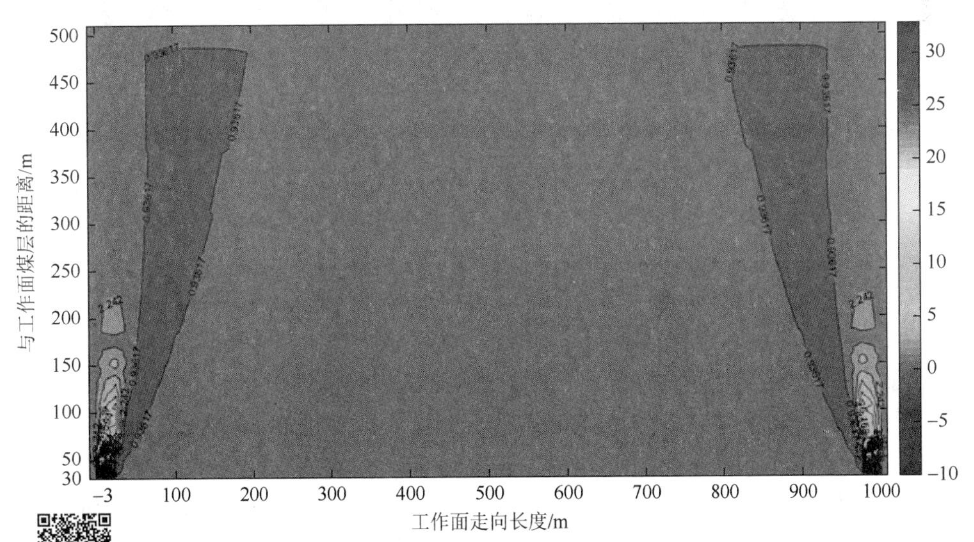

图 4-7　采动影响下走向主断面覆岩渗透率等值线图

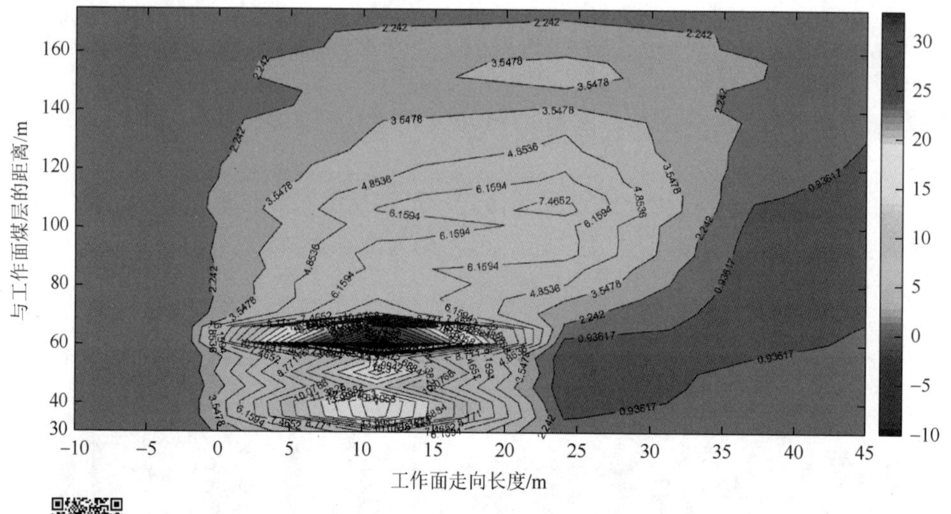

图 4-8 采动影响下走向主断面覆岩渗透率局部（$x=-10\sim45\text{m}$，$h=30\sim170\text{m}$）等值线图

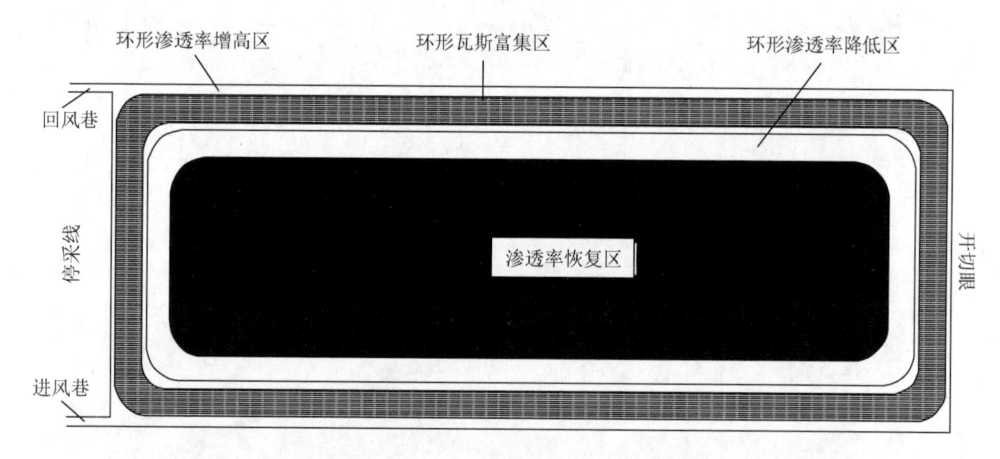

图 4-9 采动覆岩环形渗透率变化区及环形瓦斯富集区示意图

4.3 终态三维情形下工作面覆岩渗透率变化

在 4.2 节中，对倾向主断面和走向主断面内的采动渗透率分布进行了预计分析，基本确定了这两个主断面内的高渗透率变化区和瓦斯运移路径。但是由第 2 章可知，由于采动状态的不同覆岩全应变在倾向和走向方向上存在差异，并且即使在煤层上方 100m 范围内的充分采动覆岩的全应变分布规律在倾向和走向方向上也存在一定差异，因此为准确分析采动渗透率变化和确定瓦斯富集区，本

节根据覆岩终态三维沉陷预计模型、式（4-3）和式（4-14）及覆岩原始孔隙率，对试验工作面采动影响下采空区覆岩的孔隙率和渗透率变化进行了预计分析。

1）煤层上方 100m、200m、300m、400m、500m 高度处的采动覆岩孔隙率与渗透率变化

从图 4-10 和图 4-11 中可以看出，覆岩采动孔隙率和渗透率变化分布与全应变分布基本保持着一致性，各覆岩的采动影响孔隙率和渗透率在采空区四周均存在着一个增大区及其内侧的一个降低区，其位置与 3.2.2 节中的拉伸全应变区和压缩全应变区的位置基本相符。另外，因受全应变的影响，在煤层上方 100m 以上高度范围内，从下至上孔隙率和渗透率的变化幅度基本呈现逐渐减小的趋势并且在采空区倾向两侧的变化幅度大于其在采空区走向两侧的变化幅度。但是，可以明显地看出在相同高度上渗透率的变化幅度要大于孔隙率的变化幅度。

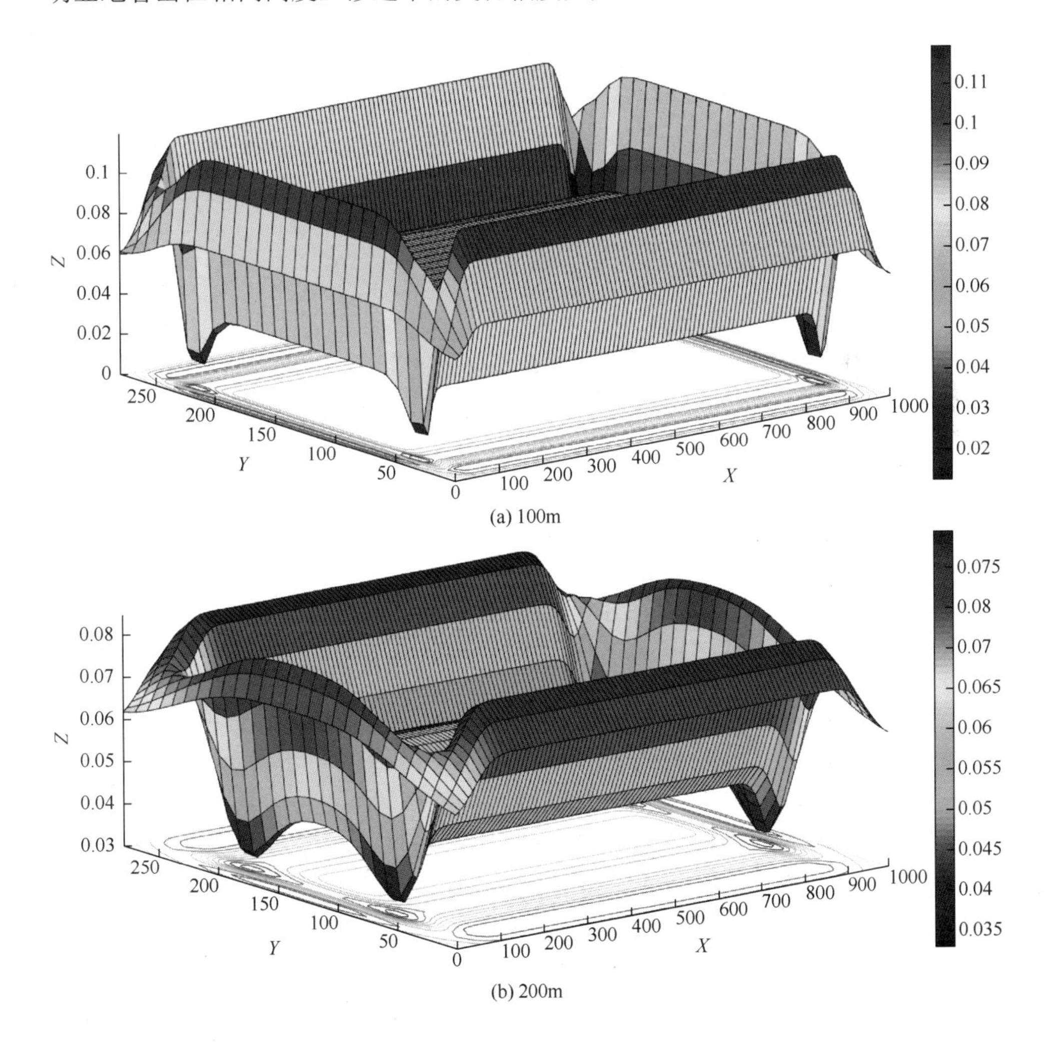

(a) 100m

(b) 200m

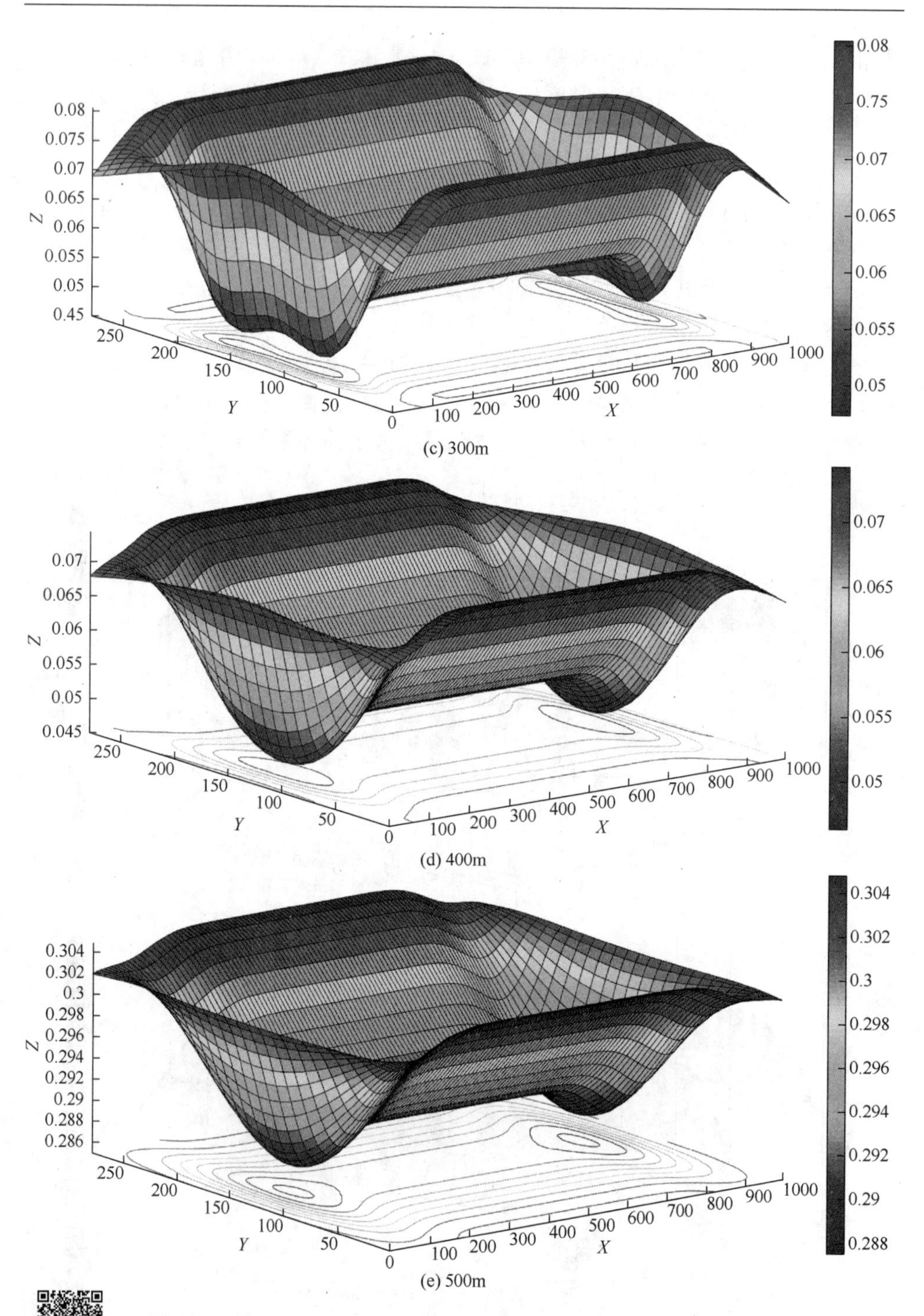

(c) 300m

(d) 400m

(e) 500m

图 4-10　煤层上方 100m、200m、300m、400m、500m 高度处采动覆岩孔隙率分布图

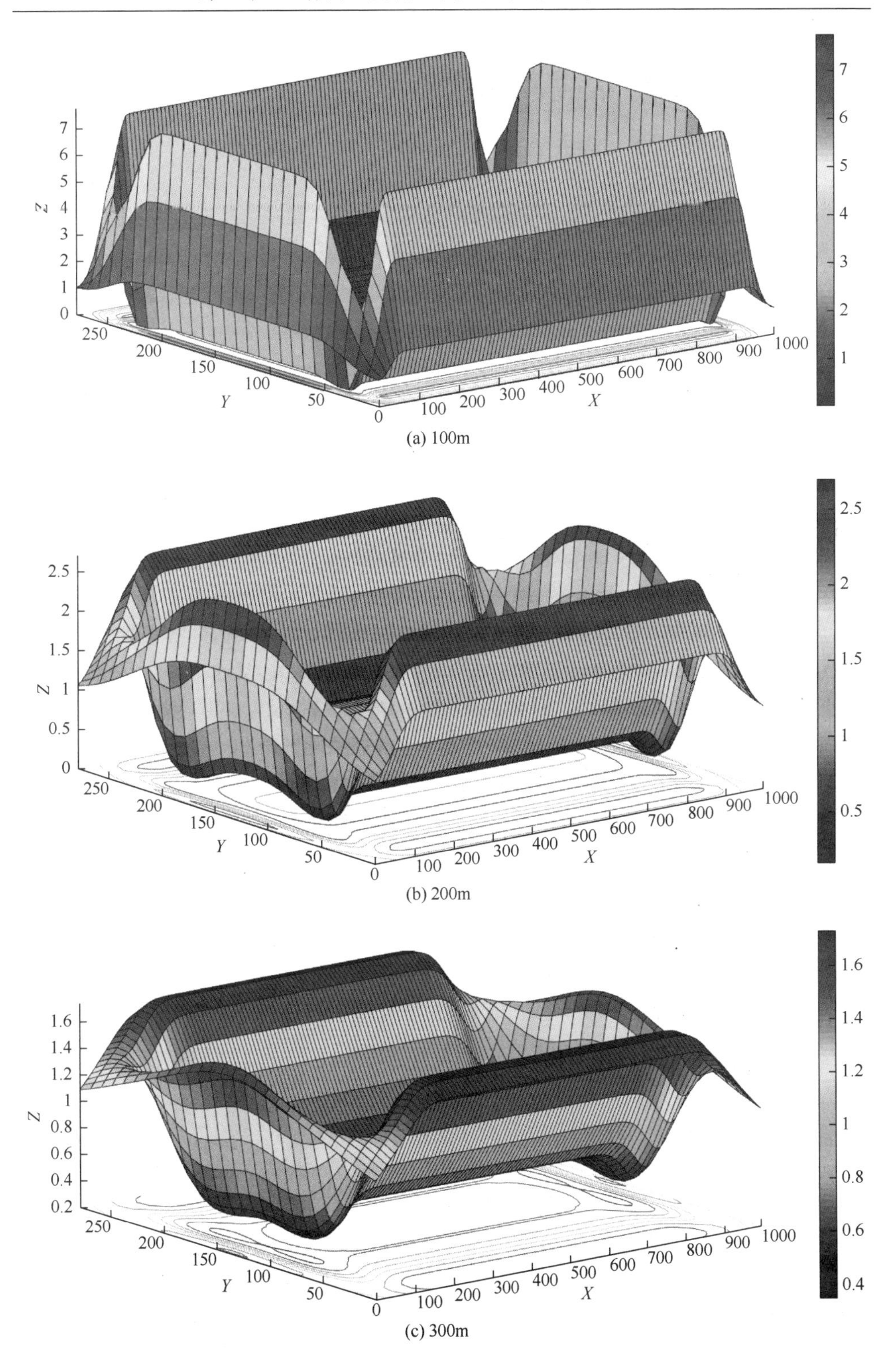

(a) 100m

(b) 200m

(c) 300m

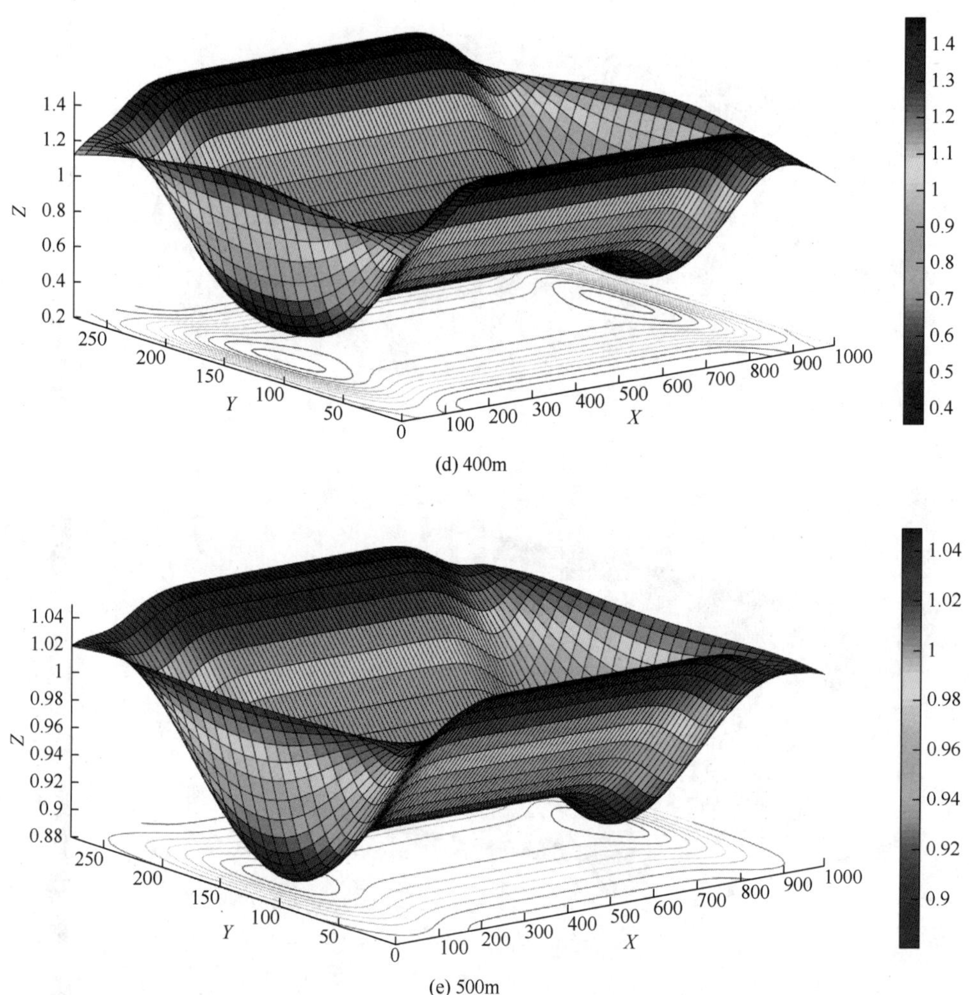

图 4-11　煤层上方 100m、200m、300m、400m、500m 高度处采动覆岩渗透率变化分布图

2）煤层上方 100m 高度范围内覆岩渗透率变化分布规律与瓦斯渗透运移路径分析

由图 4-12 可知，采动覆岩渗透率变化在采空区四周为环形分布，并且进、回风巷内侧的渗透率变化要明显大于开切眼、停采线内侧的渗透率变化。根据等值线的分布可以将采动覆岩在采空区四周的渗透率变化分为三个区域：环形渗透率增高区、环形渗透率降低区和渗透率恢复区，并且这三个区域与 3.2.2 节中全应变的拉伸应变区、压缩应变区和中部区卸压区的位置、范围基本相同。另外，值得注意的是，在煤层上方 100m 高度范围内采动覆岩渗透率变化由下至上先逐渐增大，在 $h=60$m 附近达到最

大值，然后再逐渐减小。结合图 4-5 和图 4-8 中主断面内采动渗透率变化的分布，可以基本确定在 $h = 60$m 附近一定范围内环形渗透率增高区内存在一个高渗透率变化区。

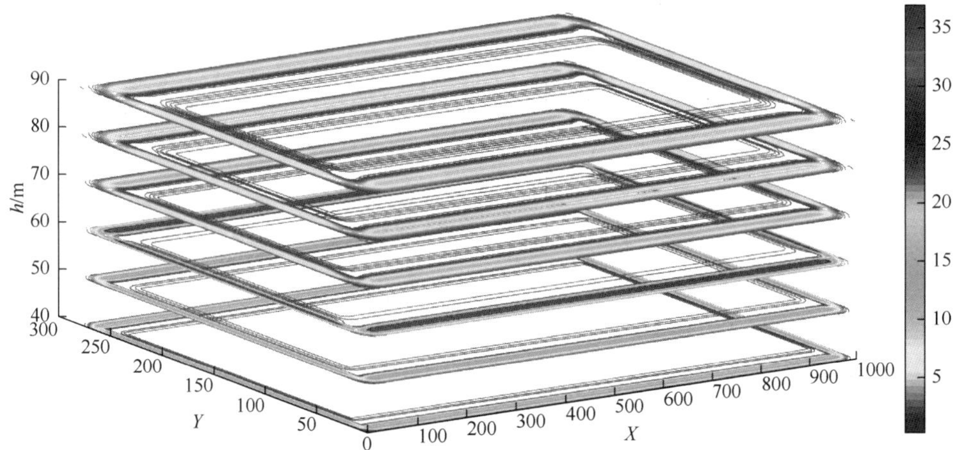

图 4-12　煤层上方 40m、50m、60m、70m、80m、90m 高度处覆岩渗透率变化等值线分布云图

如图 4-13 和图 4-14 所示，通过进一步对煤层上方 60m 高度附近覆岩采动渗透率变化的对比分析，可以确定覆岩高渗透率变化区位于煤层上方 59～67m，在该范围内采动渗透率较原始渗透率可高出 22～37 倍。$h = 59$m 高度覆岩处的采动渗透率变化最大，是原始渗透率的 37 倍，可能是由于此高度处全应变值较其他高度处全应变值大所致。

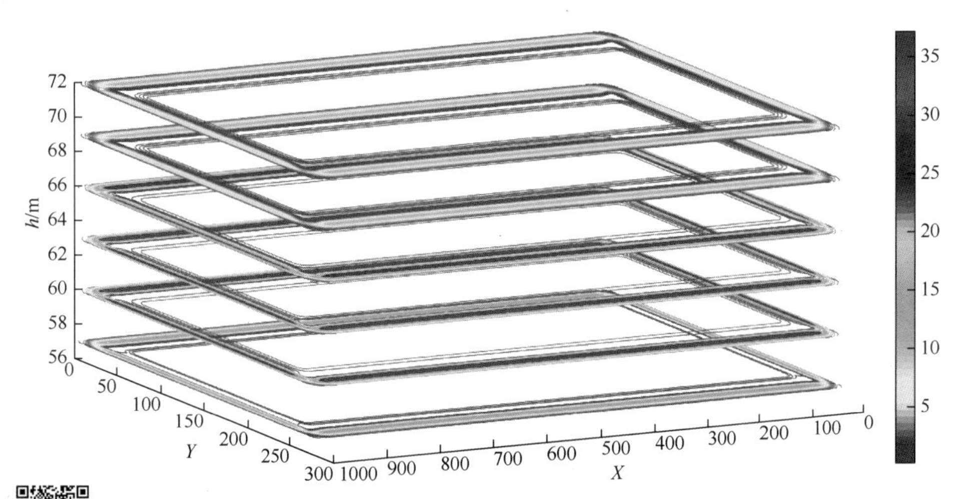

图 4-13　煤层上方 57m、60m、63m、66m、69m、72m 高度处覆岩渗透率变化等值线分布云图

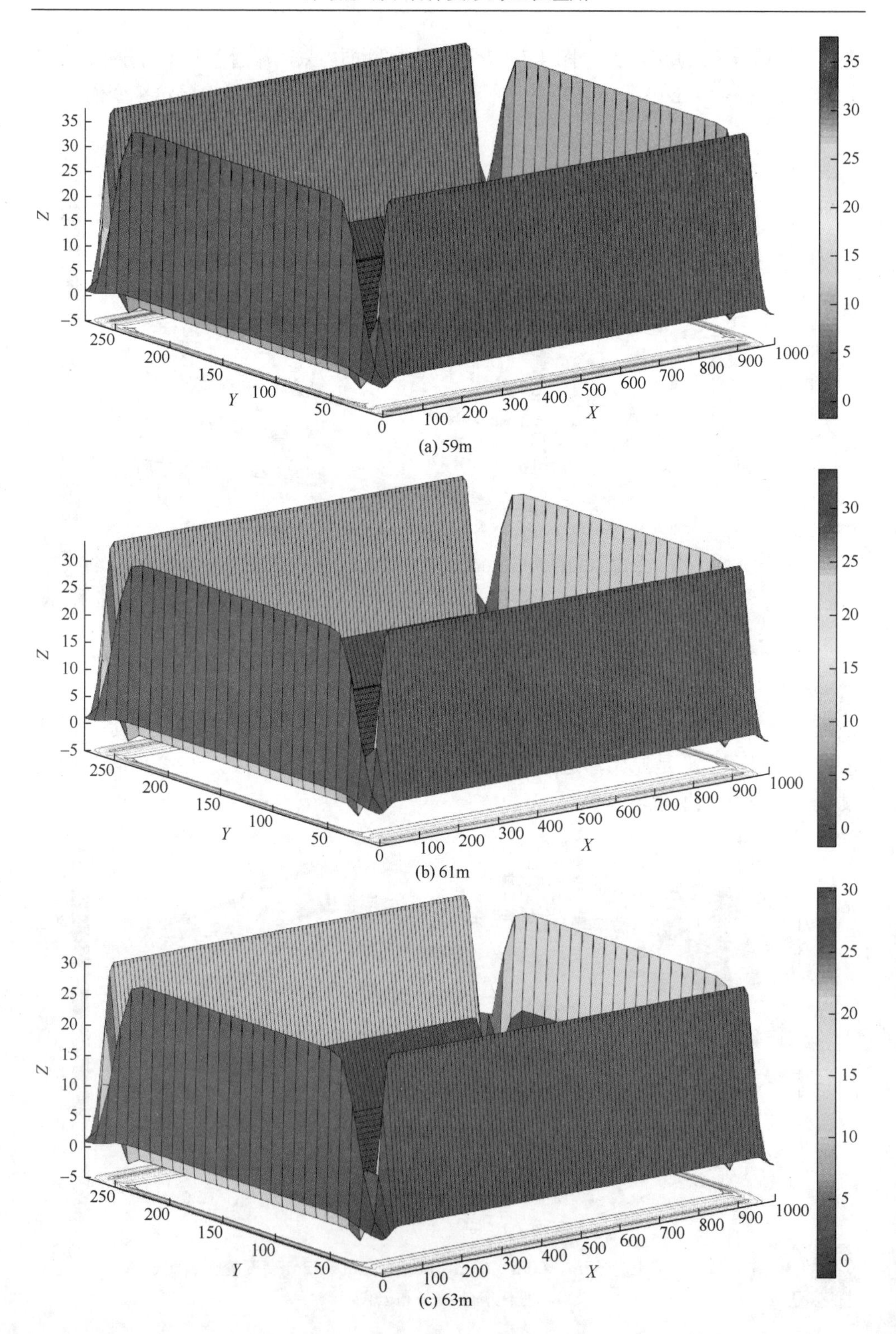
Z
Y
X
(a) 59m
(b) 61m
(c) 63m

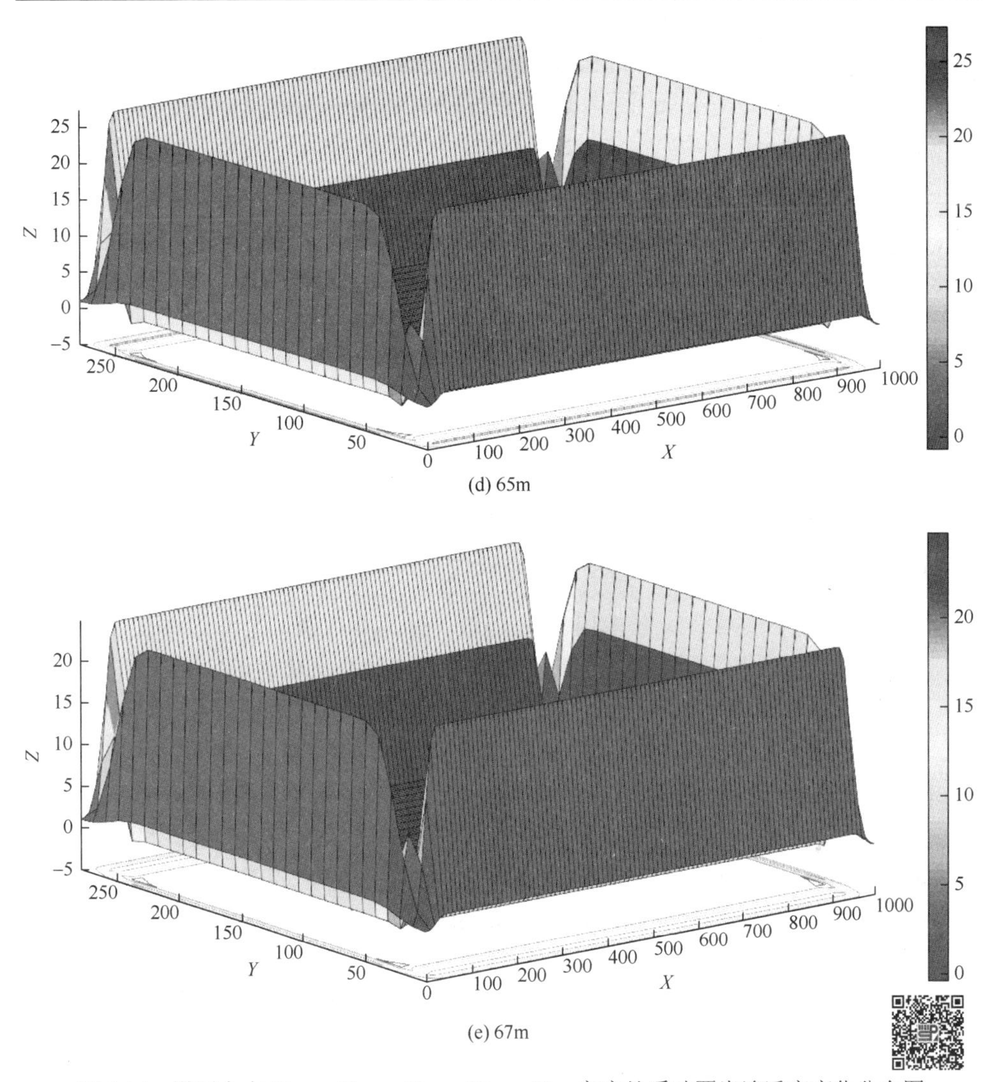

(d) 65m

(e) 67m

图 4-14　煤层上方 59m、61m、63m、65m、67m 高度处采动覆岩渗透率变化分布图

由图 4-15 可进一步看出，与环形渗透率增高区相比，环形渗透率降低区的范围要窄许多，且环形渗透率增高区内存在高渗透率变化区。但是，高渗透率变化区并不像环形渗透率增高区一样呈环形分布，而是被采空区四个边角划分为四个区域，且分别位于进、回风巷和开切眼、停采线内侧一定范围内。具体范围如下。

（1）进、回风巷内侧：倾向范围为 8～18m，宽度约为 10m；走向范围为 27～973m，长度约为 946m；

（2）开切眼、停采线内侧：走向范围为 7～16m，宽度约为 9m；倾向范围为 28～252m，长度约为 224m。

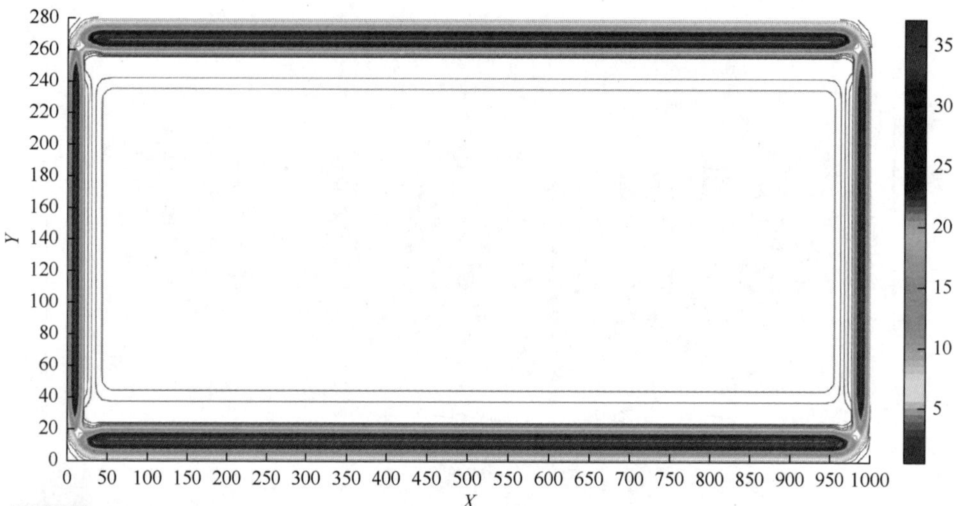

图 4-15　煤层上方 59m 高度处采动覆岩渗透率变化分布云图

另外，结合图 4-13 和图 4-14 可知，进、回风巷内侧的高渗透率变化区的渗透率增大幅度要略大于开切眼、停采线内侧的高渗透率变化区的渗透率增大幅度。

综合以上分析，进一步修正了二维情形下的采动渗透率变化分布，可以准确确定采动覆岩环形渗透率变化区和环形瓦斯富集区，如图 4-16 所示。卸压解吸瓦斯主要运移路径为由环形渗透率降低区向环形渗透率增高区运移，并且在环形渗透率增高区某一高度范围内进、回风巷和开切眼、停采线内侧一定范围各存在一个高渗透率变化区，卸压解吸的瓦斯在渗流动力和升浮扩散的作用下向该区域运移，该区域即为采动覆岩高位环形瓦斯富集区。

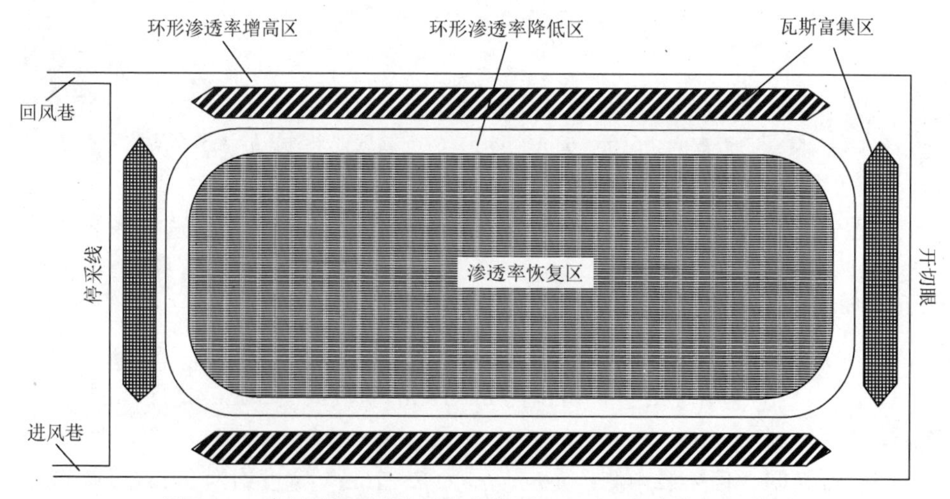

图 4-16　采动覆岩环形渗透率变化区及环形瓦斯富集区示意图

4.4　动态二维情形下工作面覆岩渗透率变化

4.3节对工作面开采后上覆岩层最终采动渗透率分布进行了预计分析，准确确定了覆岩内高渗透率变化区、瓦斯运移路径和富集区。但是由3.3节可知，在工作面推进过程中，覆岩的移动与变形处于较复杂的动态演化状态，特别是覆岩全应变经历了由零向拉伸应变再向压缩应变转化并逐渐趋于稳定的演化过程。根据式（4-14）可知采动覆岩渗透变化很可能也经历了类似的过程，并且该过程对于工作面开采过程中瓦斯的动态运移有着重要影响。因此，为准确分析采动渗透率动态变化和开采过程中瓦斯的运移规律，本节根据覆岩动态二维沉陷预计模型、式（4-3）和式（4-14）及覆岩原始孔隙率，对试验工作面推进过程中覆岩的孔隙率和渗透率的动态变化进行了预计分析。

由图4-17和图4-18可看出，在工作面推进过程中采动覆岩孔隙率和渗透率变化的动态演化规律和覆岩全应变的动态演化规律基本相同，经历了逐渐增大然后逐渐降低并趋于稳定的过程，并且稳定后的孔隙率和渗透率均略大于原始状态值。另外，与采动覆岩最终孔隙率和渗透率变化相比，动态演化过程中的孔隙率与渗透率变化均较小，这是因为在开采过程中覆岩动态移动与变形量均未达到其最终沉陷量。

由图4-19和图4-20可知，在工作面后方30m范围内覆岩渗透率增大，存在一个渗透率增高区，其后方的覆岩渗透率降低，为渗透率降低区。与覆岩最终沉陷状态相同，在覆岩渗透率增高区内煤层上方58～67m也存在一个高渗透率变化区，位于工作面后方7～20m，其内采动渗透率较原始渗透率最高可高出6倍多（$h=60$m附近），

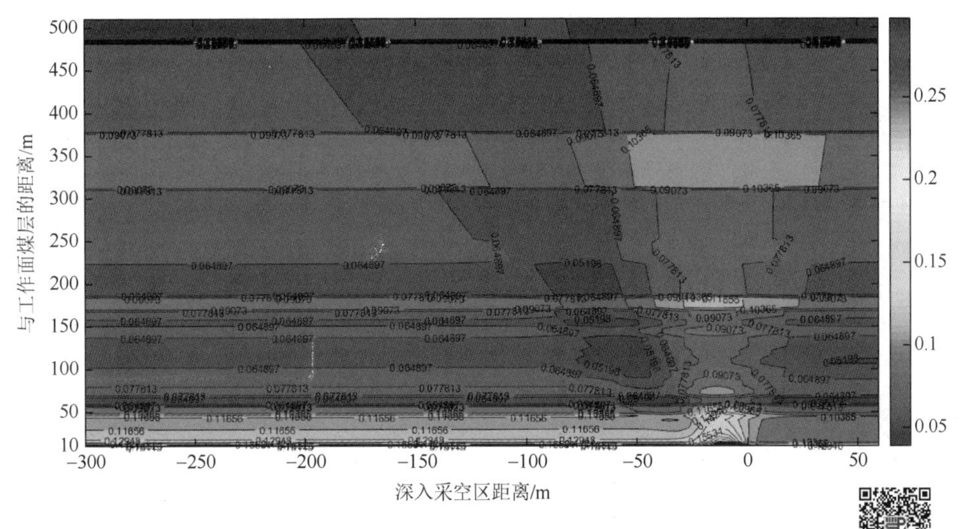

图4-17　覆岩动态孔隙率等值线图

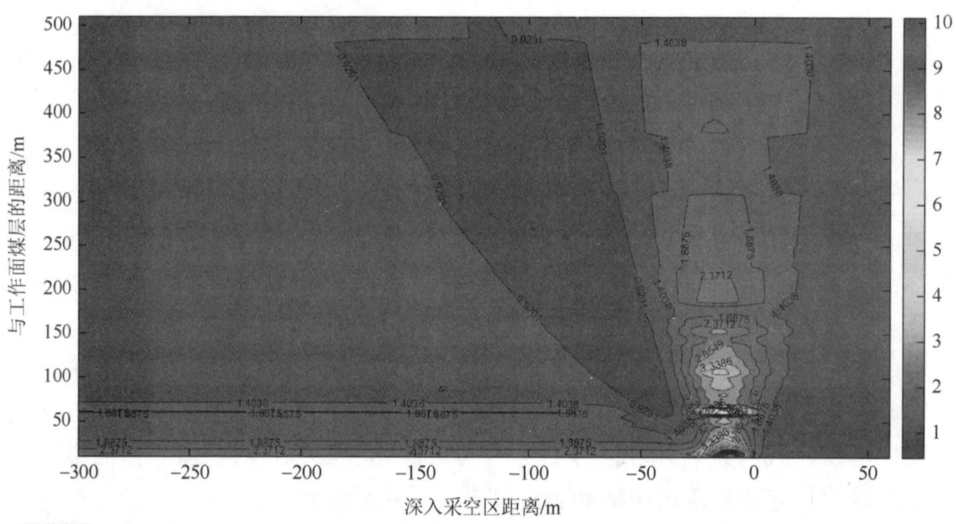

图 4-18　覆岩动态渗透率变化等值线图

虽然远小于最终状态渗透率变化值，但要高于其他位置处的渗透率变化，因此周围煤岩层瓦斯会向该高渗透率变化区内运移。另外，随着工作面的推进，其后方的渗透率增高区和渗透率降低区处于不断交替变化状态。工作面推过 10d 内（即工作面推过 30m）煤岩层瓦斯均会由渗透率降低区向渗透率增高区运移，并且在工作面推过 5d 内（即工作面推过 15m）瓦斯运移最为活跃。尽管本书预计模型对采空区冒落带的适用性有待进一步研究，但从预计结果来看煤层上方 30m 范围内具有很高碎胀性的冒落带内也存在一个高渗透率变化区，会为瓦斯向工作面运移提供通道。

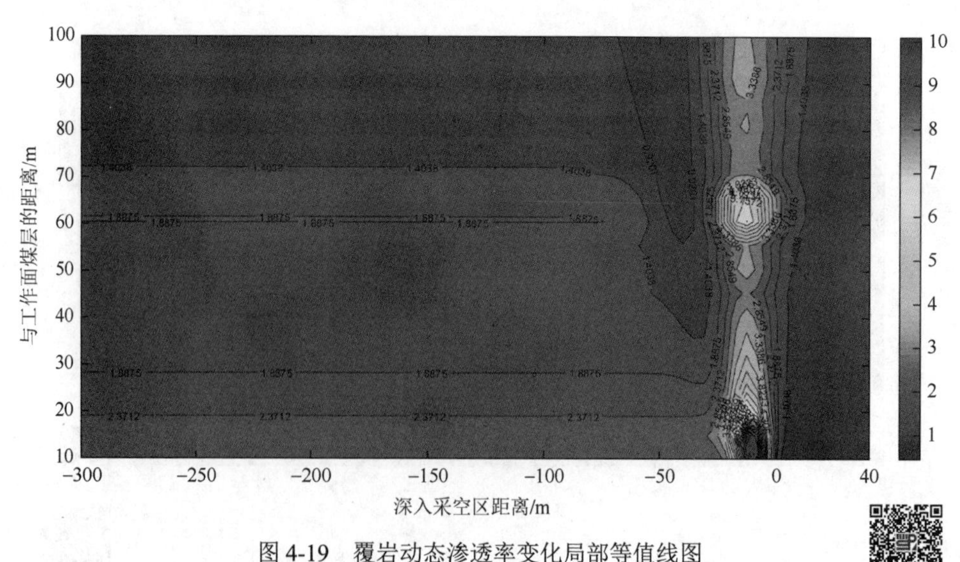

图 4-19　覆岩动态渗透率变化局部等值线图

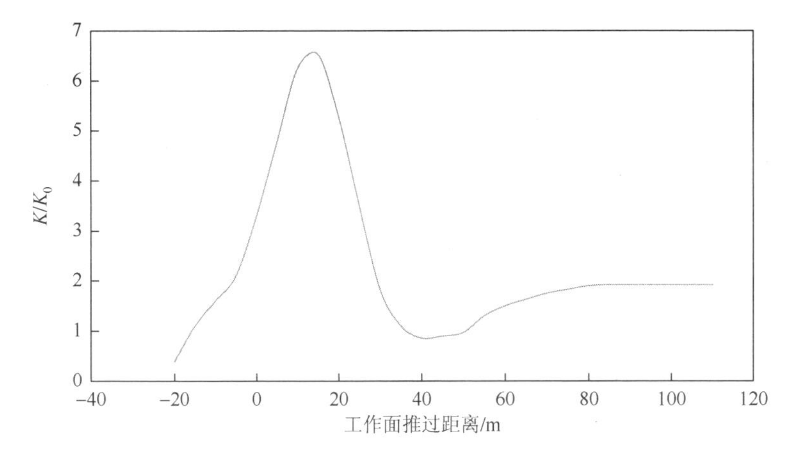

图4-20　煤层上方60m高度处覆岩渗透率动态变化图

综合4.2节和4.3节中关于采动覆岩最终渗透率变化分布和本节关于覆岩渗透率动态变化的分析，可以确定采动覆岩渗透率变化随工作面推进的动态演化过程，如图4-21所示。随着工作面的推进，三个渗透率变化区的范围均不断扩大，并且工作面后方的环形渗透率增高区逐渐演化为环形渗透率降低区和渗透率恢复区直至停采线处。在此过程中瓦斯由环形渗透率降低区向环形渗透率增高区运移，高位环形瓦斯富集区的范围也随着工作面的推进而增大。

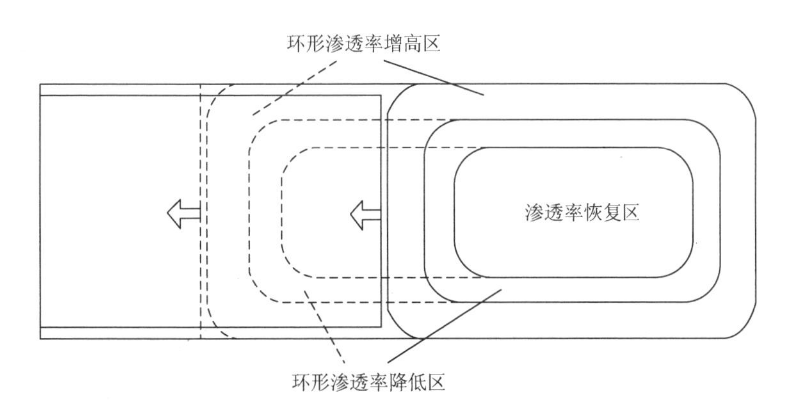

图4-21　采动覆岩环形渗透率变化区动态演化示意图

4.5　本章小结

上覆煤岩体在采动影响下的渗透率分布与演化规律一直是影响岩层中流体（瓦斯、水等）流动规律的主要因素。本书通过理论分析，建立了工作面上覆岩体移动的二维和三维情形下的“全应变”概念，并建立“全应变”与“孔隙率”

和“渗透率”之间的理论耦合函数关系的数学模型，分析覆岩渗透率变化和瓦斯运移路径，包括：①采动影响下煤岩体渗透率变化的表征；②分析了终态二维和终态三维情形下采空区覆岩渗透率变化及瓦斯运移规律，得出了采动覆岩环形渗透率变化分布和环形瓦斯富集区；③对二维情形下工作面推进过程中覆岩渗透率变化规律进行了分析，确定了采动覆岩渗透率变化随工作面推进的动态演化过程，为煤矿瓦斯防治、开采过程中透水等安全问题的解决提供了理论依据。

第5章 工程应用案例分析

5.1 工作面开采参数对岩体内部移动变形破坏的敏感性研究

采动覆岩动态移动与变形过程相对复杂，开采速度作为其中的一个重要影响因素，决定了整个工作面采动过程中覆岩动态沉陷这一全过程完成时间的长与短，同时该过程直接影响了地表破坏变形及地层扰动的强烈程度。研究工作面合适的推进速度，能够减小对地表的动态移动变形及岩层的损伤程度，不仅有利于保证煤层中巷道的稳定性，同时可以定量判断岩层下沉破坏而导致的地层裂缝与地表或者含水层沟通的可能性，这对安全生产有重要的意义。本节利用本书第 2 章提供的模型，研究开采速度对地表拉伸及地层岩层破坏的影响。

1. 工作面概况

神东矿区补连塔煤矿 22305 综采工作面位于该矿 2-2 煤三盘区，上层煤为 1-2 煤三盘区，于 1999～2007 年回采，整体封闭，煤层埋藏深度为 96～233m，煤层厚度最小为 1.95m，最大为 8.03m，平均煤层厚度约为 5.6m，煤层倾向西南。盘区内共布置 6 个综采工作面和 6 个房采工作面，12301～12306 综采工作面均沿煤层倾向布置，12306 工作面切眼位置煤层厚度为 6.5m，切眼高度为 3.6m，配套 5m 支架进行沿煤层底板回采，平均回采高度为 4.66m，顶部遗煤厚约 2.9m，煤矿地质柱状图如图 5-1 所示。

22305 工作面切眼位于 22304 工作面切眼南东方向，工作面西北方向紧邻已经回采完成的 22304 工作面，南东方向为正在掘进的 22306 工作面运顺、22307 工作面回顺，上方为该矿 12306 采空区，临近上覆采空区为该矿 12201 工作面采空区，与上部煤层间距仅为 36～51m。22305 综采工作面走向长度 4684.4m，工作面倾斜长为 300.8m，面积约为 $141\times10^4m^2$，煤层倾角为 1°～3°，煤层厚度为 6.97～7.32m，平均厚度为 7.07m，工作面沿煤层倾斜布置走向推进，采高 6.8m。工作面采用综采一次采全高开采工艺，全部垮落法管理采空区顶板。

地层系统			煤岩名称	柱状	层号	厚度/m	埋深/m
系	统	组					
第四系		Q_4	风积沙		1	10.90	10.90
			黄土		2	11.00	21.90
侏罗系 J	中侏罗统 J_2	直罗组 J_2z	砂质泥岩		3	4.60	26.50
			粉砂岩		4	1.40	27.90
			砂质泥岩		5	2.52	30.42
			粉砂岩		6	1.20	31.62
			砂质泥岩		7	0.75	32.37
			煤线		8	0.18	33.46
			泥岩		9	4.12	37.58
			粉砂岩		10	1.74	39.32
			砂质泥岩		11	6.26	45.58
	中下侏罗统 J_{1-2}	延安组 $J_{1-2}z$	粗粒砂岩		12	14.14	59.72
			中粒砂岩		13	4.40	64.12
			砂质泥岩		14	3.11	67.23
			1-2煤		15	0.27	67.50
			砂质泥岩		16	1.88	69.38
			煤线		17	0.11	69.49
			细粒砂岩		18	1.23	70.72
			砂质泥岩		19	3.28	74.00
			细粒砂岩		20	1.52	75.52
			砂质泥岩		21	0.27	75.79
			1-2煤		22	0.22	76.01
			粉砂岩		23	7.99	84.00
			砂质泥岩		24	2.47	86.47
			粉砂岩		25	0.55	87.02
			砂质泥岩		26	1.68	88.70
			粉砂岩		27	2.82	91.52
			煤线		28	0.16	91.68
			砂质泥岩		29	1.93	93.61
			煤线		30	0.21	93.82
			泥岩		31	0.28	94.10
			煤线		32	0.18	94.28
			细粒砂岩		33	3.37	97.65
			煤线		34	0.19	97.84
			砂质泥岩		35	2.88	100.72
			粉砂岩		36	1.45	102.72
			泥质粉砂岩		37	6.68	108.85
			煤线		38	0.17	109.02
			泥岩		39	1.23	110.25
			2-2上煤		40	0.61	110.86
			泥灰岩		41	3.96	114.82
			细粒砂岩		42	3.90	118.72
			2-2煤		43	0.69	119.41
			细粒砂岩		44	2.41	121.82
			砂质泥岩		45	1.87	123.69
			细粒砂岩		46	0.60	124.29
			粉砂岩		47	1.11	125.40
			砂质泥岩		48	0.85	126.25
			细粒砂岩		49	0.70	126.95
			砂质泥岩		50	2.17	129.12
			粉砂岩		51	6.35	135.47
			中粒砂岩		52	4.68	140.15
			煤线		53	0.07	140.22
			粉砂岩		54	0.84	141.06
			煤线		55	0.15	141.21
			砂质泥岩		56	3.54	144.75
			细粒砂岩		57	30.80	175.62
			粉砂岩		58	0.60	176.22
			中粒砂岩		59	0.70	176.92
			粉砂岩		60	2.41	179.33
			4-3煤		61	7.69	187.02
			粉砂岩		62	3.58	190.60
			砂质泥岩		63	2.82	193.42
			粉砂岩		64	4.40	197.82

图 5-1　煤矿地质柱状图

2. 采空区漏风裂隙的形成[64]

由于煤层埋藏比较浅，开采高度较大，开采后顶部冒落带和裂隙带已经穿透地层直通地表，可以看见采空区地表有一系列的裂缝，因此地表漏风十分严重（图 5-2）。

该煤矿三盘区地表塌陷裂隙呈一定的规律性，每隔 14m 左右出现一条平行于采煤工作面的塌陷裂隙，该裂隙到达工作面上方约 20m 处，并且在工作面顺槽内侧发现有基本平行顺槽的塌陷裂隙。

图 5-2　补连塔煤矿 22305 综采工作面地表裂隙图

该煤矿属煤层群开采，1^{-2} 煤累计采高约为 3.5m，其顶部基岩厚度一般为 80～200m，根据现场情况，塌陷裂隙已经通到地表。2^{-2} 煤累计采高达到 7m 左右，两层煤间距约 40m，故开采 2^{-2} 煤时再次形成塌陷，其裂隙带也通往地表，形成地表漏风的通道。根据现场观测，随着矿井生产，发生周期性的顶板垮落。从地表可以看到一道道周期性出现的裂缝。地表出现的裂缝长度很长，接近工作面长度，相临两条裂缝之间的距离为 10～20m，矿井周期性来压的冒顶距离平均约为 14m。

图 5-3 为平面相似模拟实验中，工作面推进到一定距离时岩层移动变形情况。从图中可以看出在工作面前方出现一条线状破坏带，在破坏带以内的岩石基本破坏，而在这条破坏带以外岩石基本没有破坏或破坏区域很小。可见采动裂隙带从地表一直延

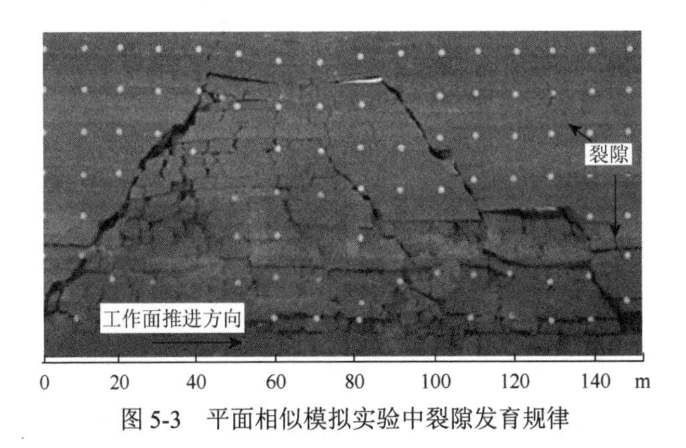

图 5-3　平面相似模拟实验中裂隙发育规律

伸到井下采煤工作面，大量裂隙曲曲折折，但基本上还是导通的。地面每一个漏风点都是通过大量并联和串联的曲曲折折的通道向采空区漏风，一直渗漏到采空区的。

开采塌陷引起顶部岩层破裂，形成内、外塌陷裂隙，见图 5-4。

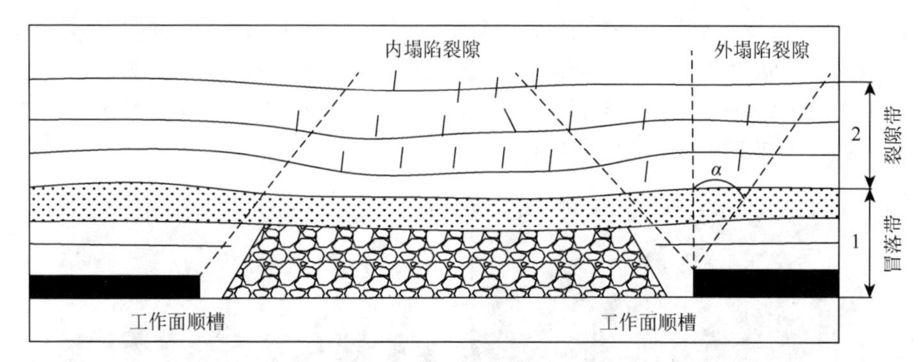

图 5-4 补连塔煤矿地表塌陷裂隙夹角

22305 综采工作面塌陷形成的地表裂缝可分为两组：一组与采煤工作面平行，每隔约 14m 出现一条这样的裂隙，另一组与工作面顺槽大致平行，部分这样的裂隙明显地分布在顺槽两侧，距离工作面顺槽较近，从工作面顺槽向平行工作面顺槽方向的塌陷裂隙画直线，其与垂直方向夹角均低于 10°。

3. 地表拉伸计算分析

在长壁工作面开采过程中，调整工作面的推进速度是控制长壁开采过程中地表结构扰动的有效手段。一般认为，提高推进速度有利于减缓地表的沉陷变形。补连塔煤矿 22305 综采工作面属于浅埋煤层工作面，推进速度的快慢极大地影响地表的破坏程度，尤其影响地表裂隙的发育位置与发育程度，主要通过归纳下列参数反映移动变形情况。

（1）最终下沉值：反映开采过后地表某点的沉陷值，是地表移动向量的垂直分量值。

（2）动态水平移动值［X方向（工作面走向方向）、Y方向（工作面倾向方向）］：反映开采过后地表某点沿某一水平方向的位置移动值，是地表水平分量值。

（3）动态水平应变值［X方向（工作面走向方向）、Y方向（工作面倾向方向），以及整体应变］：X方向和Y方向上的水平应变是其相应方向上水平移动的一阶导数，即

$$\varepsilon_x(x,y,h)=\frac{\mathrm{d}U_x(x,y,h)}{\mathrm{d}x} \tag{5-1}$$

$$\varepsilon_y(x,y,h)=\frac{\mathrm{d}U_y(x,y,h)}{\mathrm{d}y} \tag{5-2}$$

二维情形下，采动覆岩的全应变可看作是体积应变，即覆岩在变形过程中，

单位体积覆岩体的体积改变。根据体积应变的数学公式，可得三维情形下覆岩全应变数学表达式：

$$\varepsilon_{\mathrm{t}}(x,y,h)=\varepsilon_x(x,y,h)+\varepsilon_y(x,y,h)+\varepsilon_z(x,y,h) \tag{5-3}$$

（4）动态线断裂率［X 方向（工作面走向方向）线断裂、Y 方向（工作面倾向方向）线断裂，以及在二维平面的面断裂率］：地下采矿后引起的地表移动变形所产生的纵横交错的宏观破碎面和破碎带。根据地表断裂产生时的岩土体受力情况，地表断裂率是反映地表断裂特征的重要参数。从一维和二维的角度来看，线断裂率（line fracture rate，LFR）和面断裂率（area fracture rate，AFR）是测量断裂发展的两个参数。沿水平方向和垂直方向的上覆地层的 LFR 可以在式（5-4）和式（5-5）中被定义为 F_x 和 F_z。在二维视图中，AFR 可以被定义为式（5-6）中的 F_{f}。

$$F_x=\frac{\varepsilon_x}{1+\varepsilon_x} \tag{5-4}$$

$$F_z=\frac{\varepsilon_z}{1+\varepsilon_z} \tag{5-5}$$

$$F_{\mathrm{f}}=\frac{\sqrt{\varepsilon_x^2+\varepsilon_z^2}}{1+\sqrt{\varepsilon_x^2+\varepsilon_z^2}} \tag{5-6}$$

本部分利用第 3 章建立的数值模型，研究了不同推进速度（3m/d、7m/d、13m/d）条件下的地表变形情况。计算选取工作面宽度为 330m，假设工作面从左至右推进，模拟开采距离为 600m 位置时，地表变形情况见图 5-5～图 5-22。

1）采用 3m/d 的推进速度计算结果

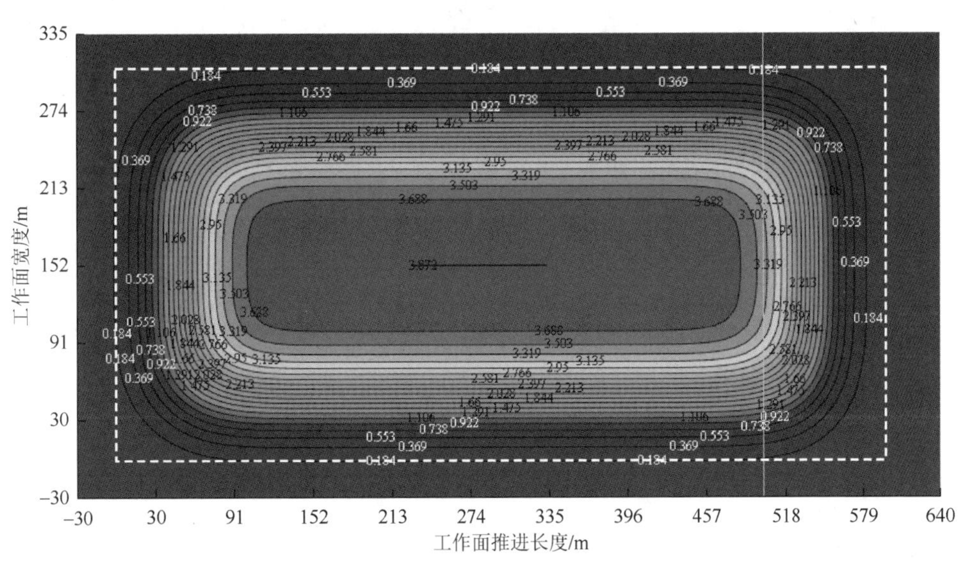

图 5-5　工作面开采部分最终下沉等值线图（3m/d）

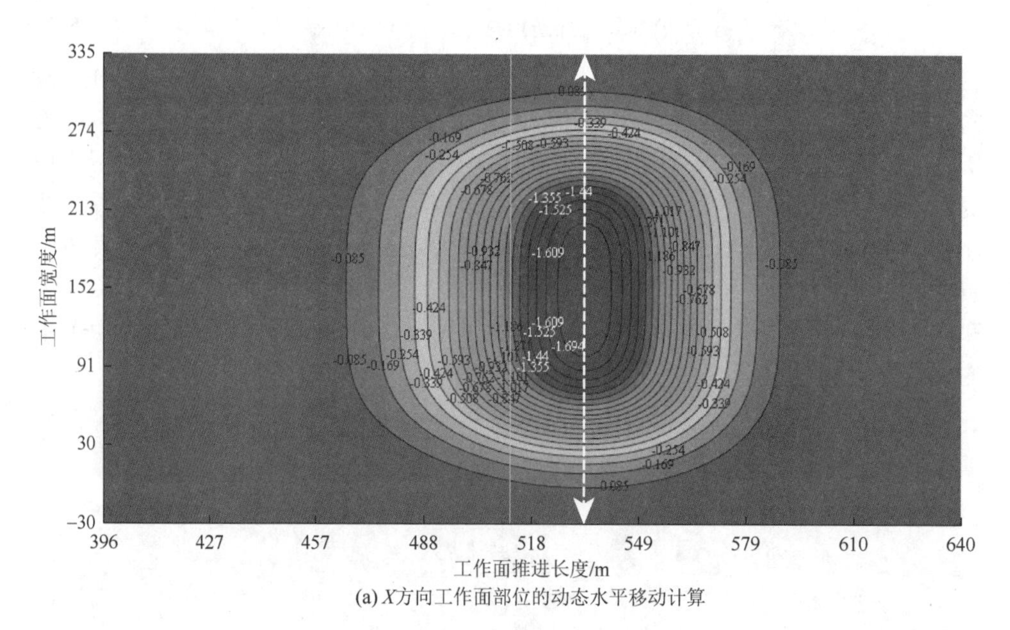

(a) *X*方向工作面部位的动态水平移动计算

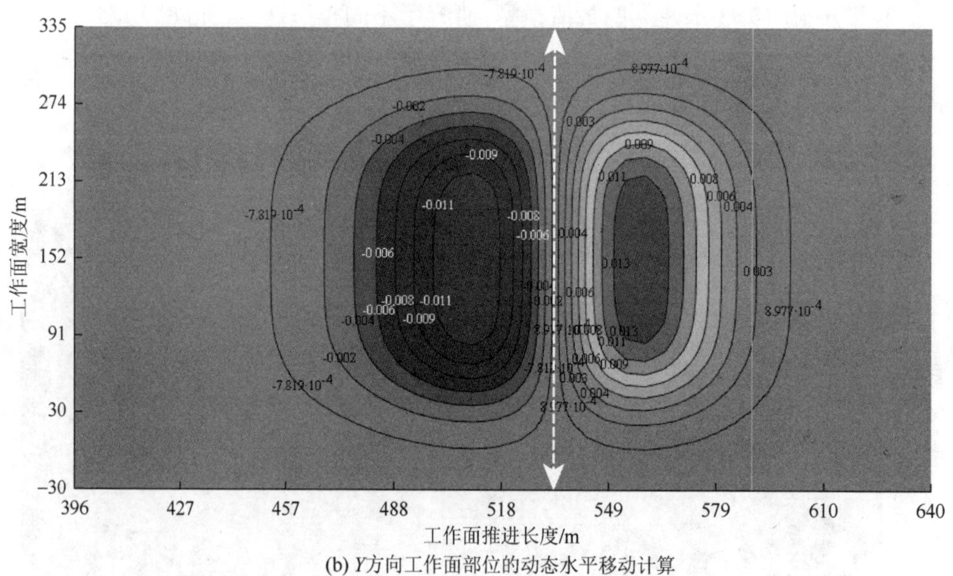

(b) *Y*方向工作面部位的动态水平移动计算

图 5-6　地表下沉及水平移动计算结果（3m/d）

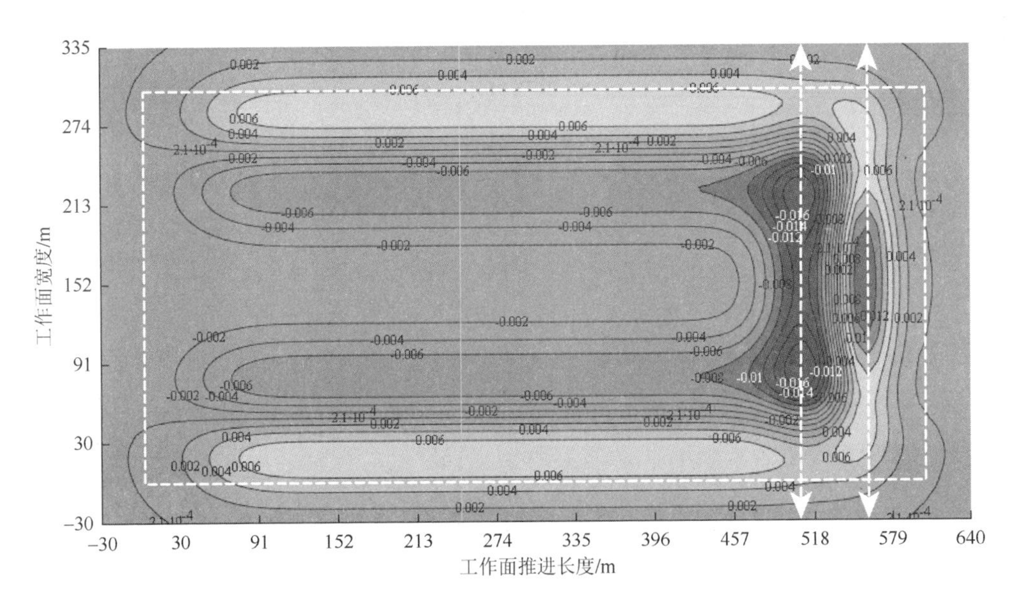

图 5-7　工作面开采部分整体二维面应变等值线图（3m/d）

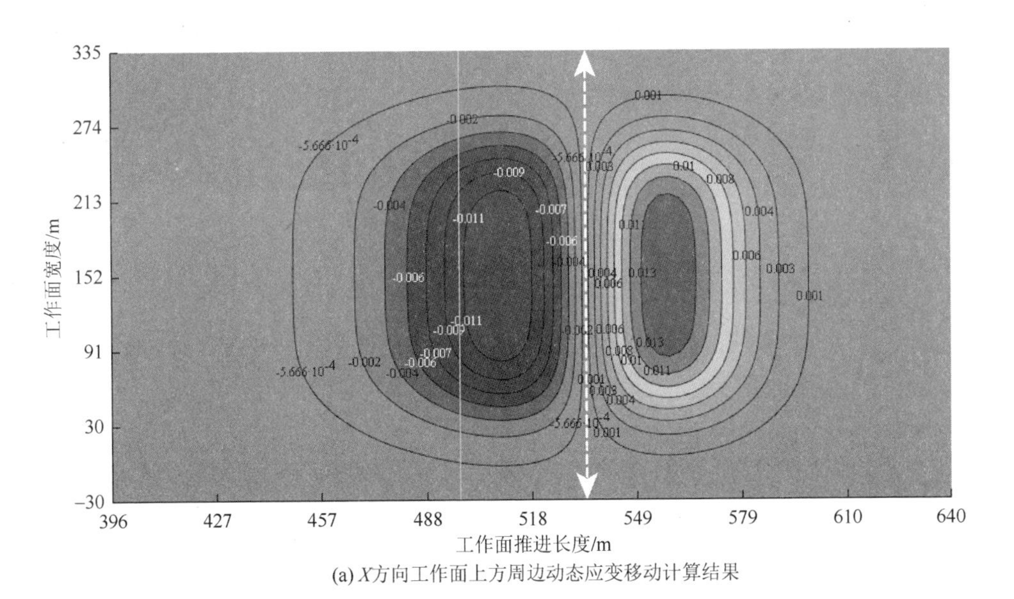

(a) X方向工作面上方周边动态应变移动计算结果

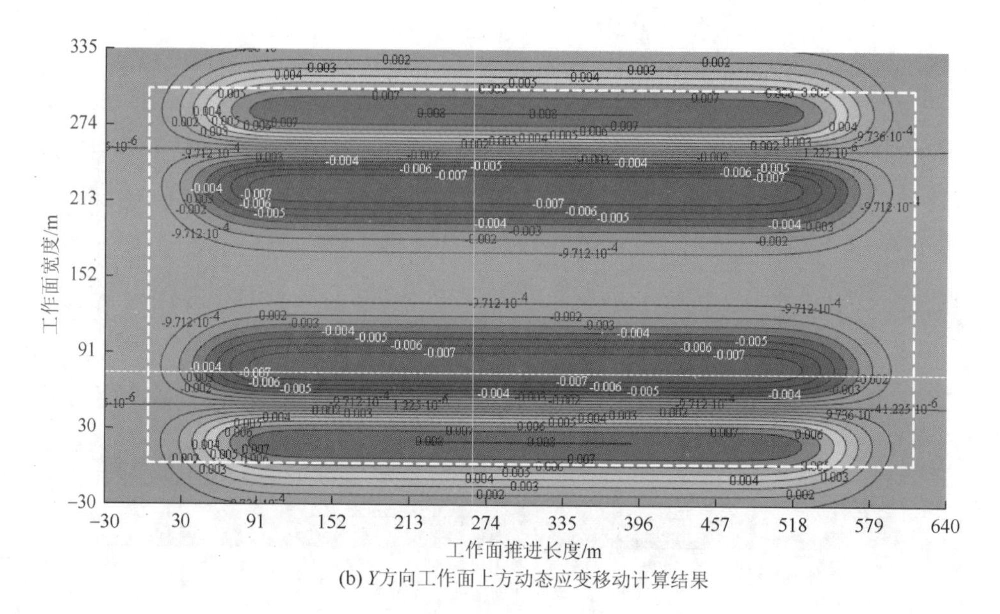

(b) Y方向工作面上方动态应变移动计算结果

图 5-8　地表应变计算结果（3m/d）

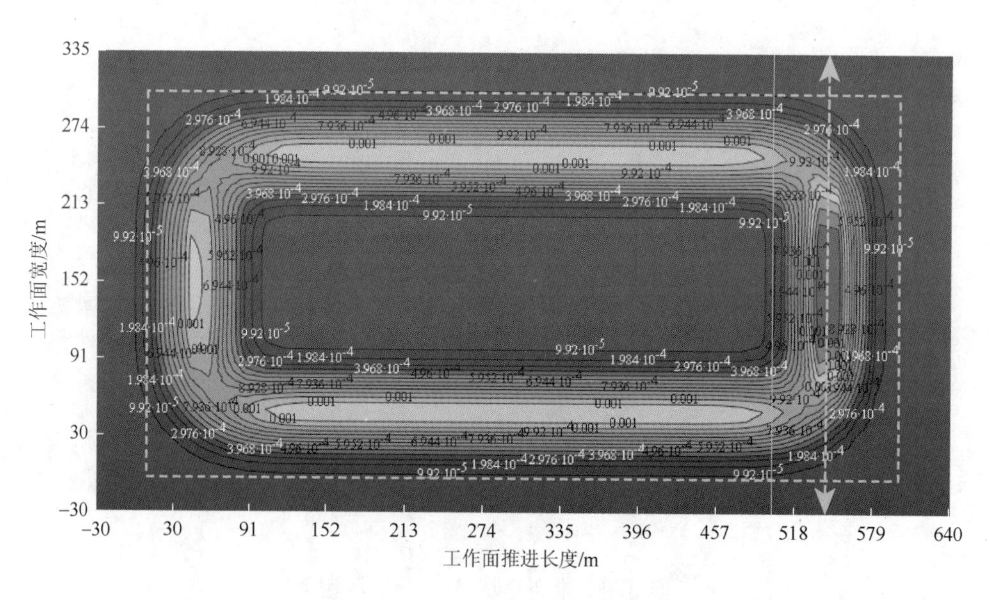

图 5-9　工作面开采部分整体二维面裂隙率等值线图（3m/d）

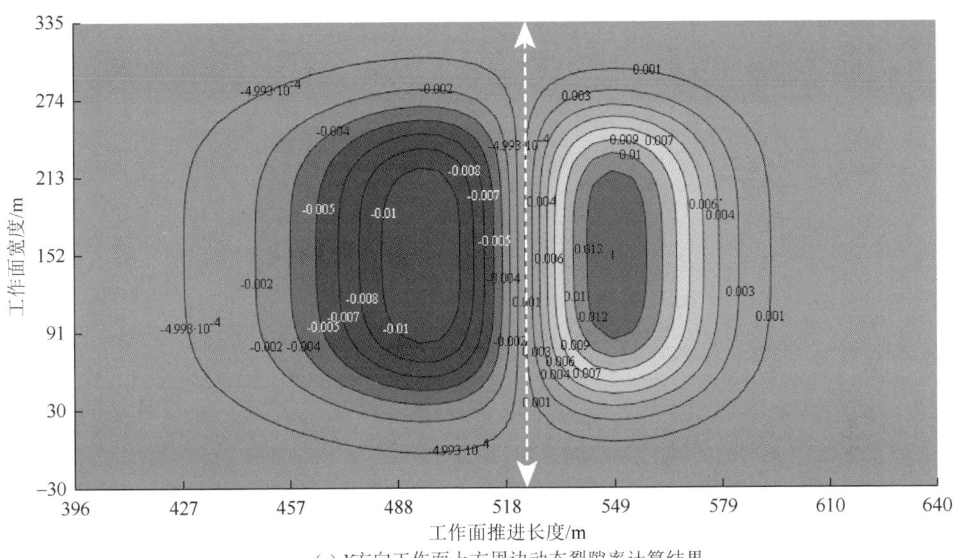

(a) X方向工作面上方周边动态裂隙率计算结果

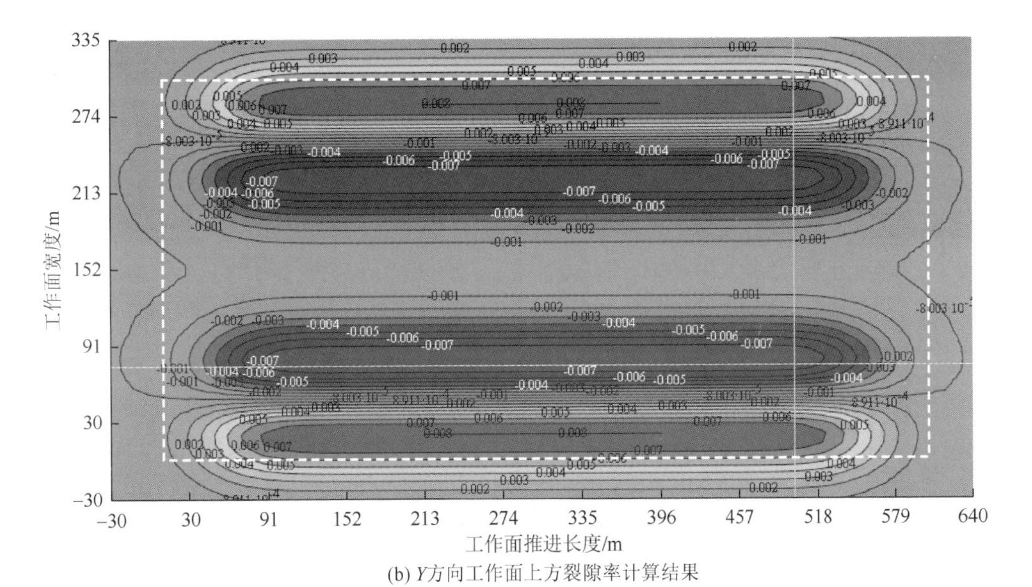

(b) Y方向工作面上方裂隙率计算结果

图 5-10　地表裂隙率计算结果（3m/d）

2）采用 7m/d 的推进速度计算结果

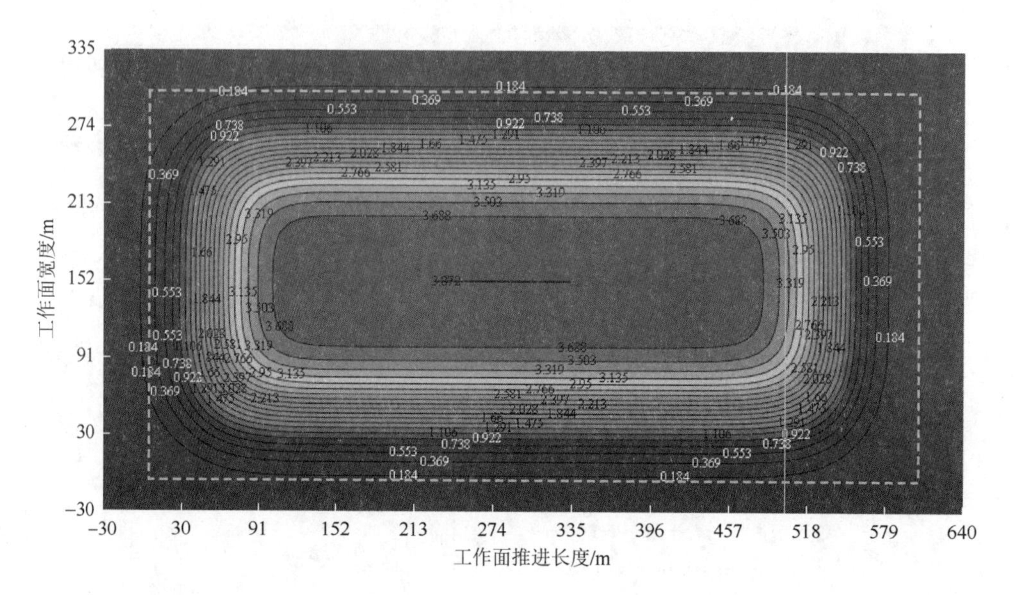

图 5-11　工作面开采部分最终下沉等值线图（7m/d）

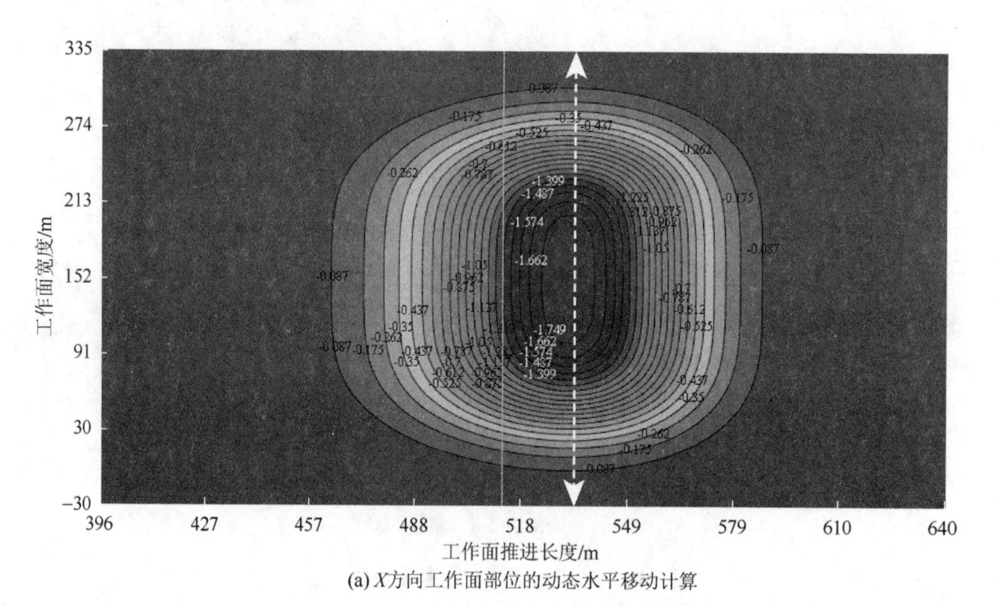

(a) X方向工作面部位的动态水平移动计算

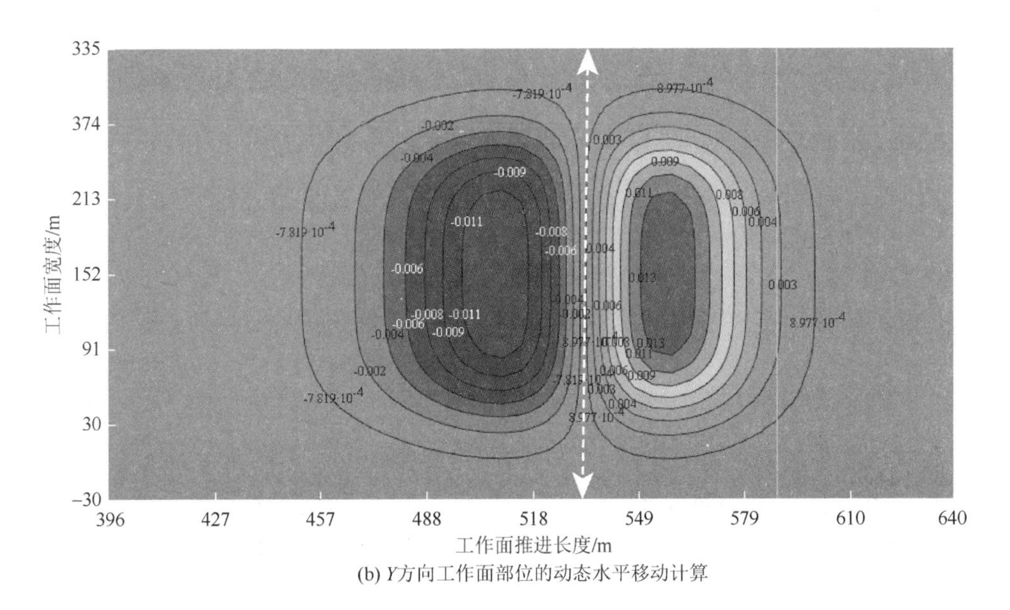

(b) Y方向工作面部位的动态水平移动计算

图 5-12　地表下沉及水平移动计算结果（7m/d）

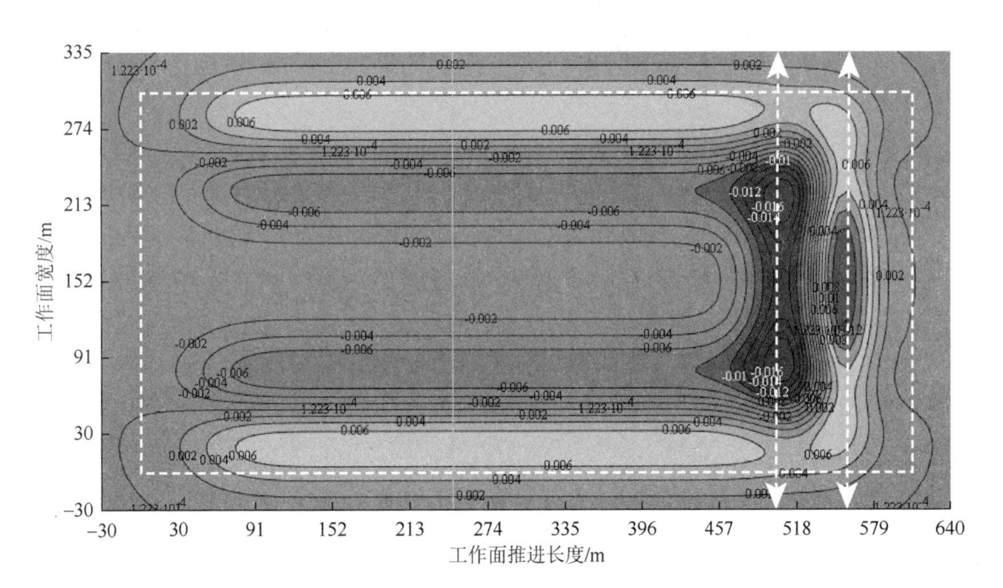

图 5-13　工作面开采部分整体二维面应变等值线图（7m/d）

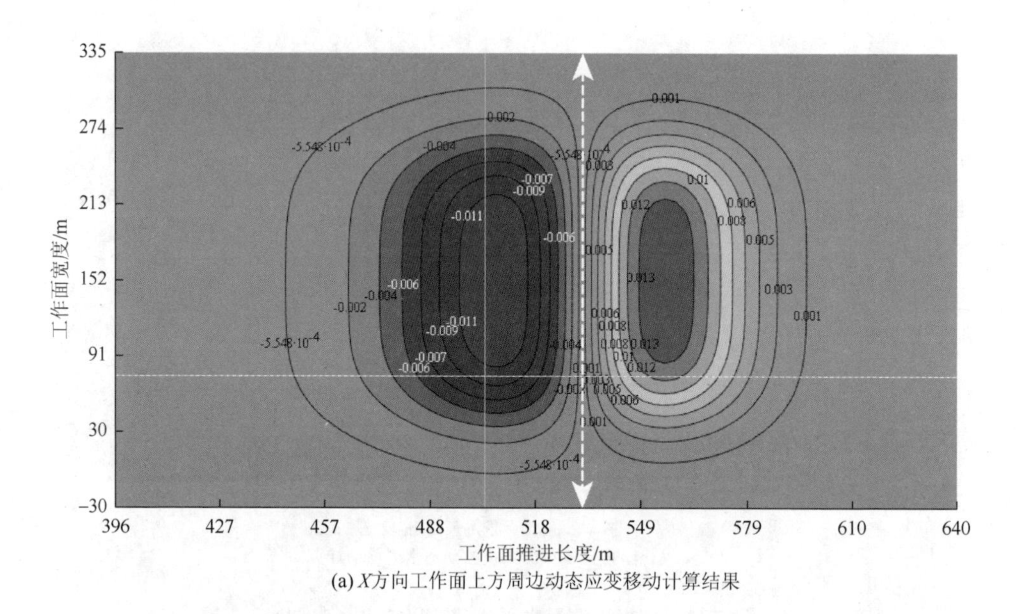

(a) *X*方向工作面上方周边动态应变移动计算结果

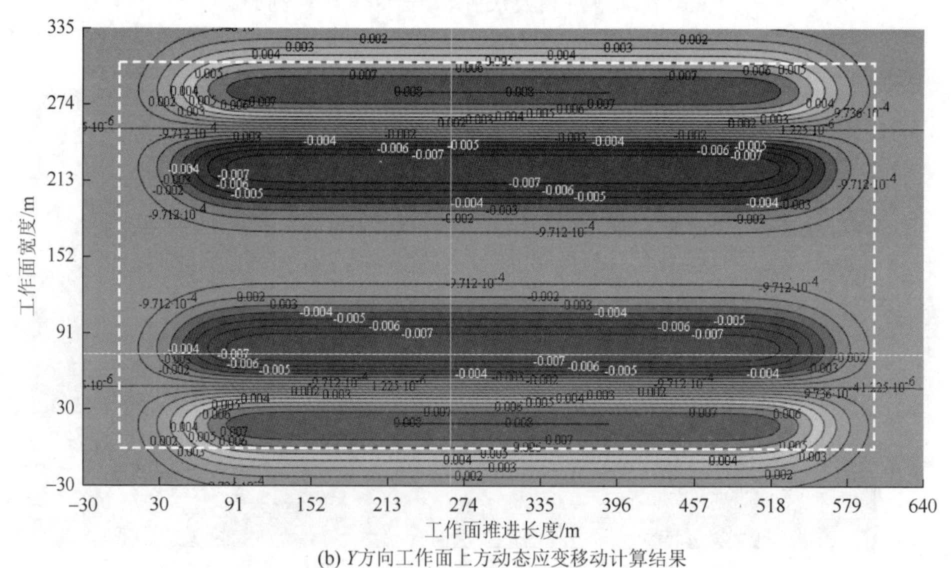

(b) *Y*方向工作面上方动态应变移动计算结果

图 5-14　地表应变计算结果（7m/d）

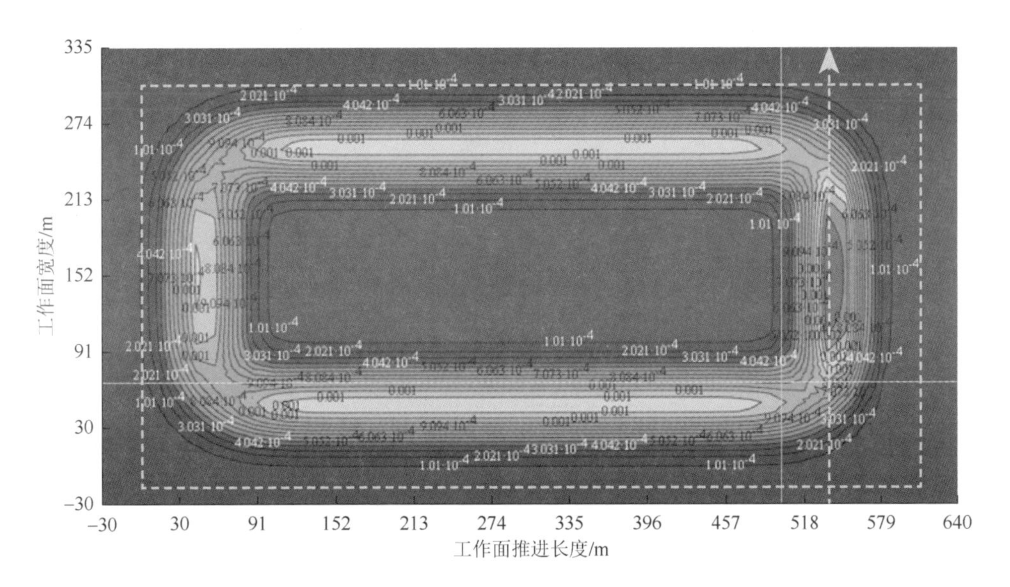

图 5-15　工作面开采部分整体二维面裂隙率等值线图（7m/d）

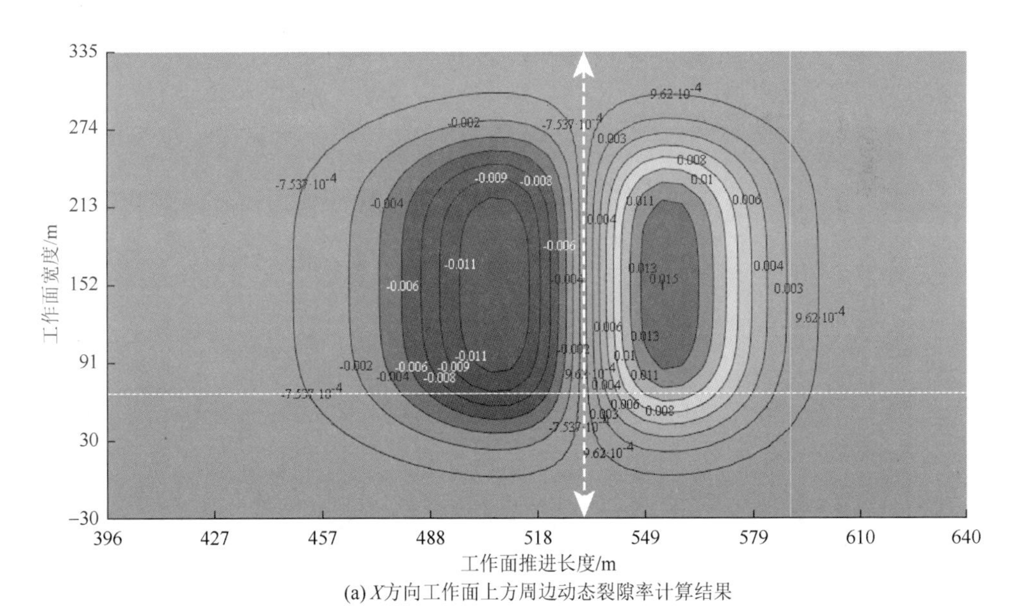

(a) X方向工作面上方周边动态裂隙率计算结果

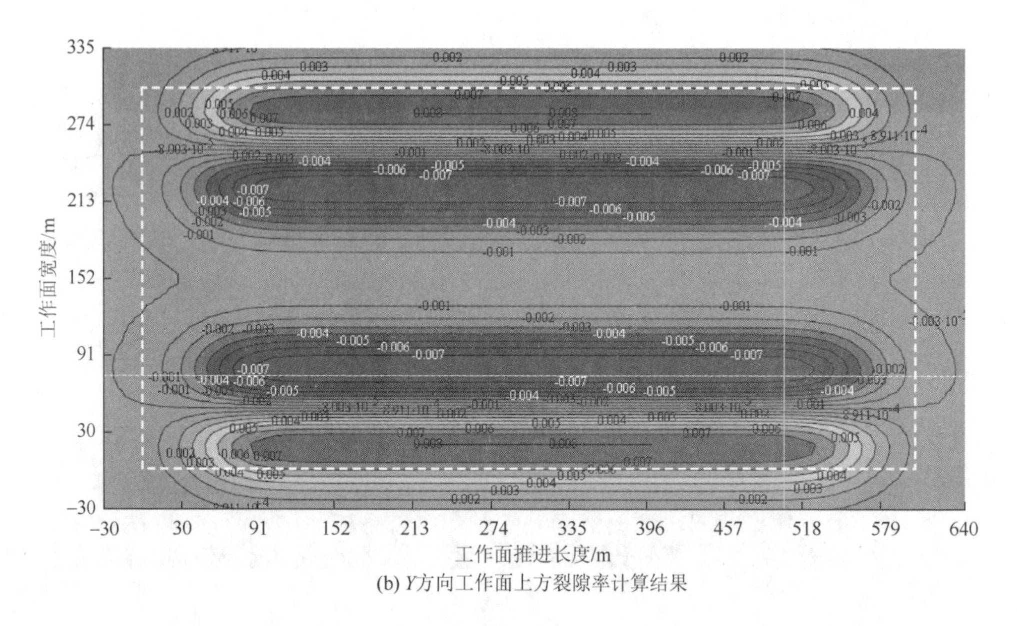

(b) Y方向工作面上方裂隙率计算结果

图 5-16　地表裂隙率计算结果（7m/d）

3）采用 13m/d 的推进速度计算结果

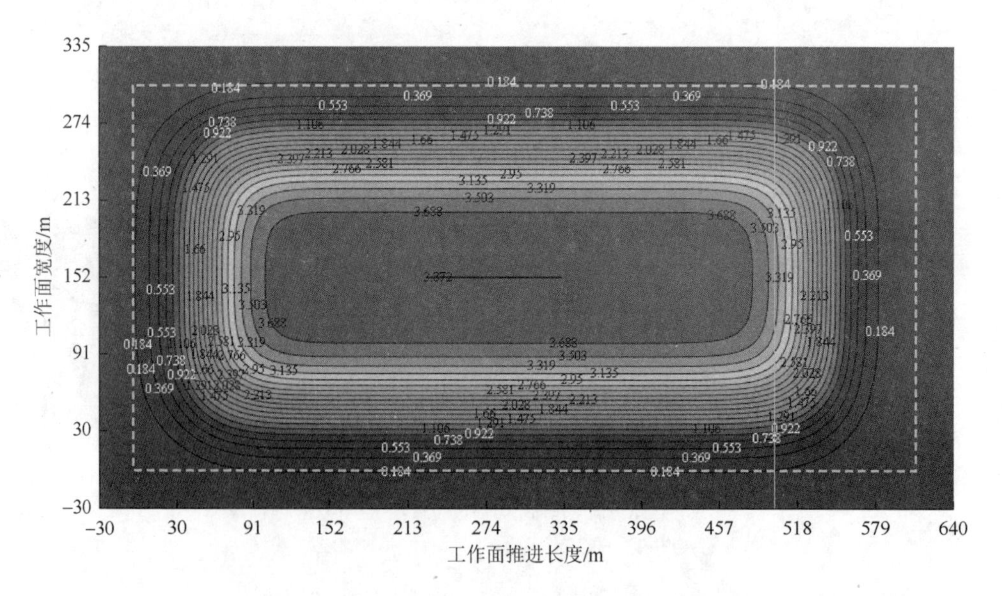

图 5-17　工作面开采部分最终下沉等值线图（13m/d）

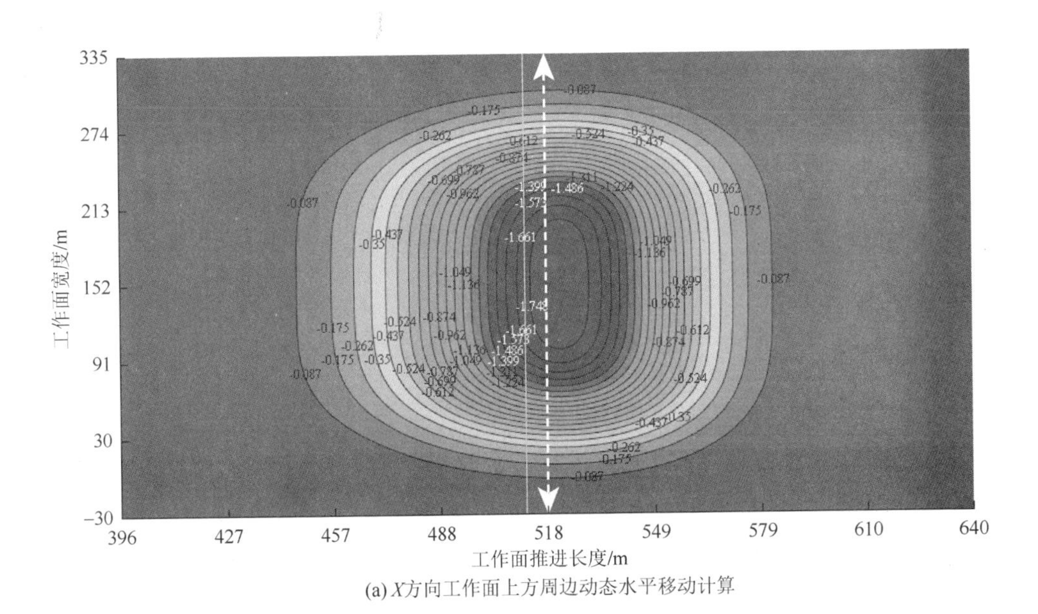

(a) X方向工作面上方周边动态水平移动计算

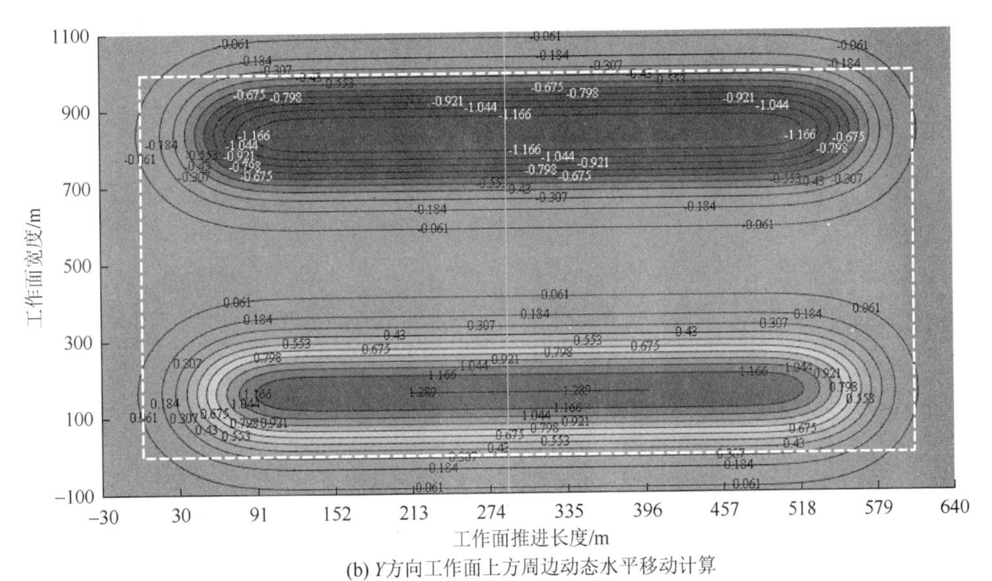

(b) Y方向工作面上方周边动态水平移动计算

图 5-18　地表下沉及水平移动计算结果（13m/d）

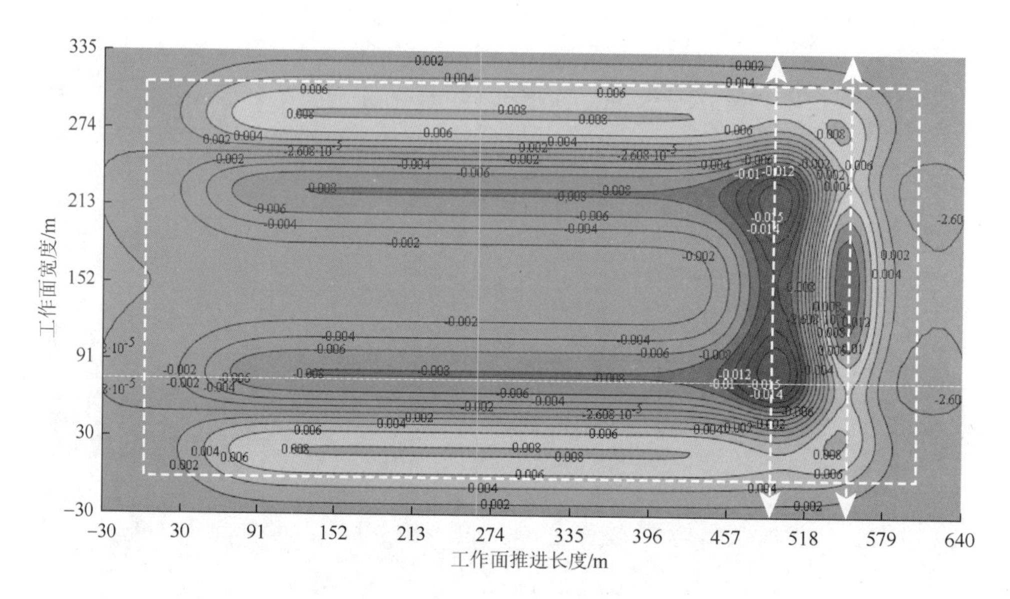

图 5-19　工作面开采部分整体二维面应变等值线图（13m/d）

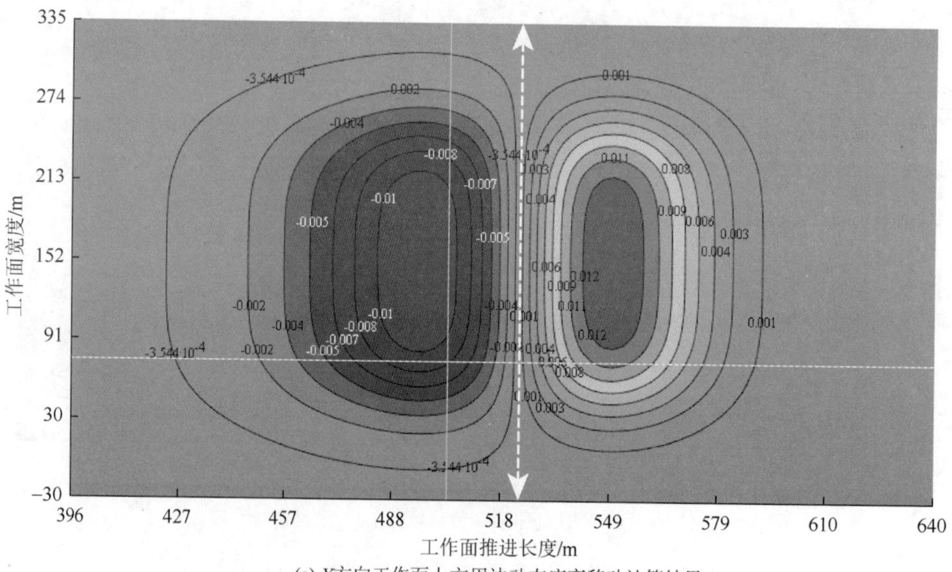

(a) X方向工作面上方周边动态应变移动计算结果

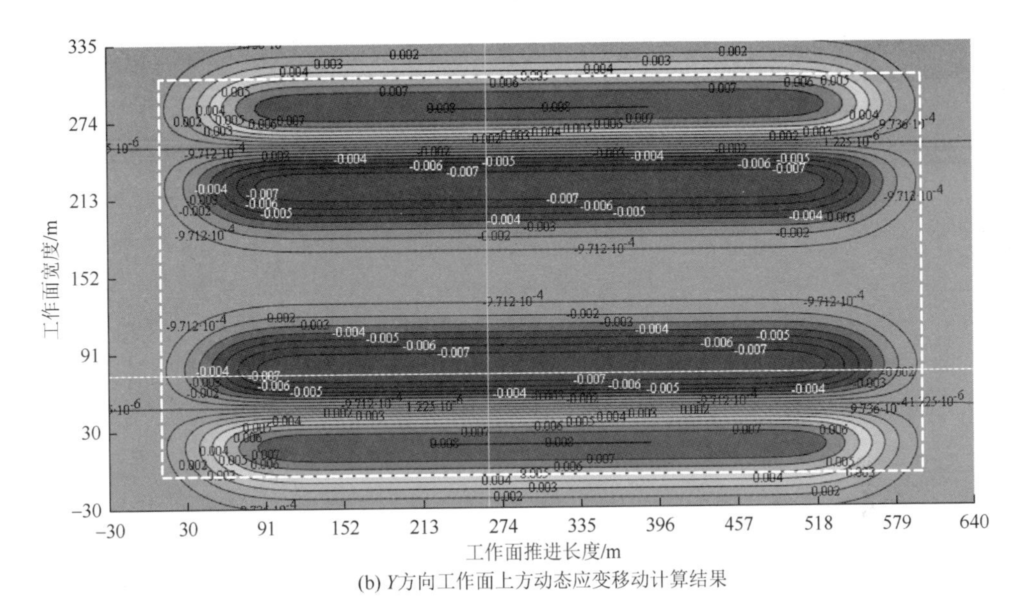

(b) Y方向工作面上方动态应变移动计算结果

图5-20　地表应变计算结果（13m/d）

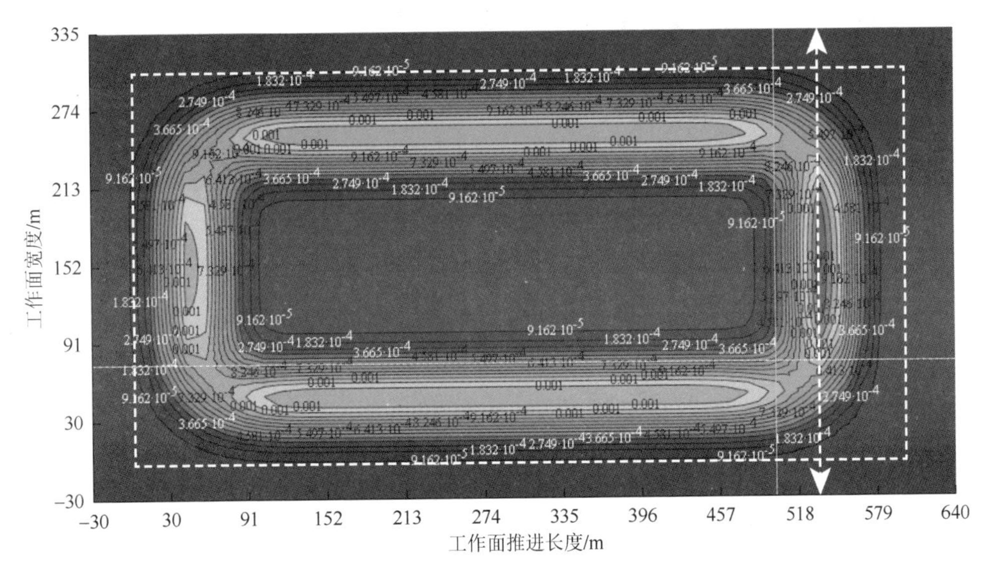

图5-21　工作面开采部分整体二维面裂隙率等值线图（13m/d）

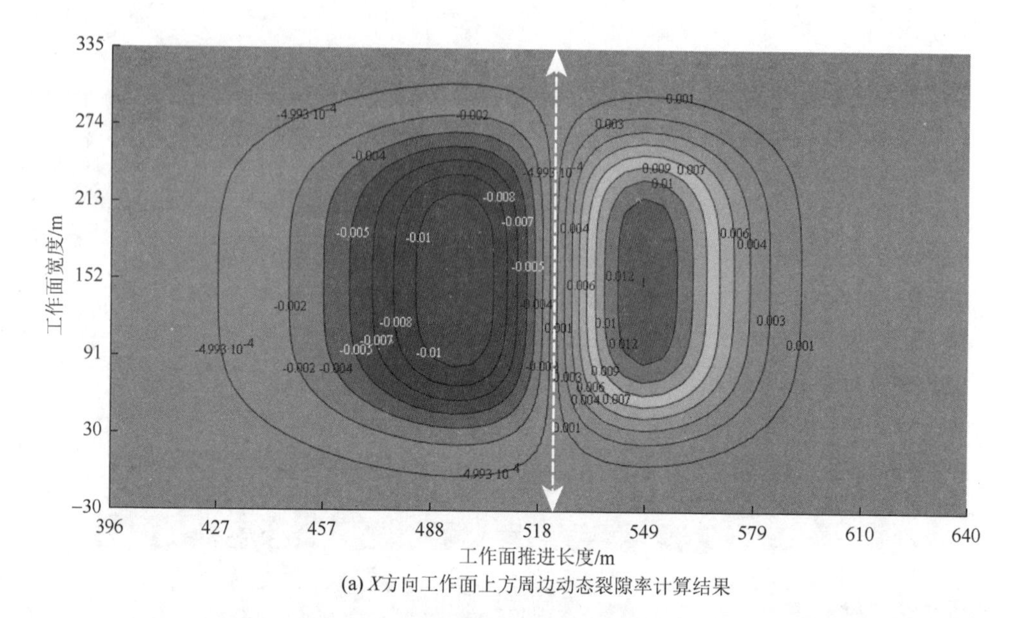

(a) *X*方向工作面上方周边动态裂隙率计算结果

(b) *Y*方向工作面上方裂隙率计算结果

图 5-22　地表裂隙率计算结果（13m/d）

由图 5-5～图 5-22 可以进行分析：

（1）推进速度 3m/d 的情况：*X* 方向水平位移值由−1.694 变动到−0.08，*Y* 方向水平位移值由−0.011 变动到 0.013，*X* 方向应变值由−0.011 变动到 0.013，*Y* 方向应变值由−0.007 变动到 0.008，其中总应变数值变化由−0.016 变动到 0.012，在工作面处由正值转为负值出现在工作面开采 X 坐标为 535 位置。X 方向裂隙率由 –0.01 变化到 0.012，由正值转为负值出现在 X 坐标为 521 位置，Y 方向裂隙率由 –0.007 变化到 0.008，其中二维面裂隙率数值变化由 9.920×10^{-5} 到 8.928×10^{-4}。

（2）推进速度 7m/d 的情况：X 方向水平位移值由–1.749 变动到–0.087，Y 方向水平位移值由–0.011 变动到 0.013，X 方向应变值由–0.011 变动到 0.013，Y 方向应变值由–0.007 变动到 0.008，其中总应变数值变化由–0.016 变动到 0.012，在工作面处由正值转为负值出现在工作面开采 X 坐标为 535 位置。X 方向裂隙率由 –0.011 变化到 0.015，由正值转为负值出现在 X 坐标为 529 位置，Y 方向裂隙率由 –0.007 变化到 0.008，其中二维面裂隙率数值变化由 1.010×10^{-4} 到 8.084×10^{-4}。

（3）推进速度 13m/d 的情况：X 方向水平位移值由–1.748 变动到–0.087，Y 方向水平位移值由–1.166 变动到 1.289，X 方向应变值由–0.011 变动到 0.012，Y 方向应变值由–0.007 变动到 0.008，其中总应变数值变化由–0.015 变动到 0.012，在工作面处由正值转为负值出现在工作面开采 X 坐标为 518 位置。X 方向裂隙率由–0.01 变化到 0.012，由正值转为负值出现在 X 坐标为 525 位置，Y 方向裂隙率由–0.007 变化到 0.008，其中二维面裂隙率数值变化由 9.162×10^{-5} 到 9.182×10^{-4}。

（4）不同推进速度导致的裂隙率变化可以达到数十倍的差距，同时推进速度越快，裂隙或者应变出现的最大点位置越远离工作面的位置。其中推进速度为 3m/d 和 7m/d 时，水平移动、应变以及裂隙率的变化均不大；当推进速度为 13m/d 时，Y 方向水平位移值与推进速度为 3m/d 和 7m/d 时相比变化较大，相差近 100 倍。

4. 地层变形情况计算分析

地层中的岩层水平及垂直运动的差异可以引起地下岩层的变形。在矿山地表沉陷工程研究中，地表变形传统上用斜率、应变和曲率来描述。然而对于处理地层的沉陷变形问题，讨论水平应变、垂直应变和总应变对地下结构（如地下水系统或者煤层气井等）的影响更有价值。补连塔煤矿 22305 综采工作面属于浅埋煤层工作面，推进速度的快慢极大影响到地层的变形情况，主要通过归纳下列参数反映移动变形情况。

（1）最终下沉值：主要反映在工作面走向方向岩层沉陷值。

（2）动态水平移动值：主要反映工作面走向方向的岩层沿走向方向的位置移动量。

（3）动态水平应变值（工作面走向方向、工作面垂直方向，以及二维整体总应变）：走向方向 X 轴和垂直方向 Z 轴上的水平、垂直应变是其相应方向上水平移动的一阶导数，即

$$\varepsilon_x(x,y,h)=\frac{\mathrm{d}U_x(x,y,h)}{\mathrm{d}x} \tag{5-7a}$$

$$\varepsilon_y(x,y,h)=\frac{\mathrm{d}U_y(x,y,h)}{\mathrm{d}y} \tag{5-7b}$$

（4）计算结果反映出裂隙出现的位置多在工作面的内侧位置。

$$\varepsilon_x(x,y,h)=\frac{\mathrm{d}U_x(x,y,h)}{\mathrm{d}x} \tag{5-8a}$$

$$\varepsilon_z(x,y,h)=\frac{\mathrm{d}S(x,y,h)}{\mathrm{d}z} \tag{5-8b}$$

$$\varepsilon_t(x,z,h)=\varepsilon_x(x,z,h)+\varepsilon_z(x,z,h)+\varepsilon_x(x,z,h)\times\varepsilon_z(x,z,h) \tag{5-9}$$

本部分利用第 3 章建立的数值模型，研究了不同推进速度（3m/d、7m/d、13m/d）条件下的地层变形情况。以神东矿区补连塔煤矿 22305 综采工作面为背景，计算选取工作面埋深为 230m，假设工作面从左至右开采，模拟开采距离为 303m 位置时，地层的变形情况见图 5-23～图 5-27。

由图 5-23 可见：尽管开采最终沉陷量相同，但是不同的推进速度对岩层下沉速度具有重要影响。推进速度越快，工作面后下沉的速度越慢，形成最大下沉点的位置越远离工作面。坐标点（244，155）的位置在三种情况下的下沉量分别为 3.134m、2.688m 和 2.089m。

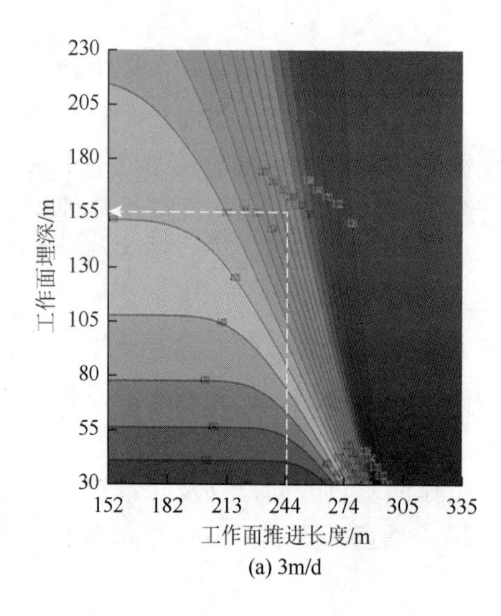

(a) 3m/d

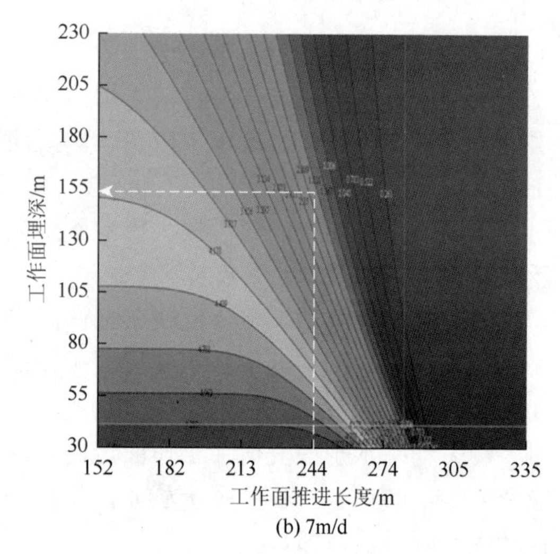

(b) 7m/d

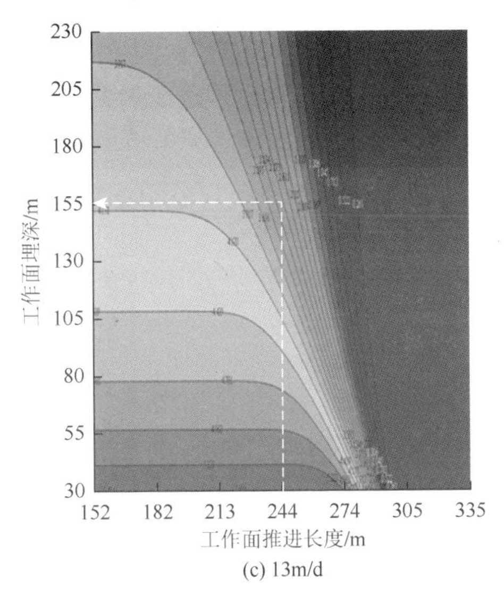

(c) 13m/d

图 5-23　工作面（采空区部分）动态下沉等值线图

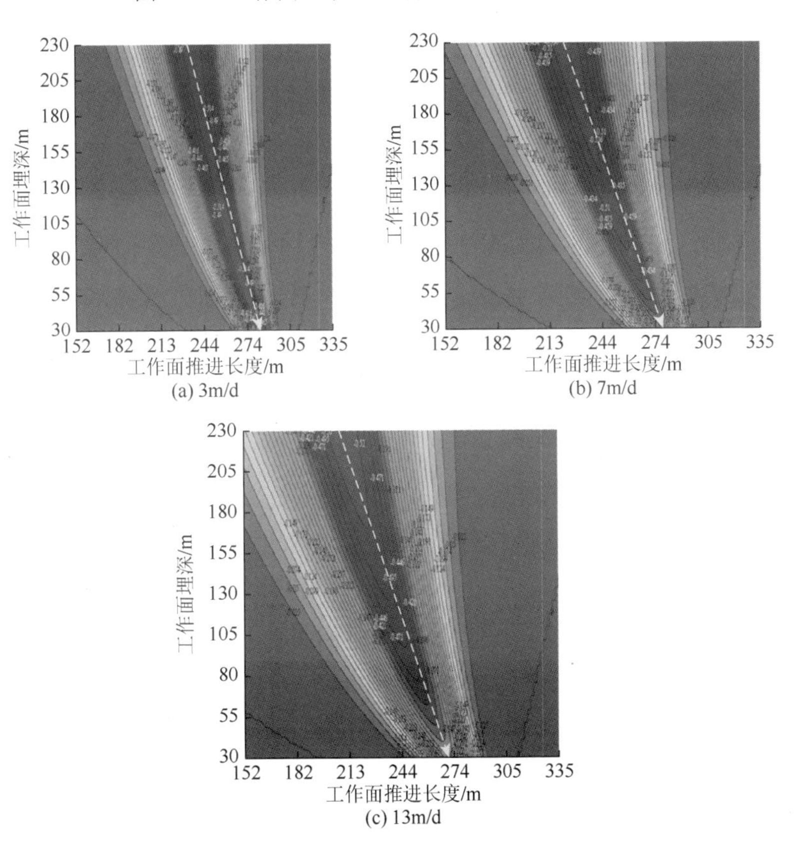

(a) 3m/d

(b) 7m/d

(c) 13m/d

图 5-24　工作面（采空区部分）动态水平移动等值线图

由图 5-24 可见：不同的开采速度对岩层水平移动具有一定影响。最大移动量分别出现在 303m、296m 及 290m 位置，同时，水平移动变形的最大变形向量曲线（图中虚线）随着开采速度越快工作面后放岩层的变形速度变慢，曲线在逐渐变直，另外水平变移动量在变小。

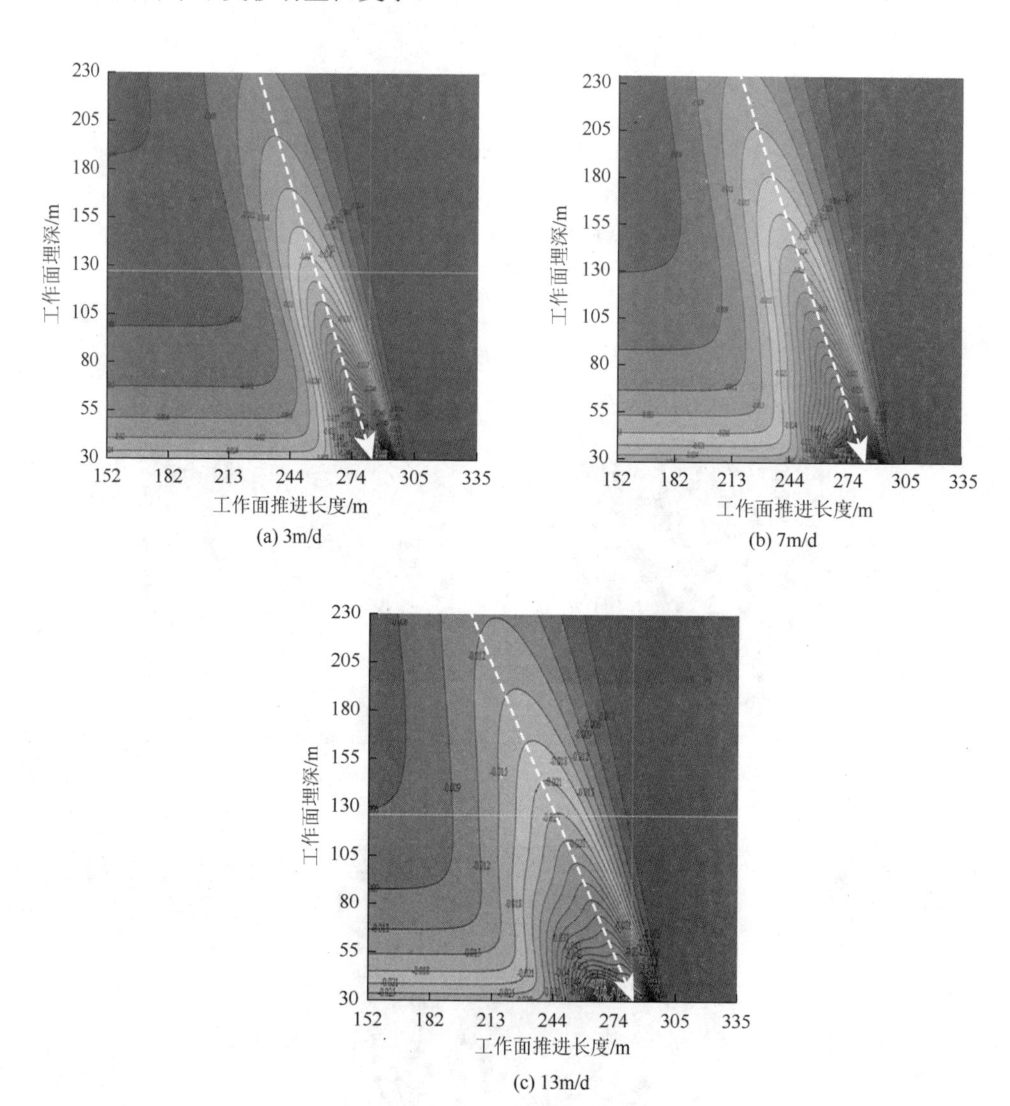

图 5-25　工作面（采空区部分）垂直应变等值线图

在垂直应变等值线图中，工作面后方一定距离存在一个高拉应变区，而仅在工作面附近小范围内及其前方为压缩应变区。在水平应变等值线图中，某一高度上存在一个最大拉伸应变值和一个最大压缩应变值，且最大拉伸应变值位于工作面后方较短距离处而最大压缩应变值位于工作面后方较远距离处，最大拉伸应变和压缩应变值均随着高度的增加而减小。在全应变分布图中，工作面后方一定范围内存在一个高拉伸膨胀区，且该区内最大全应变值随着高度的增加而减小，在较高位置覆岩中，上述高拉伸膨胀区后方存在一个压缩区，但是此压缩区在低位置覆岩中完全消失。另外，通过对比发现覆岩动态垂直应变值、水平应变值和全应变值均小于覆岩最终应变值。

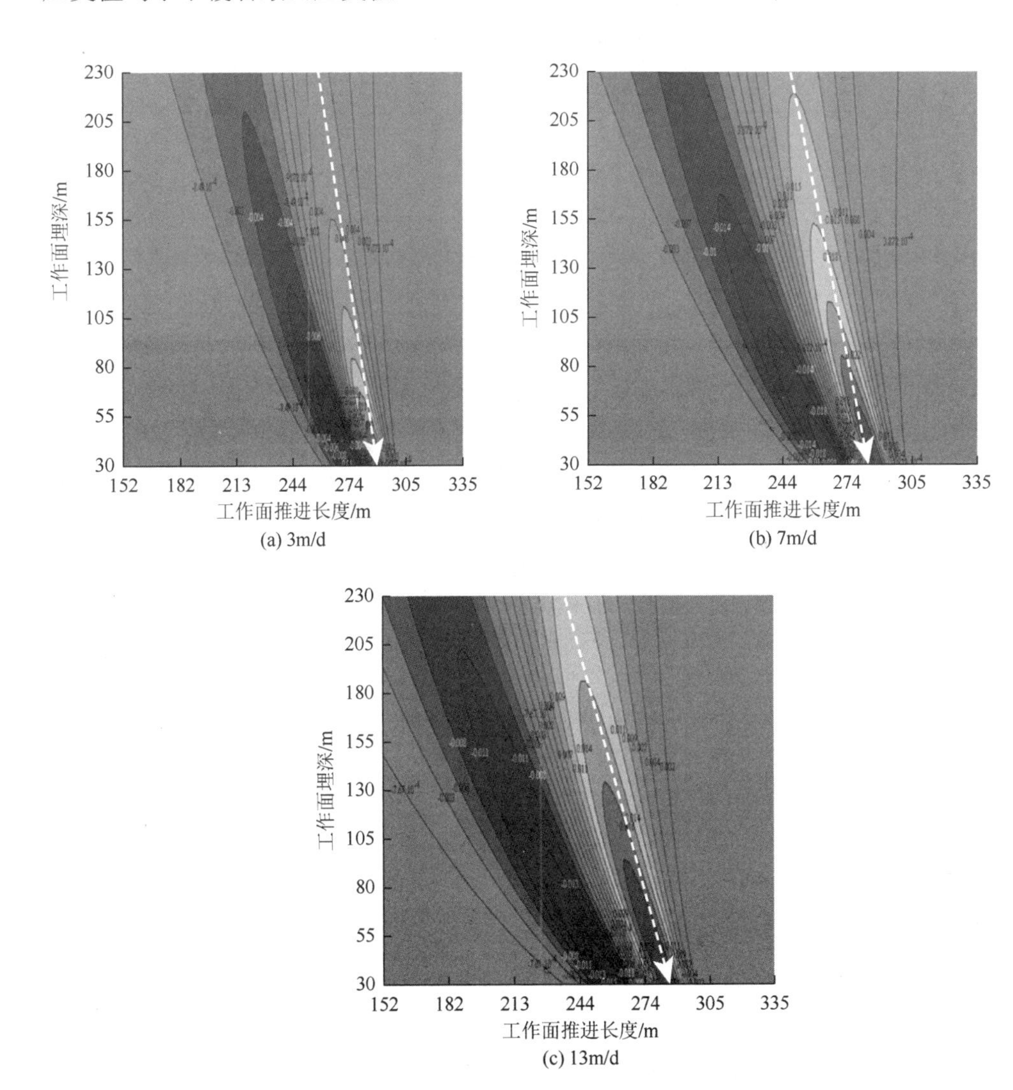

图 5-26　工作面（采空区部分）水平应变等值线图

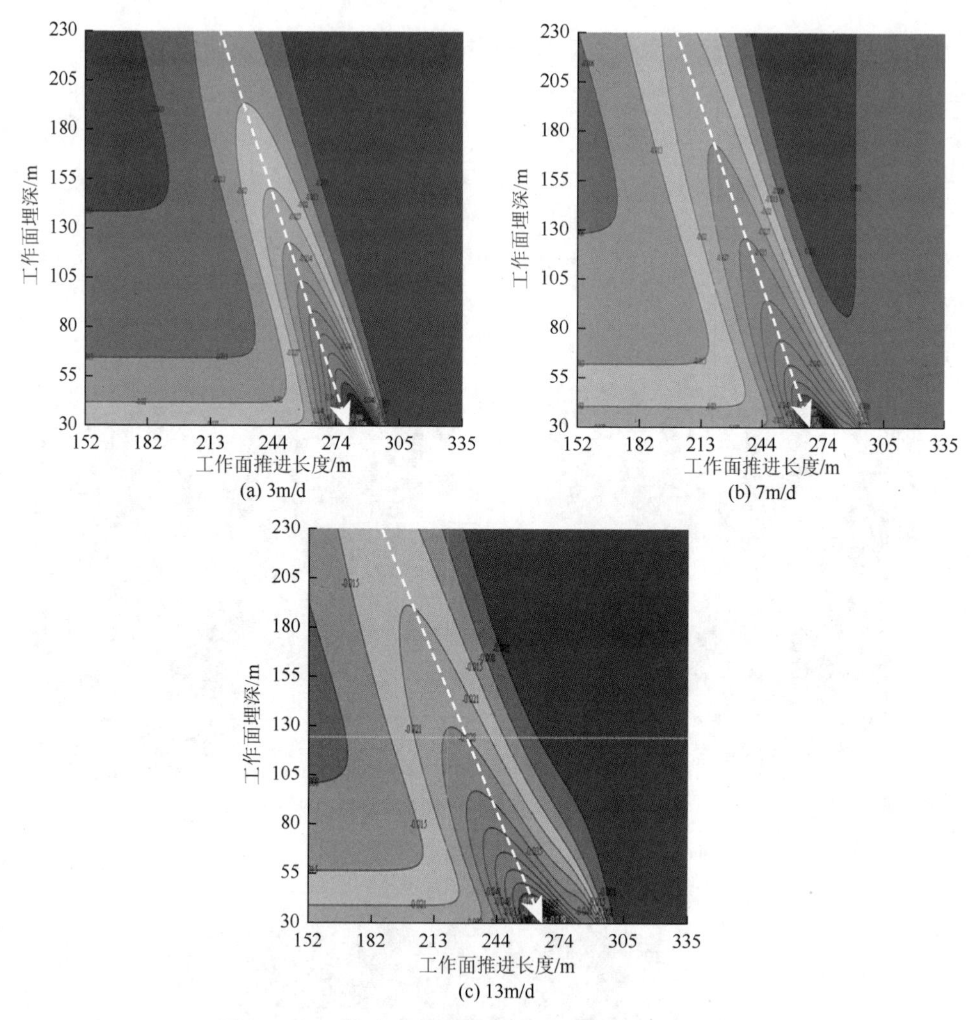

图 5-27　工作面（采空区部分）二维全应变等值线图

5.2　煤层倾角对地表及地层的影响

在我国，急倾斜煤层开采矿井有 100 多处，遍布乌鲁木齐、华亭、南票、辽源、北票、淮南、北京等地的 20 多个矿区。与缓倾斜煤层相比，急倾斜煤层采动损害有其一定的特殊性。急倾斜煤层与水平煤层及缓倾斜煤层在倾角、赋存条件和地质体物理力学性质上的不同，造成地下煤层开采地表沉陷引起的矿区地质灾害更加严重。在水平煤层或缓倾斜煤层的开采过程中，由于地层倾角小，地表沉陷具有较完整的规律性，其预测效果也比较理想，而在急倾斜煤层的开采中，地层倾角较大，赋存条件和地质体物理力学性质也存在差异，故而增强了地表下沉的非线性特征，使地表沉陷表现出不确定的规律性。急倾斜煤层采煤沉陷破坏形式表现为以塌陷、裂缝为主的非连续移动破坏，开采覆岩、地表破坏剧烈，沉陷损害持续时间长，开采沉陷对地表建（构）筑物的破坏更加严重。

乌鲁木齐矿区是我国最大的开采急倾斜煤层的矿区，目前探明的急倾斜煤层储量占全国急倾斜煤层探明储量的25%以上。矿区在经过长达几十年的地下急倾斜特厚煤层和近距离煤层群的开采后，在地表形成面积达18.04km^2、深达几十米的塌陷槽，地表塌陷坑、开裂随处可见，且随着深部煤层的不断开采，这些塌陷处于非稳定状态，仍以突发性间歇性活动方式延续和扩展，生活在矿区及矿区周边的人们深受其害。

本节应用第 2 章开发的模型，选取乌鲁木齐矿区具有典型代表性的煤矿采煤工作面为数值模拟对象，煤矿位于矿区西部，地处水磨沟区，煤矿东西长4.5km，南北宽2km，面积为9km^2。煤矿含煤地层为中侏罗统西山窑组（J_2x），地层总厚度为740m，含煤层36层，可采煤层32层。煤层走向45°～65°，倾向322°～335°，煤层倾角40°～70°，全部为急倾斜煤层，赋存稳定。

该矿区地层为陆相沉积地层，主要为侏罗系及第四系地层，其中侏罗系分布最广，第四系次之。侏罗系地层有下统的八道湾组（J_1b）和三工河组（J_1s），中统的西山窑组及头屯河组（J_2t），上统的齐古组（J_2）（图 5-28），西山窑组为区内主要含煤岩系。①下侏罗统三工河组岩性以灰白色、灰绿色的细砂岩和中粗粒砂岩为主，由西向东岩性变细，泥质砂岩和泥岩增多，细砂岩多呈薄层状，本组厚度250～500m。②中侏罗统西山窑组厚900～1000m，与三工河组整合接触，底部以中粒砂岩和细砂岩为主，顶部细砂岩、泥砂岩及砂质泥岩互层。本组为矿区的主要含煤地层，含煤33层，煤层总厚度117.07～175.45m，其中可采27层，可采总厚度120～135m，含煤系数20%～25%。③中侏罗统头屯河组由灰绿色和紫红色泥岩、泥质砂岩及砂岩组成。下部以绿色砂岩、砂质泥岩及泥质砂岩为主夹薄层紫红色泥岩条带，底部有炭质泥岩及劣煤数层，向上主要为紫红色和褐红色砂质泥岩、砂岩夹灰绿色及黄绿色薄层条带，岩性由下而上逐渐变粗，红色岩层增多，绿色岩层渐减，本组厚度 200～600m。④第四系（Q）主要为黄土层和砾石层，沉积厚度0～30m，矿区构造剖面图如图 5-29 所示。

工作面采用水平分段放顶煤方式开采，煤层顶部留有30m煤柱为报废水平，不进行回采，模拟工作面分段高度为20m，采用下行分四段开采方式，开采高度为8m，分别模拟开采角度为45°、55°和65°的三种情况下的急倾斜煤层开采地表移动规律：①开采角度为45°：煤层厚度为8m，走向长度为600m，开采倾向长度W80m，下边界距离地面87m，上边界距离地面30m；②开采角度为55°：煤层厚度为8m，走向长度为600m，开采倾向长度W80m，下边界距离地面120m，

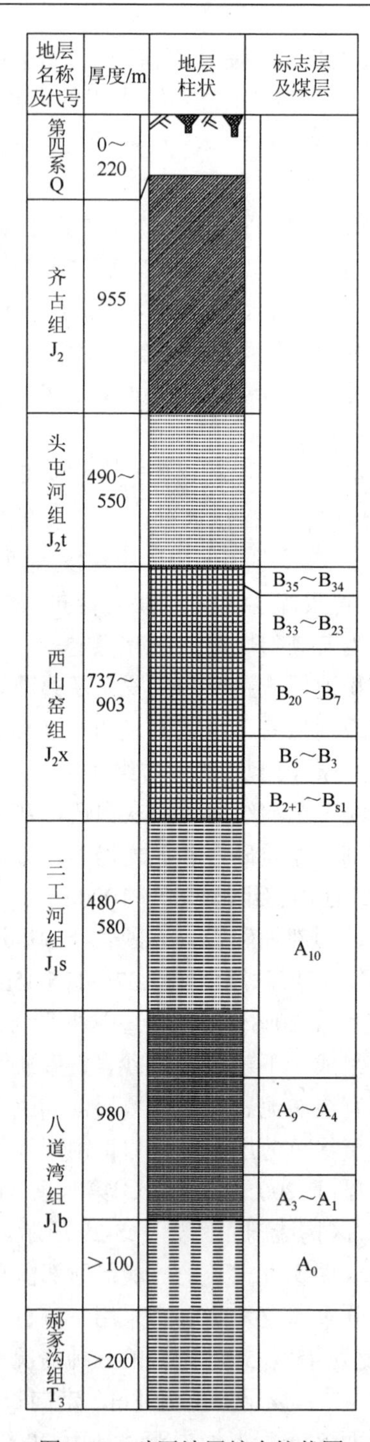

图 5-28　矿区地层综合柱状图

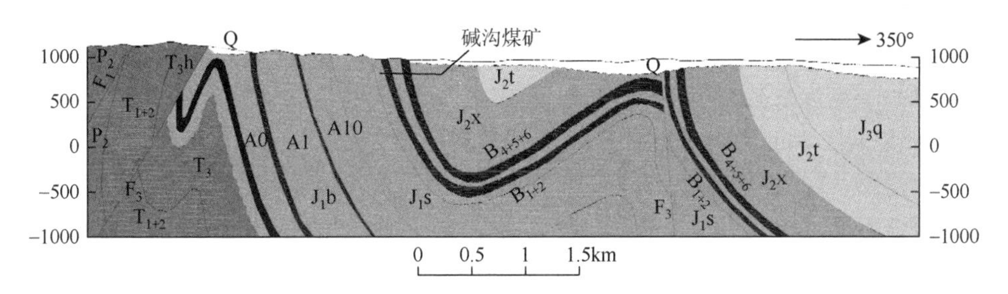

图 5-29　乌鲁木齐矿区构造剖面图

上边界距离地面 30m；③开采角度为 65°：煤层厚度为 8m，走向长度为 600m，开采倾向长度 W80m，下边界距离地面 130m，上边界距离地面 30m。分析在煤层倾角不同的条件下进行急倾斜煤层开采时地表移动变形规律和特征，仍然采用如下指标进行分析。

（1）主断面最终下沉曲线及下沉平面；

（2）动态水平移动值［X 方向（工作面倾向方向）、Y 方向（工作面走向方向）］；

（3）动态线断裂率［X 方向（工作面倾向方向）线断裂、Y 方向（工作面走向方向）线断裂，以及在二维平面的面断裂率］；

（4）动态水平应变值（二维面应变）。

在数值模拟计算中采用 ANSYS 8.0 通用程序进行非线性有限元计算，并分别针对不同的研究问题建立不同的模型。模型使用四边形和三角形单元模拟岩层和煤层，本次模拟采用符合 Mohr-Coulomb 屈服准则的理想弹塑性材料本构关系、大应变变形模式，岩石单元采用德鲁克-普拉格（Drucker-Prager）屈服准则。根据已有资料分析，取矿区煤岩物理力学参数及各岩层厚度如表 5-1 所示。

表 5-1　矿区煤岩物理力学参数及各岩层厚度

岩性	密度/(kg/m^3)	弹模/GPa	泊松比	内聚力/MPa	内摩擦角/(°)	厚度/m
砾石岩	1700	0.80	0.31	0.02	20	20
中砾岩	2430	4.53	0.24	2.70	35	38
砾质泥岩	2370	2.23	0.25	1.60	33	20
灰质页岩	2310	0.87	0.36	0.80	26	6
煤	1400	0.95	0.29	1.10	30	20
泥岩	2430	2.00	0.28	1.40	32	7
粗砂岩	2430	5.00	0.27	1.70	35	42

应用第 2 章开发的模型，对倾斜煤层开采后，地表移动变形进行计算，得到如下计算结果。

（1）不同煤层倾斜角度条件下，最大下沉曲线有较大区别（图 5-30），其中 45°和 55°的主断面下沉曲线类似，但是最大下沉量不同。45°情况下最大下沉量 2.167m；55°情况下最大下沉量 2.174m；最大下沉点基本出现在开采下边界往工作面内部方向 10～30m 的位置。65°情况下的下沉曲线有较大区别，尽管相较于 55°只有 10°的差别，但是由于倾角的原因，极易造成上覆岩层的滑移，最大下沉点出现在开采下边界往工作面内部方向 30m 以外的位置。最大下沉量又有进一步增长，达到 2.802m。

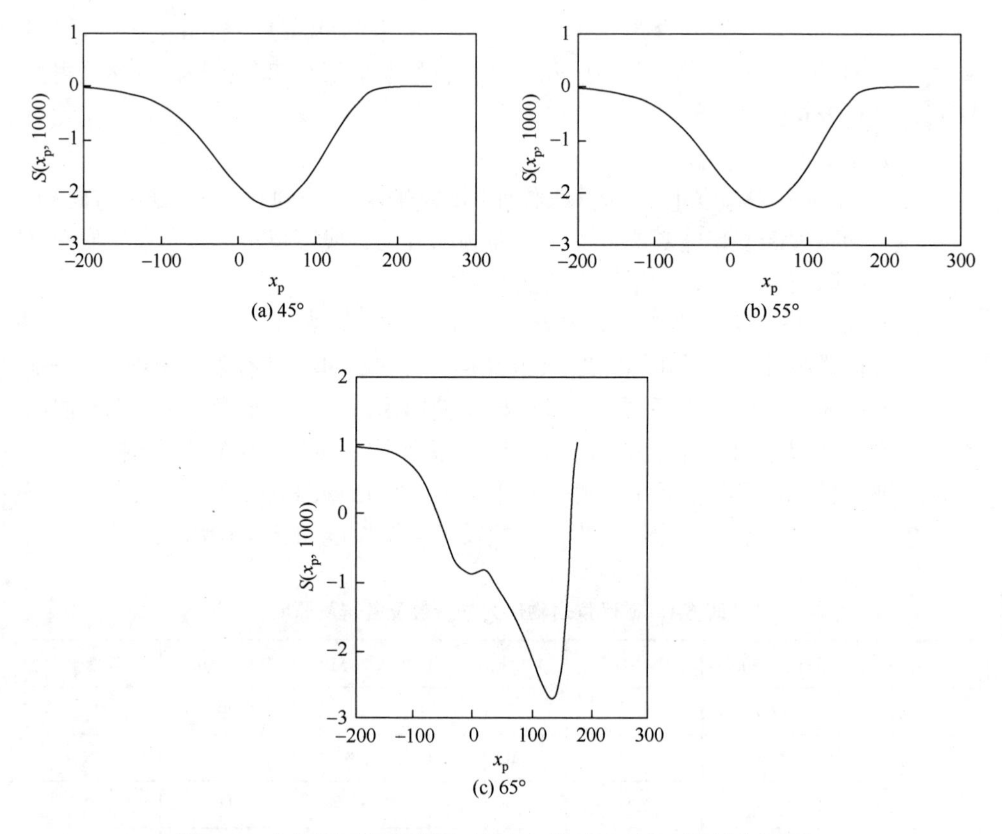

图 5-30　主断面下沉曲线图（原点 0 位于开采的下边界位置图）

（2）不同煤层倾斜角度条件下沉平面等值线图（5-31）与最大下沉曲线类似，65°情况下对地表影响范围相比 45°和 55°有了很大变化，影响范围缩小了大约 40%的面积。

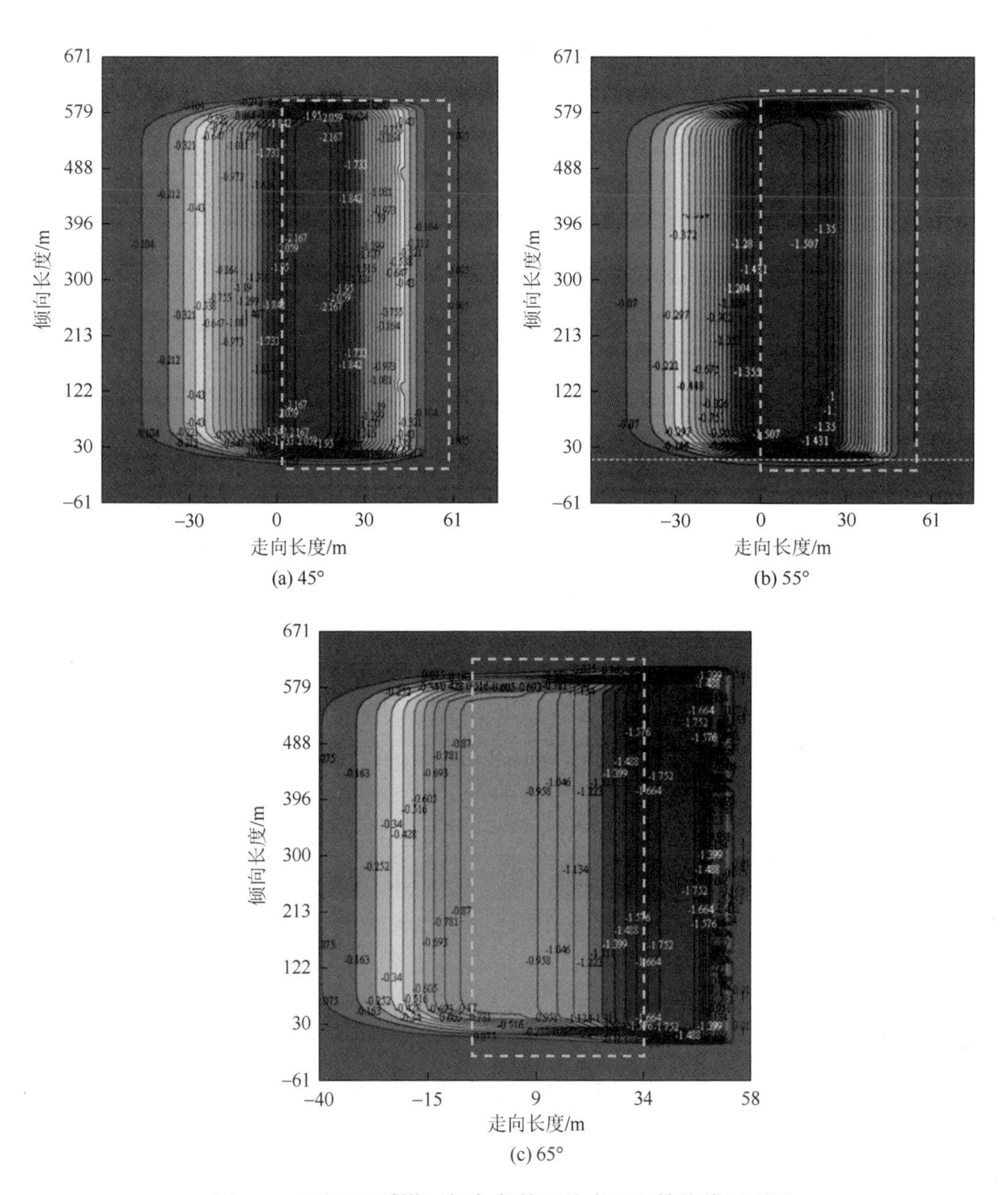

图 5-31　不同开采煤层倾角条件下地表下沉等值线平面图

（3）不同煤层倾斜角度条件工作面倾向 X 方向和 Y 方向的水平移动曲线如图 5-32 和图 5-33 所示。X 方向水平移动在开采下边界往工作面外部方向移动朝工作面内部，水平移动在开采部位基本为 X 反方向。随着倾角的增大，水平移动量变大。尤其在采面的垂直上方的水平移动量较大。65°的情况下水平移动方向为基本全部

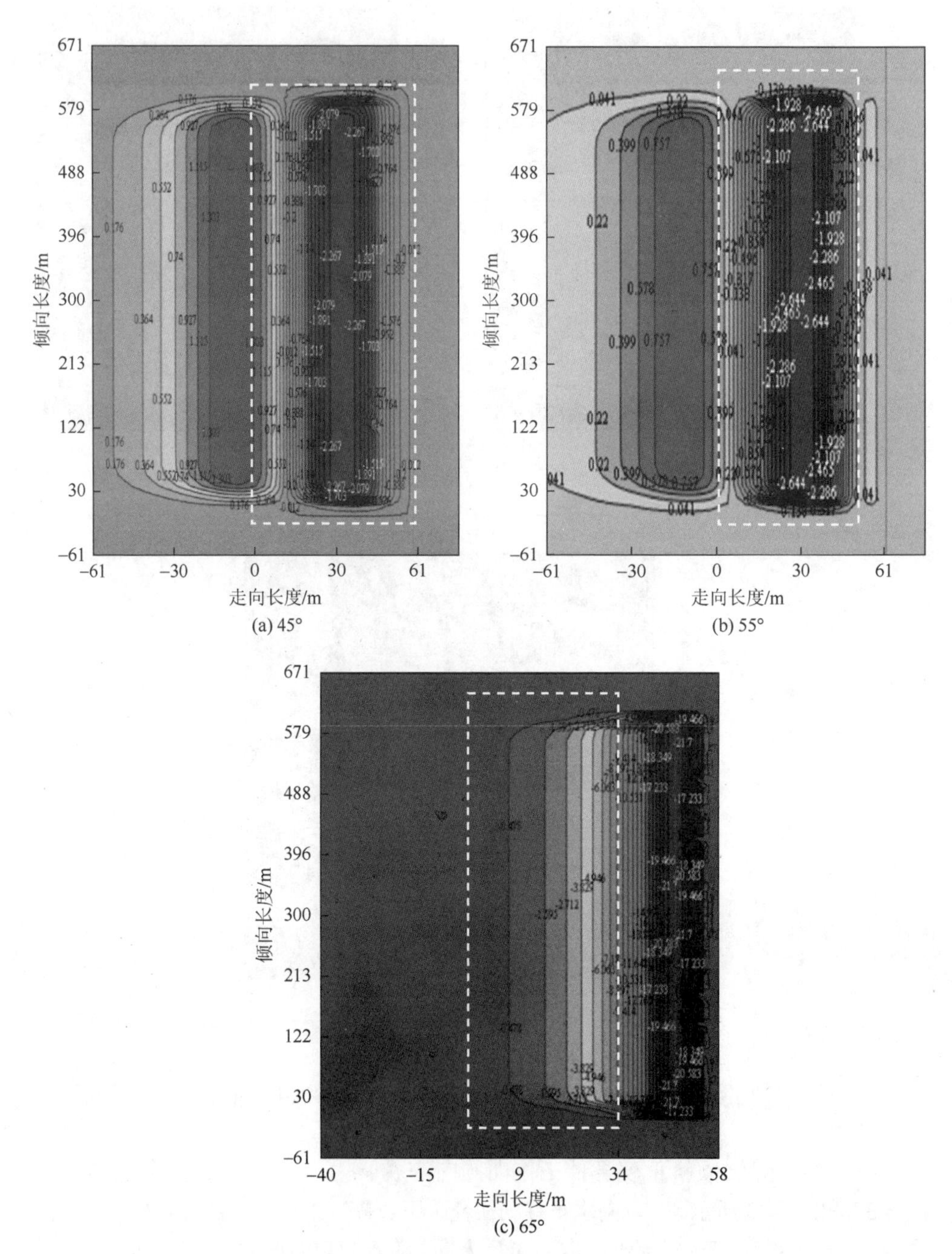

(a) 45°

(b) 55°

(c) 65°

图 5-32　工作面倾向（X方向）水平移动曲线图

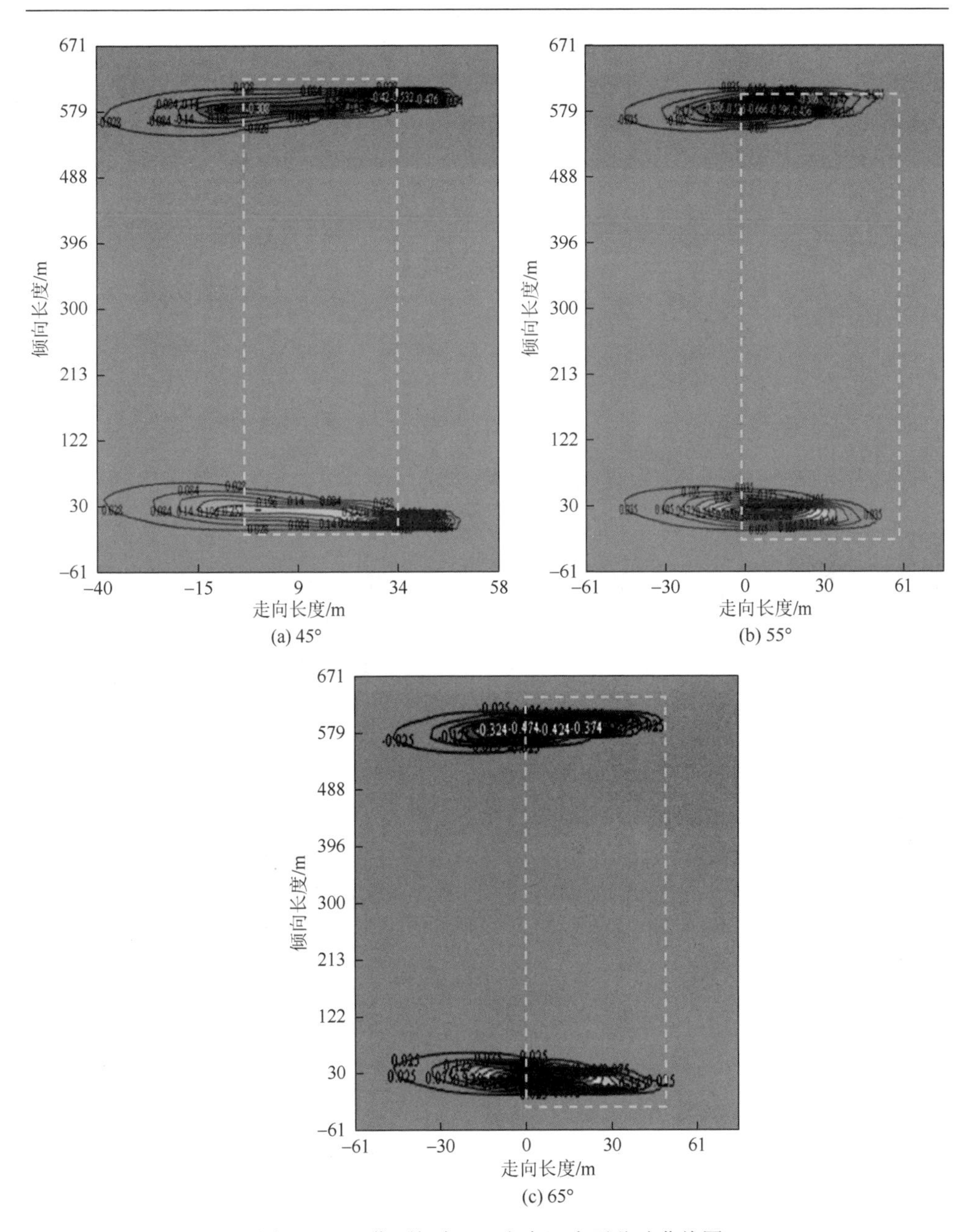

图 5-33　工作面倾向（Y 方向）水平移动曲线图

为 X 反方向，且最大水平移动量出现的位置不在工作面正上部，而是在采面之外，这是由于倾斜煤层开采后，岩层向开采工作面形成空间滑移。相比 45°、55°的情况，下沉盆地的面积及出现的位置均有较大差距。水平移动出现的位置三种情况类似，只是随着开采的角度增大而变大。

（4）不同煤层倾斜角度条件工作面倾向 X 方向和 Y 方向裂隙率等值线图如图 5-34 和图 5-35 所示。X 方向裂隙率在开采工作面正上部基本为负值，表明此

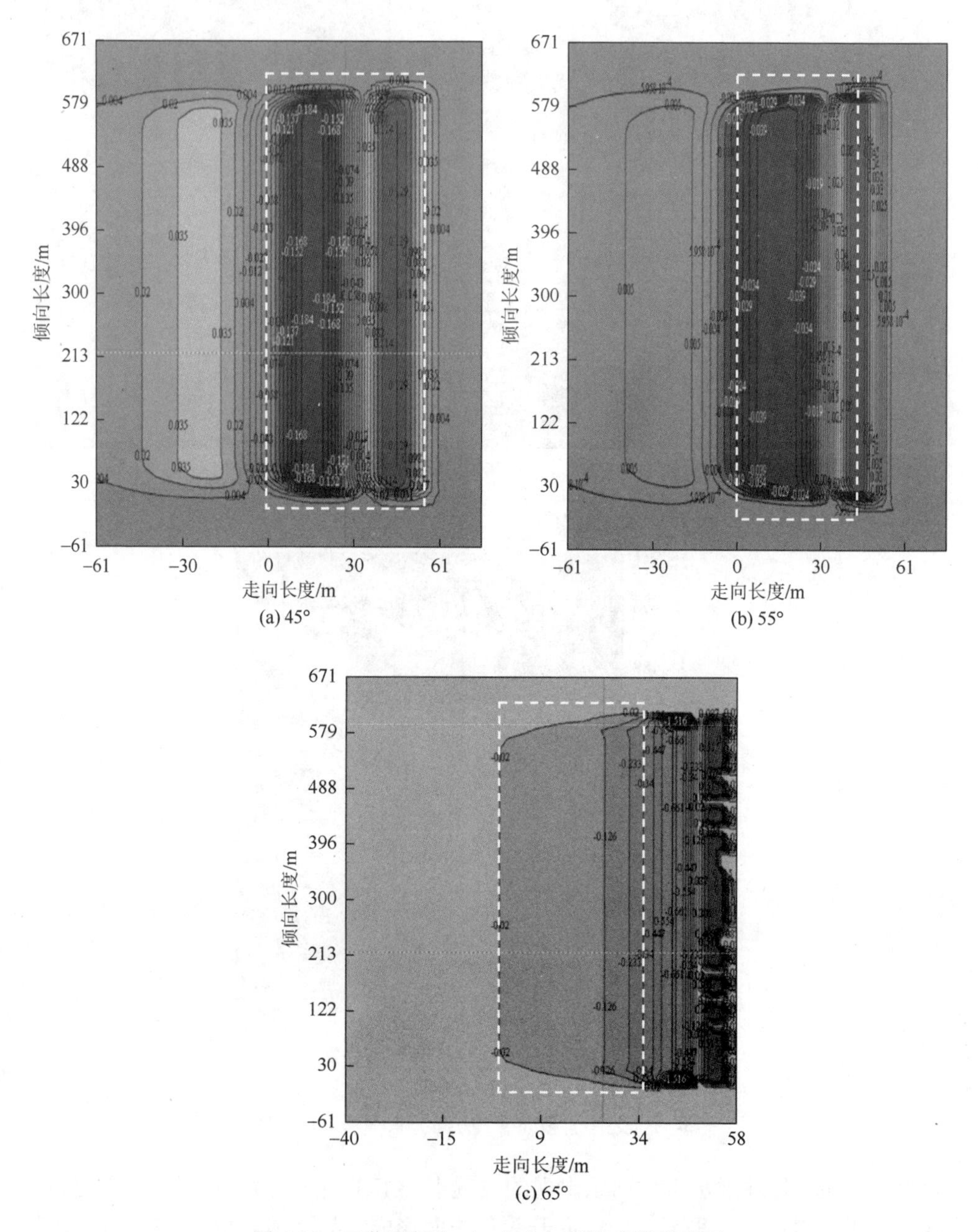

图 5-34　工作面倾向（X 方向）裂隙率等值线图

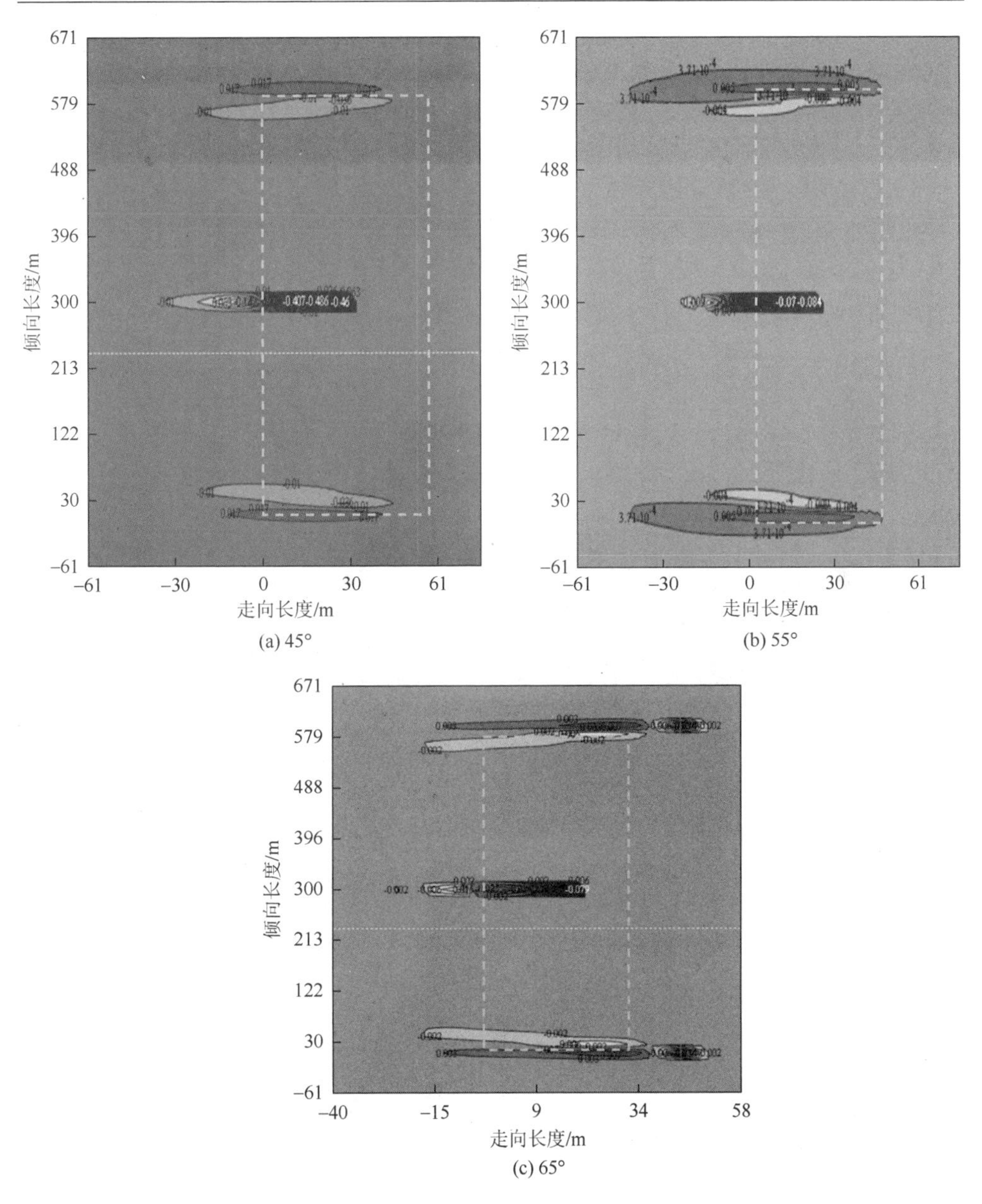

图 5-35　工作面倾向（Y 方向）裂隙率等值线图

处地表处于压缩状态，在工作面外部裂隙率为正值，表明地表处于拉伸状态。对于45°情况，最大拉伸位置出现在工作面靠近地表边缘内侧约 10m 处；对于 55°情况，最大拉伸位置出现在工作面靠近地表边缘正上方；对于 65°情况，最大拉伸位置出现在工作面靠近地表边缘外侧 20m 处；Y 方向裂隙率在开采工作面正上部基本为正值，但是数值要小于 X 方向的裂隙率。二维面裂隙率计算结果表明：45°情况下裂隙率计算结果较大，表明对地表破坏程度较强，65°情况下裂隙率计算结果普遍较小，最大裂隙率出现在工作面外侧 20m 处，台阶式下沉较为明显（图 5-36）。

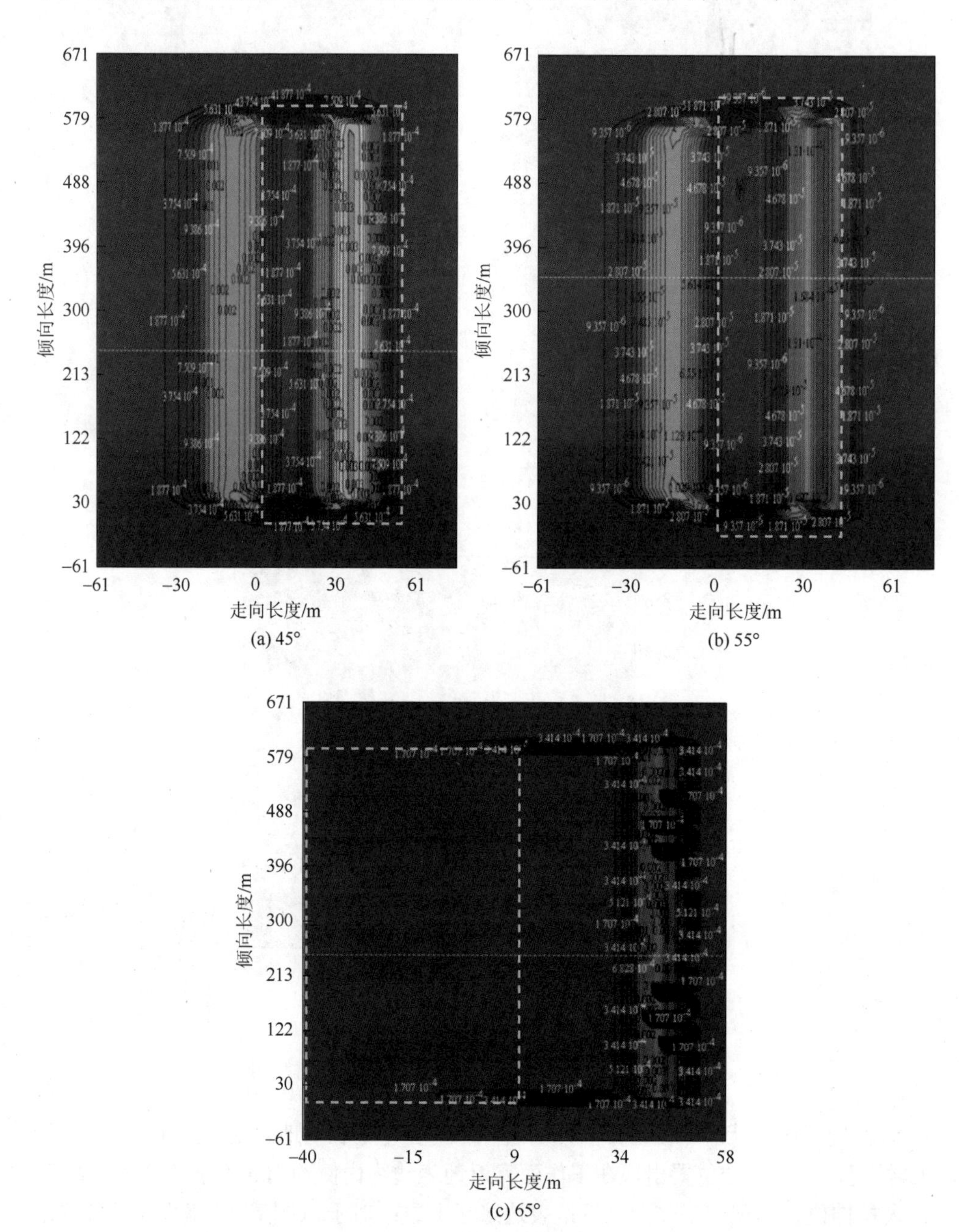

图 5-36　工作面地表二维面裂隙率等值线图

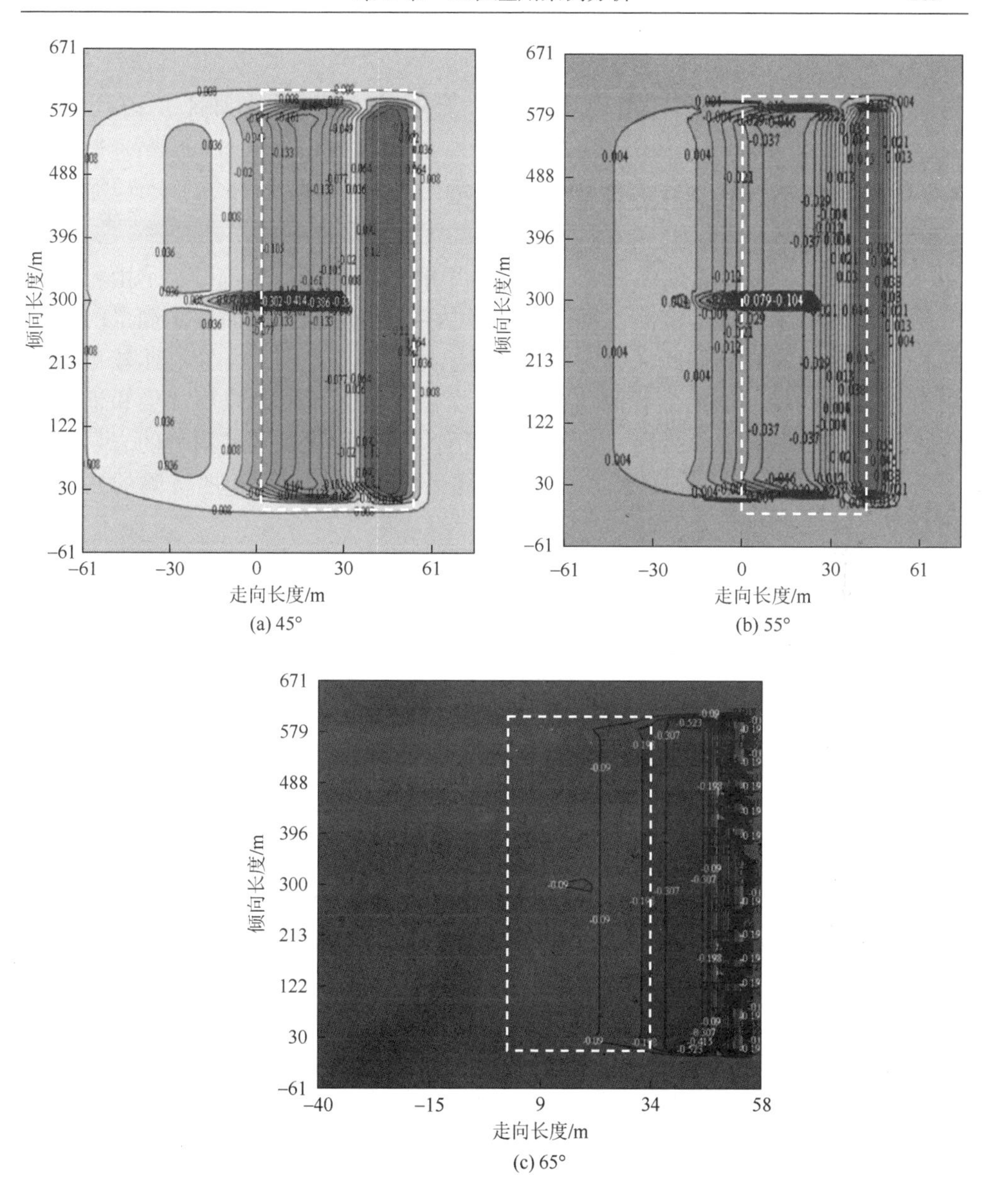

(a) 45°　(b) 55°　(c) 65°

图 5-37　工作面地表二维面应变等值线图

如图 5-37 为工作面地表二维面应变等值线图，随着工作面倾角的增大，工作面地表二维面应变也随之增大，并且应变也逐渐集中于工作面垂直上方靠右侧区域。在工作面倾角为 65°情况下，工作面地表二维面应变全部集中于工作面垂直上方右侧区域，相对于 45°和 55°情况应变区域变化较大。

5.3　工作面保护煤柱上覆岩层破坏影响

5.3.1　工作面保护煤柱上覆岩移动模型

一般来说，工作面间保护煤柱上覆岩层的下沉包括两个部分：①由相邻的开采工作面引起的叠加沉陷，如图 5-38 中的实线所示。然而实际测量的结果往往与预期有较大的差距（如图 5-38 所示的菱形测量结果，通过比较可以看出仍然存在大量被低估的预测值）；②在煤柱系统区域中的煤层顶板和地板之间由于压缩产生的总收敛而引起的额外沉陷。因此，煤柱及其附近的岩层沉陷是各个相邻工作面开采导致的沉陷和煤柱系统本身收敛引起的沉陷的共同作用结果。

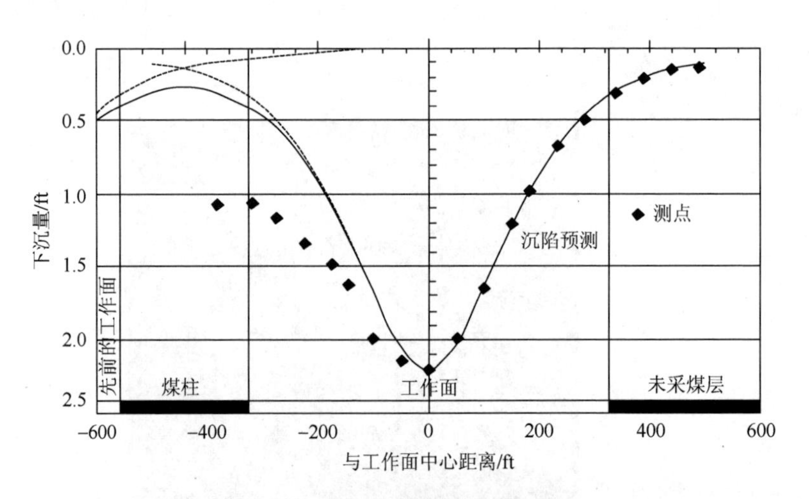

图 5-38　确定由煤柱 ΔS_{max} 压缩引起的最大可能沉陷

基于经验公式，影响 ΔS_{max} 的重要因素是煤层开采厚度（m）、工作面埋深（h）、工作面宽度（W）和煤柱宽度（W_p）。引入负荷指数 I_i 来总结上述四个因素引起的影响。式（5-10）和式（5-11）用于确定在以下亚临界、临界及超临界条件下的负荷指数，在相应的负荷指数方程式之后也提供不同负荷条件的判断。图 5-39 解释了式（5-10）和式（5-11）中的参数，并显示了由煤层开采引起的沉陷效应程度，煤柱外的阴影部分表示由煤柱两侧的采空区和顶板和底板之间的压缩所影响的下沉地层和地面。在式（5-10）和式（5-11）中，α 是断裂角，并且当 α 等于 23°时为最佳。

$$I_i = h + \frac{W_m}{W_p}\left(h - \frac{W_m}{4\tan\alpha}\right), \quad h\times\tan\alpha \geqslant \frac{W_m}{2} \tag{5-10}$$

$$I_i = h + \frac{h^2}{W_p}\tan\alpha, \quad h\times\tan\alpha < \frac{W_m}{2} \tag{5-11}$$

$$\frac{\Delta S_{max}}{m} = 0.0189 + 5.659\times10^{-6} I_i + 1.392\times10^{-8} I_i^2 \tag{5-12}$$

式中，ΔS_{max}是基于使用负荷指数I_i的回归研究得出的；m是煤层开采厚度。

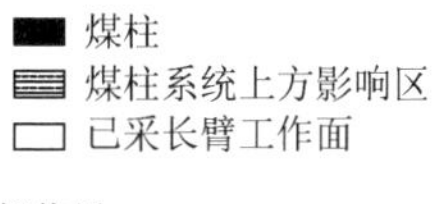

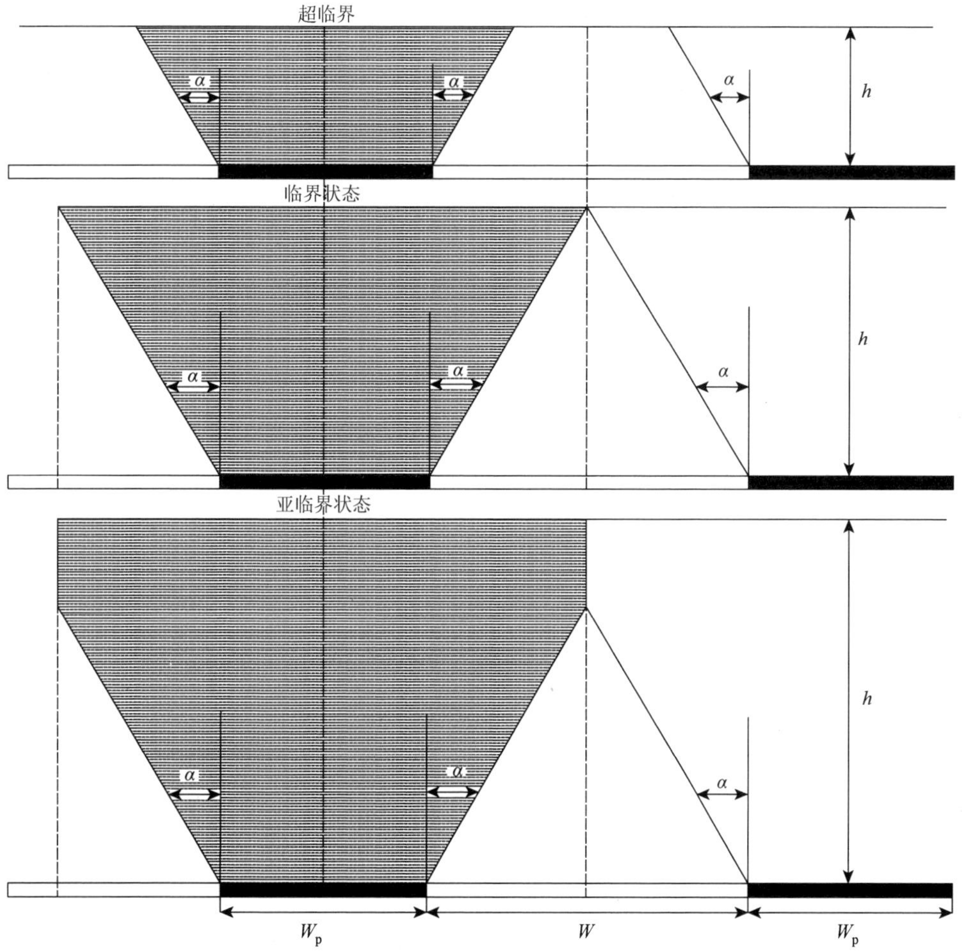

图5-39　三种不同类型的负载条件

煤柱系统收敛引起的沉陷分布仍然使用影响函数方法来确定地面沉陷的分布。在一个假想的“工作面”中，其开采高度是煤柱产生压缩的总和，并且该“工作面”可以产生最大为$\Delta S_{\max}$的沉陷盆地。使用影响函数描述该条件下的“主横截面”的沉陷公式为

$$f_s(x',z_i)=\frac{\Delta S_{\max}}{R_i}\mathrm{e}^{-\pi\left(\frac{x'}{R_i}\right)^2},\quad i=1,2,\cdots,n \tag{5-13}$$

沿着主横截面的水平位移的影响函数如式（5-14）所示。

$$f_u(x',z_i)=-2\pi\frac{\Delta S_{\max}}{R_i z_i}x'\mathrm{e}^{-\pi\left(\frac{x'}{R_i}\right)^2},\quad i=1,2,\cdots,n \tag{5-14}$$

应当注意，该“想象”沉陷盆地中的拐点是从煤柱的边界向外延伸一段距离d，如图 5-40 所示。计算宽度则是由煤柱的左/右拐点到煤壁之间及煤柱本身宽度的总和。图中两部分阴影区域分别表示由于煤体顶板的压缩下沉区及煤柱嵌入底板引起的额外沉陷区。必须注意的是，煤柱与以上两个区域之间的比例关系和相对位置可能不符合现实，所有这些都只是为了更容易解释煤柱在压应力下的变化。

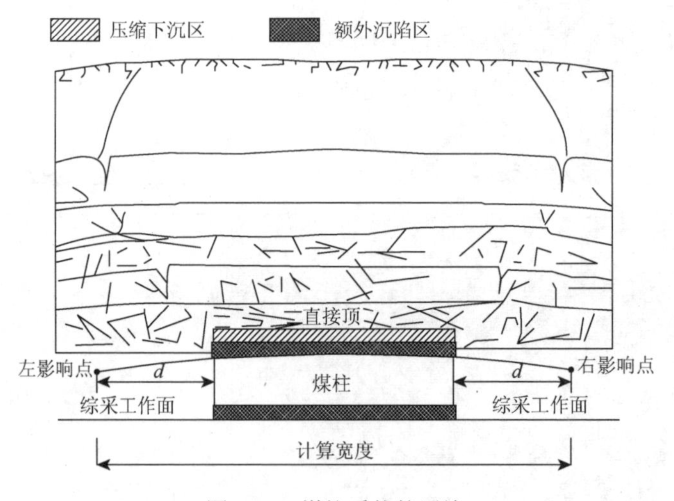

图 5-40　煤柱系统的压缩

相邻工作面产生的沉陷分布。在煤柱上的第i层，点x'接受相邻工作面煤体的采出而受到的下沉影响。图 5-41 中的阴影列表示不同的开采单元对点x'的影响，a部分影响来自开采单元$\mathrm{d}x_1$，b部分影响来自开采单元$\mathrm{d}x_2$，c部分影响来自虚拟开采单元$\mathrm{d}x_3$。这三部分的和即为煤柱最终的变形沉陷距离。

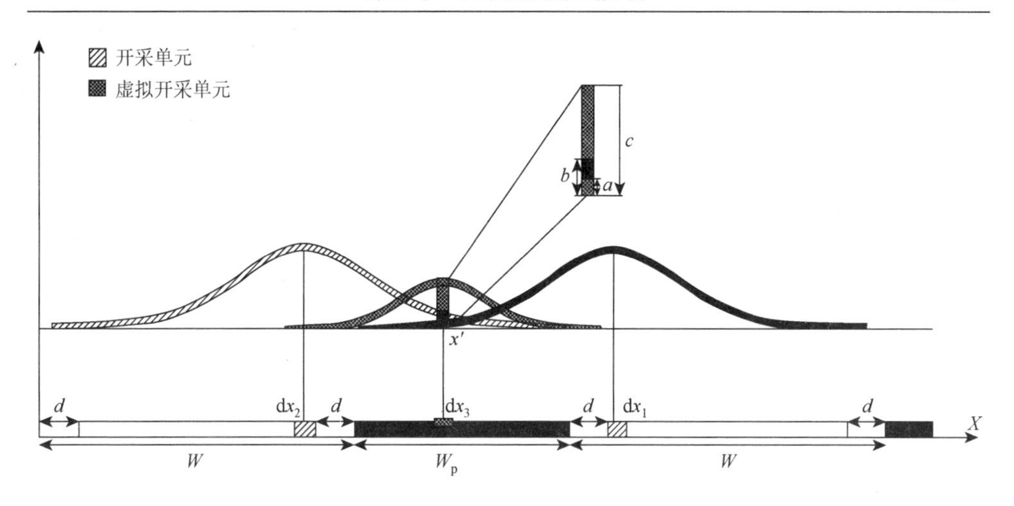

图 5-41　煤柱上影响函数法的示意图

因此，在煤柱上的预测点(x,z_i)处的最终地下沉陷和水平位移通过在相应岩层处对左和右拐点之间的影响函数进行积分来获得，如式（5-15）和式（5-16）所示。

$$S(x,z_i)=\frac{S_{\max}(z_i)}{R_i}\int_{d_i-x}^{W-d_i-x}\mathrm{e}^{-\pi\left(\frac{x'}{R_i}\right)^2}\mathrm{d}x'+\frac{\Delta S_{\max}}{R_i}\int_{W-d_i-x}^{W_\mathrm{p}+W+d_i-x}\mathrm{e}^{-\pi\left(\frac{x'}{R_i}\right)^2}\mathrm{d}x',\quad i=1,2,\cdots,n \tag{5-15}$$

$$U(x,z_i)=2\pi\frac{S_{\max}(z_i)}{R_i z_i}\int_{d_i-x}^{W-d_i-x}x'\cdot\mathrm{e}^{-\pi\left(\frac{x'}{R_i}\right)^2}\mathrm{d}x',\quad i=1,2,\cdots,n \tag{5-16}$$

同样，对于处理地层的沉陷变形问题，我们仍然使用水平应变、垂直应变和总应变来描述煤柱上方及其周边的地层破坏影响。水平应变ε_x定义为相对于x的水平位移的一阶导数。足够的水平应变可能导致地层垂直裂缝。垂直应变ε_z定义为相对于z的地下沉陷的一阶导数。足够的垂直应变可能导致沿着地层的分离甚至阶梯裂缝。

$$\varepsilon_x=\frac{\mathrm{d}U(x,z)}{\mathrm{d}x} \tag{5-17}$$

$$\varepsilon_z=\frac{\mathrm{d}S(x,z)}{\mathrm{d}z} \tag{5-18}$$

在煤层开采条件下，煤柱上方的地层断裂部位可能成为地面新鲜空气涌入的通道。在这种情况下，随着新鲜空气不断补充到采空区当中，其浮煤块和煤柱都会被充分氧化从而导致自燃事故的发生。因此，可以通过断裂比来测量岩石基体中断裂的发展程度。如 5.1.1 节所提到的使用 LFR 和 AFR 测量可能的岩层断裂发展情况。

5.3.2 案例研究

为了证明 5.3.1 节所提出的模型的准确性，选取一长壁工作面条件进行计算。上覆岩层的岩性信息如表 5-2 所示。根据岩性特征，组合后共获得 27 层地层。

表 5-2 上覆岩层岩性表

序号	地层分类	厚度/m	距离采空区距离/m	厚度/m	距离采空区距离/m	综合地层号	密度/(kg/m^3)	弹性模量/GPa
1	表层土壤	4.3	186.5	4.3	186.5	27	1800	19 650
2	页岩	6.0	182.2	6.0	182.2	26	2100	21 200
3	页岩	4.0	176.2	6.6	176.2	25	2210	21 200
4	页岩	2.6	172.2					
5	页岩	2.4	169.6	2.4	169.6	24	2210	21 200
6	砂岩	1.3	167.2	4.3	167.2	23	2480	35 800
7	页岩	2.6	165.9					
8	砂岩	0.4	163.3					
9	砂岩	1.4	162.9	1.4	162.9	22	2565	41 600
10	页岩	4.0	161.5	5.3	161.5	21	2340	33 600
11	煤	0.5	157.5					
12	页岩	0.8	157.0					
13	页岩	6.6	156.2	6.6	156.2	20	2210	21 200
14	页岩	2.5	149.6	2.5	149.6	19	2210	21 200
15	砂岩	3.2	147.1	5.1	147.1	18	2670	42 000
16	页岩	1.9	143.9					
17	煤	0.3	142.0	0.3	142.0	17	1100	17 750
18	页岩	3.8	141.7	4.9	141.7	16	2560	39 420
19	砂岩	1.1	137.9					
20	页岩	7.2	136.8	7.2	136.8	15	2210	22 000
21	页岩	2.3	129.6	2.3	129.6	14	2210	22 000
22	石灰岩	0.6	127.3	4.3	127.3	13	2150	38 560
23	页岩	1.0	126.7					

续表

序号	地层分类	厚度/m	距离采空区距离/m	厚度/m	距离采空区距离/m	综合地层号	密度/(kg/m^3)	弹性模量/GPa
24	煤	0.4	125.7	4.3	127.3	13	2150	38 560
25	页岩	2.3	125.3					
26	页岩	1.8	123	1.8	123	12	2220	22 000
27	砂岩	5.0	121.2	5.0	121.2	11	2675	41 560
28	砂岩	6.0	116.2	6.0	116.2	10	2675	41 560
29	砂岩	1.7	110.2	1.7	110.2	9	2675	41 560
30	页岩	4.1	108.5	5.2	108.5	8	2210	22 000
31	煤	1.1	104.4					
32	页岩	2.0	103.3	2.0	103.3	7	2200	22 000
33	砂岩	5.5	101.3	25.6	101.3	6	2550	40 700
34	石灰岩	0.7	95.8					
35	页岩	3.5	95.1					
36	砂岩	15.9	91.6					
37	页岩	2.1	75.7	25.8	75.7	5	2340	33 660
38	石灰岩	3.1	73.6					
39	砂岩	2.0	70.5					
40	页岩	1.8	68.5					
41	石灰岩	14.7	66.7					
42	页岩	2.1	52					
43	石灰岩	10.5	49.9	10.5	49.9	4	2100	32 800
44	页岩	8.9	39.4	15.1	39.4	3	2050	22 500
45	煤	1.7	30.5					
46	页岩	1.1	28.8					
47	砂岩	0.6	27.7					
48	页岩	1.2	27.1					
49	煤	0.2	25.9					
50	页岩	1.4	25.7					
51	石灰岩	9.9	24.3	15.1	24.3	2	2150	21 500
52	页岩	1.2	14.4					
53	石灰岩	2.3	13.2					

续表

序号	地层分类	厚度/m	距离采空区距离/m	厚度/m	距离采空区距离/m	综合地层号	密度/(kg/m^3)	弹性模量/GPa
54	页岩	1.1	10.9	15.1	24.3	2	2150	21 500
55	石灰岩	0.6	9.8					
56	页岩	5.0	9.2	9.2	9.2	1	1800	17 750
57	煤	0.1	4.2					
58	页岩	0.2	4.1					
59	煤	0.4	3.9					
60	页岩	3.2	3.5					
61	煤	0.2	0.3					
62	页岩	0.1	0.1					

图 5-42 的左侧部分显示长壁工作面上的预测下沉的轮廓图。图右边部分从下至上依次绘制了第 1、3、6、9、12、14、18、22、24 和 27 层的沉陷剖面曲线。为了清楚地展示计算结果，该轮廓图中的沉陷值被放大 20 倍，以便清楚地观察垂直位移的变化。可以看出，由于开采煤层引起的影响范围可能延伸到工作面边界外部，可以达到约 30m 的范围。长壁工作面边缘外侧的地层由于煤层的开采被大大拉伸，导致垂直下沉，表 5-3 是不同岩层位置沉陷量现场测量数据汇总表。

表 5-3　不同岩层位置沉陷量现场测量数据汇总

锚	钻孔 1				钻孔 2			
	位置	实测	预测	误差	位置	实测	预测	误差
1	102.89	−0.019	−0.165	88.55%	锚被损坏，没有测量数据			
2	109.56	−0.020	−0.165	87.62%				
3	116.24	−0.022	−0.165	86.70%				
4	122.88	−0.024	−0.165	85.59%				
5	129.56	−0.026	−0.154	83.37%				
6	136.23	−0.027	−0.151	81.83%				
7	142.91	−0.030	−0.15	80.29%	144.62	−1.414	−1.547	8.58%
8	149.55	−0.031	−0.147	78.64%	151.29	−1.404	−1.547	9.27%
9	156.23	−0.034	−0.122	72.27%	157.94	−1.394	−1.547	9.92%
10	162.90	−0.036	−0.122	70.52%	164.61	−1.383	−1.547	10.59%
11	169.58	−0.038	−0.122	68.77%	171.29	−1.373	−1.547	11.24%
12	176.22	−0.041	−0.122	66.77%	177.96	−1.363	−1.402	2.78%

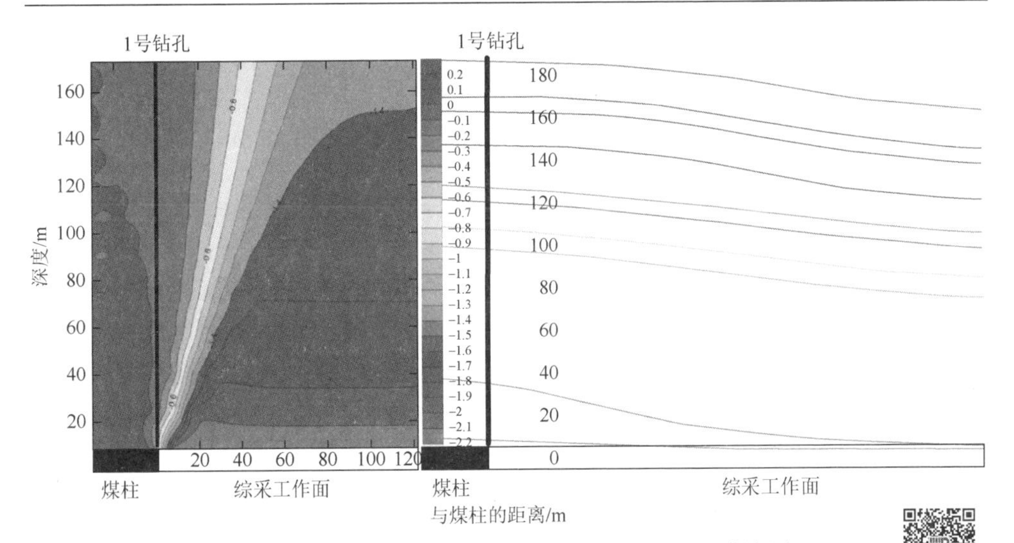

图 5-42　长壁工作面上的预测下沉的轮廓和沉陷曲线图

如图 5-43 所示，在采空区上方设置 2 个观测钻孔，其中 1 号钻孔位于采空区边缘煤柱上方，2 号观测孔位于采空区中央，属于沉陷完全发育区，现场测量中的相

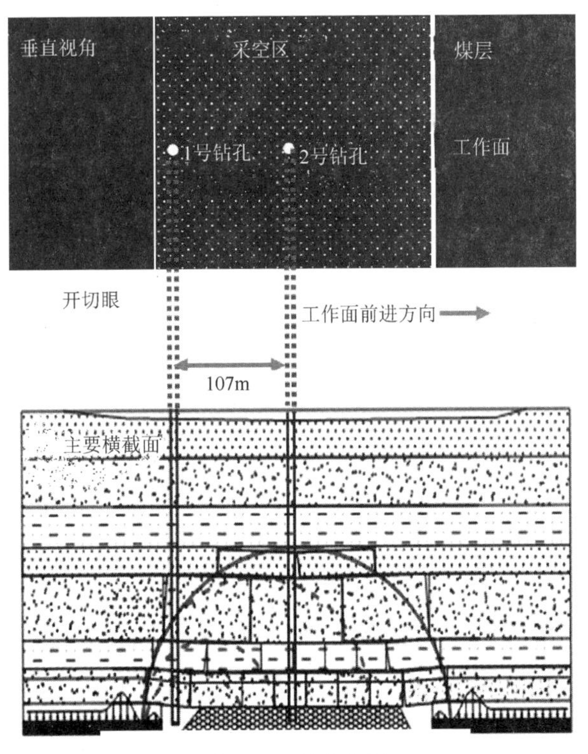

图 5-43　钻孔位置

应测量点处的预测沉陷值列于表 5-4 中。通过与表 5-3 中的现场测量值进行对比发现，位于工作面边缘上方的钻孔 1 和位于沉陷完全发育区中的钻孔 2 的误差现在通常分别低于 20%和 5%，显示出很高的计算精度，并且在工程应用中是可以接受的。

表 5-4　预测和现场测量值相互比较

<table>
<tr><th rowspan="2">锚</th><th colspan="4">钻孔 1</th><th colspan="4">钻孔 2</th></tr>
<tr><th>位置</th><th>实测</th><th>预测</th><th>误差</th><th>位置</th><th>实测</th><th>预测</th><th>误差</th></tr>
<tr><td>2</td><td>109.56</td><td>−0.020</td><td>−0.022</td><td>−10.00%</td><td colspan="4" rowspan="3">锚被损坏，没有测量数据</td></tr>
<tr><td>4</td><td>122.88</td><td>−0.024</td><td>−0.027</td><td>−13.16%</td></tr>
<tr><td>5</td><td>129.56</td><td>−0.026</td><td>−0.026</td><td>−0.70%</td></tr>
<tr><td>8</td><td>149.55</td><td>−0.031</td><td>−0.035</td><td>−12.90%</td><td>151.29</td><td>−1.404</td><td>−1.399</td><td>0.36%</td></tr>
<tr><td>10</td><td>162.90</td><td>−0.036</td><td>−0.040</td><td>−11.11%</td><td>164.61</td><td>−1.383</td><td>−1.366</td><td>1.23%</td></tr>
<tr><td>11</td><td>169.58</td><td>−0.038</td><td>−0.046</td><td>−21.05%</td><td>171.29</td><td>−1.373</td><td>−1.353</td><td>1.46%</td></tr>
<tr><td>12</td><td>176.22</td><td>−0.041</td><td>−0.045</td><td>−9.76%</td><td>177.96</td><td>−1.363</td><td>−1.313</td><td>3.67%</td></tr>
</table>

假设相邻的工作面也被开采，中间留下 30m 宽的保护煤柱以分离两个工作面。对于每个长壁工作面，如图 5-42 所示，其沉陷影响范围可以从煤柱或工作面边缘向外延伸 30m 处。因此，在两个工作面之间的 30m 保护煤柱，其上覆岩层的移动会受到两个开采工作面的双重影响。应用式（3-10）来计算长壁工作面和煤柱上方岩层的沉陷。再通过式（5-16）来确定额外保护煤柱上方的沉陷。最终沉陷计算结果可以通过这两部分的计算结果叠加得到。

图 5-44 为煤柱下预测的剖面图和深陷曲线图。可以看出，在煤柱正上方区域的沉陷量较小，在远离煤柱的上覆地层的其他区域沉陷量较大。

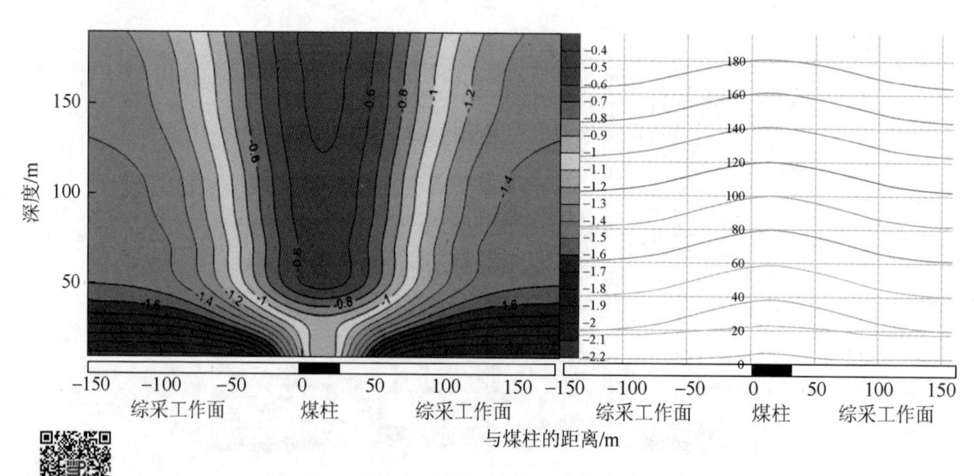

图 5-44　煤柱下预测的剖面图和沉陷曲线图

通过计算 LFR 和 AFR，其等值线图见图 5-45 和图 5-46。从这两个等值图可以发现，主要有三个区域，在采矿效应下，断裂正在充分发展。*b* 和 *b′*区域位于煤柱中上部，平均宽度为 46m 和 50m，分别为煤柱宽度的 1.50 倍和 1.66 倍。必须注意的是，断裂发展区 *b* 和 *b′*都很可能导致表面的裂缝传导地表空气。*a* 和 *a′*区

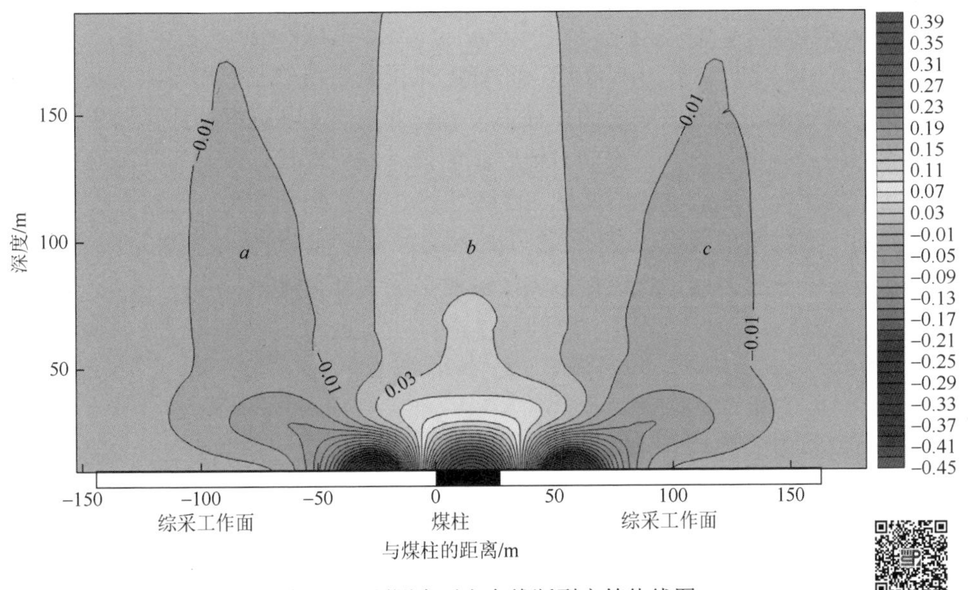

图 5-45　预测水平方向线断裂率等值线图

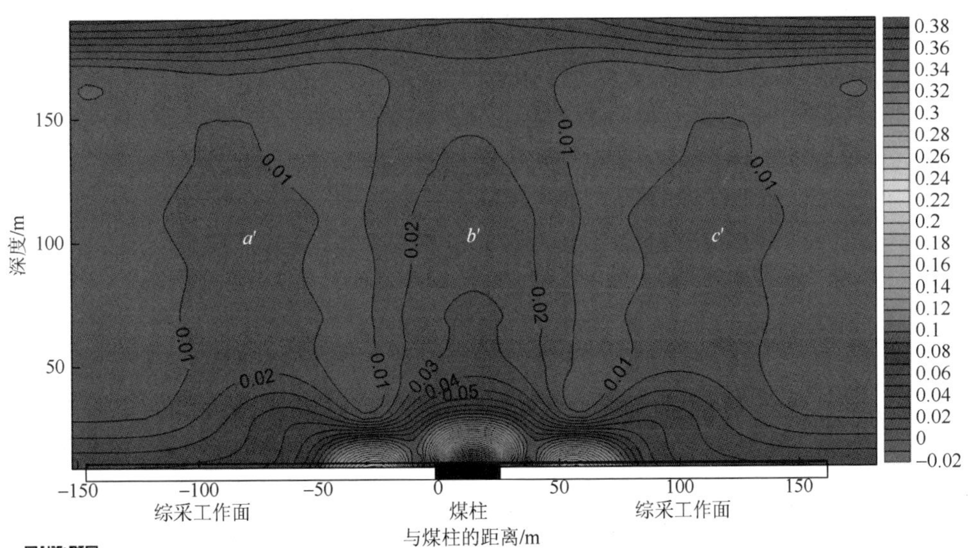

图 5-46　工作面及煤柱上方面断裂率等值线图

域位于中间区的左侧，距离左煤壁约 104m 和 103m，a 和 a'区域的高度可以达到距离煤层顶板 171m 和 150m，其非常接近地表。由于对称的原因，区域 c 和 c'具有关于宽度和高度的相同值。

采用基于影响函数法的改进数学模型来预测长壁工作面及煤柱上方岩层的沉降量。煤柱上方岩层的沉降其实是由以下两个部分共同叠加而成：由相邻的长壁工作面的开采造成的沉降及煤体本身在顶底板之间的压缩造成的沉降。基于式（5-10）～式（5-16）的数学模型并引入 LFR 和 AFR 来衡量岩层的变形和裂隙发育性，本节展示了位于两个采空区中间的煤柱上方岩层的沉降和断裂率的计算结果，通过现场实测结果和模型计算结果的对比，表明改进的模型具有较好的准确性。同时本节还给出了煤柱断裂率等值线图，表明煤柱上的左右两侧 20m 内的岩层很可能被拉伸而形成大量的裂隙。这些裂缝可能会成为地面空气进入地下采空区的通道，从而对煤柱及采空区的遗煤进行氧化，进而引发煤自燃问题。

5.4　水体下采煤

5.4.1　采矿诱发地下渗透率变化

渗透率是土壤或岩石的属性，其描述了水通过孔隙空间或裂缝移动的难易性。在特定岩石中地下水流的渗透率严重依赖于岩石的类型和微观结构及施加到岩石的应力条件。显然，施加足够的拉伸应力可以增加岩石的孔隙率并因此增加岩石的渗透率[65]。因此，在地下水流模拟中应首先考虑应力对渗透率的影响。

为了研究地下沉陷对覆盖层水文系统的影响，首先要建立应力-渗透率关系[66]。长壁工作面的采煤在上覆岩层中会引起岩层应力和应变的变化，岩层会形成拉伸和压缩区域，这些区域将贯穿采空区及附近区域，空间位置从采煤水平到地表水平。此外，拉伸区域将岩层拉伸会产生新的孔隙，而原始孔隙将在压缩区域中被压实收缩，这些变化可以对岩体渗透率产生很大的影响，一些现场研究证明长壁工作面上的岩体渗透率能够增加或减少大约 10～100 倍[67, 68]。

长壁工作面的开采下沉可能对上覆地层造成不同程度的干扰，如图 5-47 所示。覆岩冒落带厚度为开采高度的 2～10 倍[69]。其特征在于不规则的岩石碎片及高孔隙率和渗透率。实验室测试表明，冒落带中的孔隙率在 30%～45%[69]。

裂隙带位于冒落带的上方和边缘处，其厚度为开采高度的 28～52 倍。其特征在于岩层分离导致的垂直或亚垂直的裂缝和水平裂缝。在这个区域内，水可以直接流入冒落带，然后进入到矿井工作面处，断裂岩石中的渗透率测量显示出渗透率增加了 40 倍。

裂隙带和地表之间是弯曲下沉带，在这个区域中，岩层轻微变形，在纵向方向上只会产生一些小的裂缝，远不及裂隙带上产生的贯穿整个岩层长度的那种大尺度裂缝，地下沉陷对该区的渗透率和水储存量影响也不大。

在地表的不同位置存在不同深度的土壤区。在这个区域中，随着长壁工作面的靠近或者远离，裂缝可以不断地张开和闭合。通常情况下，长壁工作面边缘部分的裂缝倾向于永久维持，而当工作面开采的长度足够长时，位于工作面中心区域的裂缝将重新闭合。表面裂隙带可能具有垂直的表面裂缝和破裂，这可能导致地表水体的流失[70]。

在增加的压应力下，弹性岩石的孔隙率和渗透率将降低。然而当岩石上的应力超过弹性极限时，岩石将表现为塑性，则在该状态下应力变化不显著，而应变快速增加。因此，大多数应力渗透模型不能准确地预测大变形条件下的渗透率变化，而第 4 章建立的不同区域的计算渗透率模型能够很好地估计不同区域中岩层变形导致的渗透率变化。

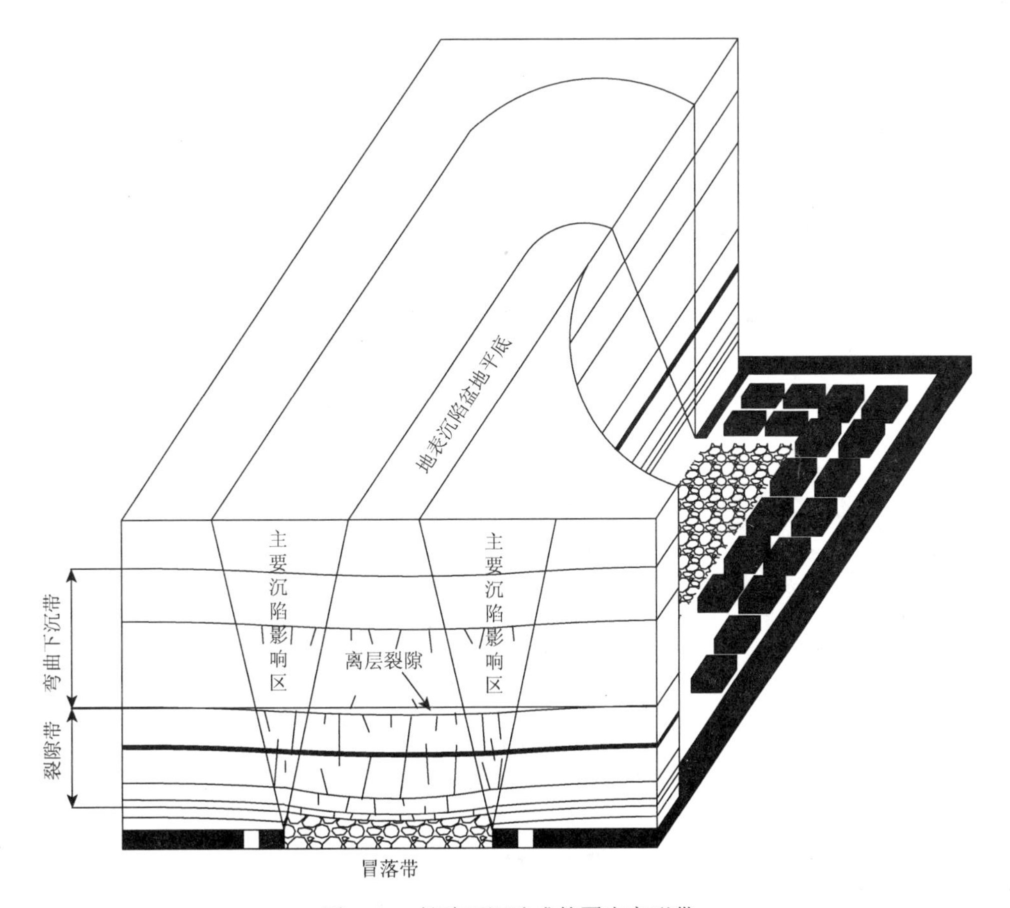

图 5-47　长壁下沉造成的覆岩变形带

5.4.2　案例研究

我们使用 4.4 节中的动态二维情形下工作面覆岩渗透率变化模型评估某大型水库下煤层开采过后的沉陷影响。该水库作为一个小城市的供水水源，其安全性受到广泛的关注。开采计划是一个长壁工作面的下半部直接在坝体的尾部下面进行采煤，而其余部分土坝位于煤和工作面之外，如图 5-48 所示。长壁工作面的宽度为 434m，水坝下最小覆盖层深度约为 219m。

该案例主要有两个关注点：①长壁开采沉陷是否会引起水体的泄漏并影响水坝存水能力；②从水坝中泄漏的水是否会影响地下长壁工作面的采煤作业。为了解决这两个问题，进行开采沉陷的综合研究是非常必要的，在这项研究中，在上覆岩层的连接高位断裂带是否能使地表和地下开采采空区之间构成联系是关键问题。

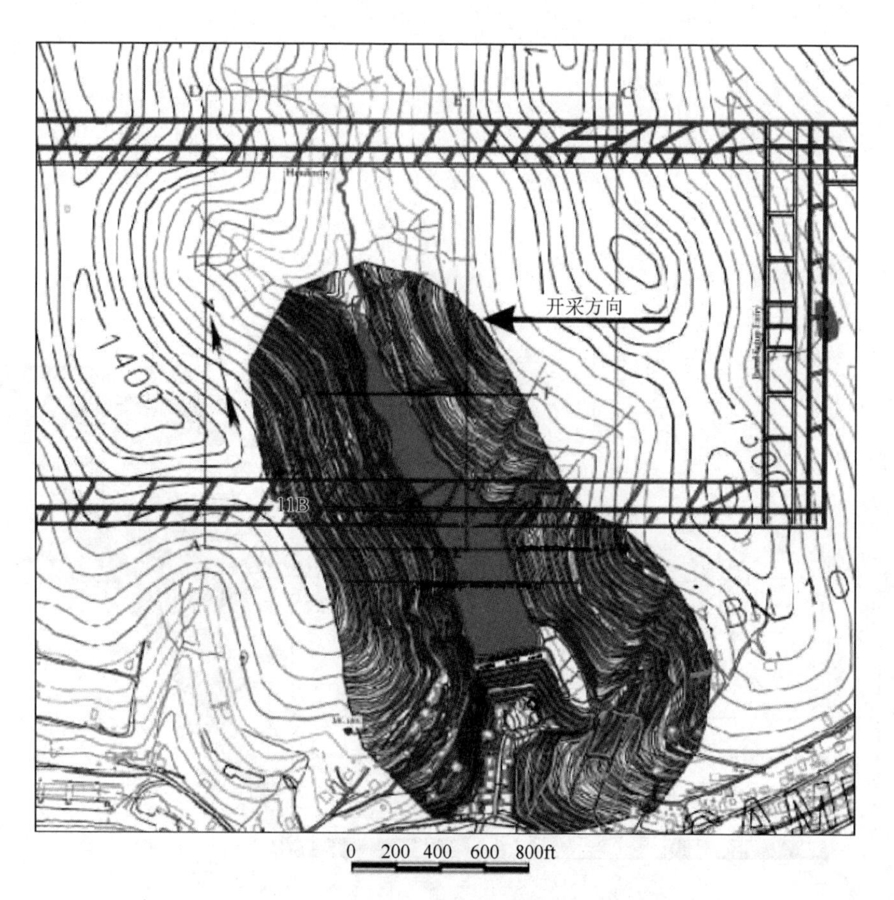

图 5-48　水库及其下方的采煤工作面位置

水库建成后，在库的底部会沉积形成一层厚度大约 4.6m 的淤泥带，降低其储水能力。由附近的地质勘探钻孔提供的岩心测井信息绘制的矿山地质柱状图如图 5-49 所示，它显示约有 12m 的黏土和页岩层位于储层底部的正下方。在 2.4m 之后的砂岩层下，还有 11m 的黏土岩层，接下来 46m 的覆盖层包含 2.7m、3.0m、4.3m 和 8.5m 厚度不等的黏土岩层。因此，难以渗透的黏土层约占 70m，是全部覆盖层的 58%，两层砂岩（8.5m 和 18.3m 厚）分别位于水库底部下方约 73m 和 122m 处。同样重要的是在煤层顶部存在大量石灰石床。从下到上计算为：要开采的煤矿的最大高度为 2.8m，三个石灰石层，分别厚 9.1m、36.6m 和 2.4m，位于煤层上方约 12m、27m 和 76m 处，石灰石比页岩、黏土和粉砂岩层更坚硬和更坚固。

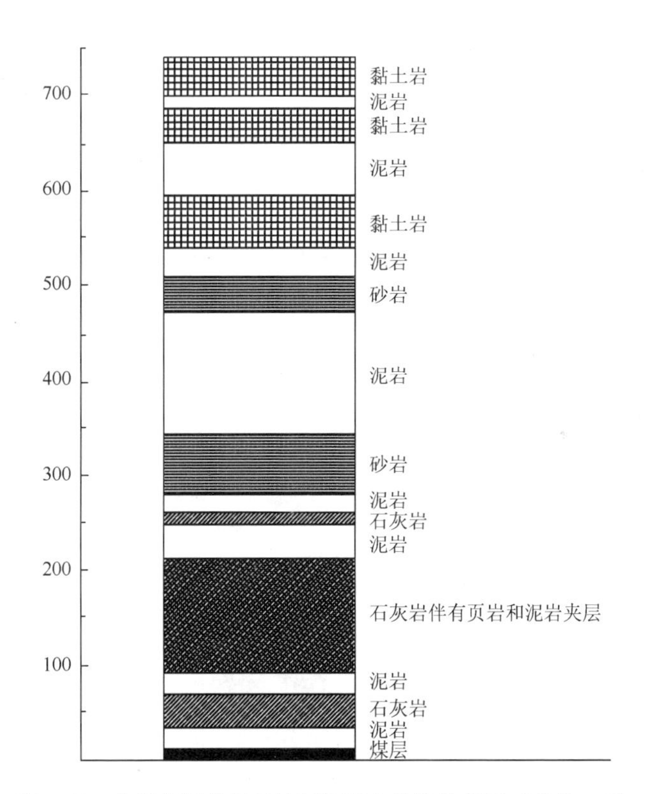

图 5-49　由岩心测井信息绘制的矿山地质柱状图（单位：ft）

在研究中，使用 3.1.2 节所述的模型进行岩层移动的动态预测，预测得到在水库底部最大拉应变值和动态应变值，这可能导致细小的裂缝在水库底部形成。然而，一旦储层底部产生厚的淤泥沉积物，这种细纹裂纹可能被淤泥所填充。

利用岩层沉陷预测模型，预测地下岩层的最终移动和变形。将预测的最终孔隙率代入式（4-14），可确定沉积物对储层下覆岩层渗透率的影响，结果如图 5-50 所示。图中清楚地显示了位于煤层上方约 27m 处的 36.6m 厚的石灰岩层的桥接效应。这种厚质岩层显著改变了地层变形的分布模式和其下方及上方的渗透率。预测表明，最大沉陷对水库底部地层渗透率的影响是使得初始渗透率增加一倍。渗透率增加的地方发生在工作面边缘内部的短距离的区域中。

为了评估水库水大量渗入长壁工作面采空区的可能性，本书进行了相关数值模拟研究，如图 5-50 所示。最可能的漏水路径是沿着工作面边缘附近的从地面到开采水平的渗透率增加区。评估通过该路径的水泄漏的可能性是数值模拟研究的关键，选择长壁工作面宽度的一半用于数值模拟。二维数值模型由大约 2288 个有限元组成，模拟宽度为 228m，长壁工作面上方的覆盖层深度为 225m，如图 5-51 所示。模拟单元的尺寸是变化的，在工作面边缘附近大约 0.91m 的关键区域中，单元尺寸随着距研究区域的距离的增加而增加。在建立数值模型时，在煤矿采空区的地下水高度被设置为 0，地表水位等于水库水位减去煤层高度（225m）。模型的垂直边界被设置为不可渗透的。

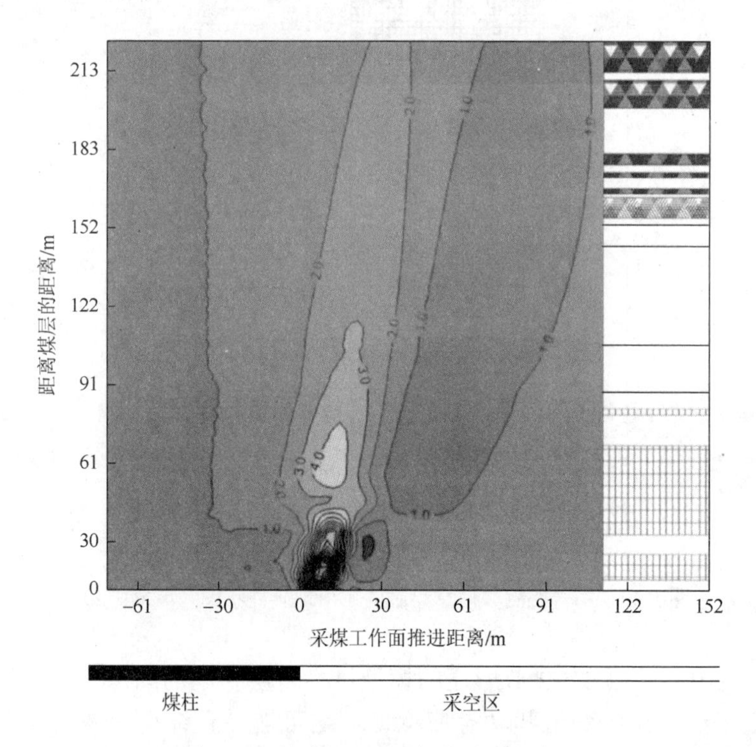

图 5-50　长壁板开采引起的渗透率变化

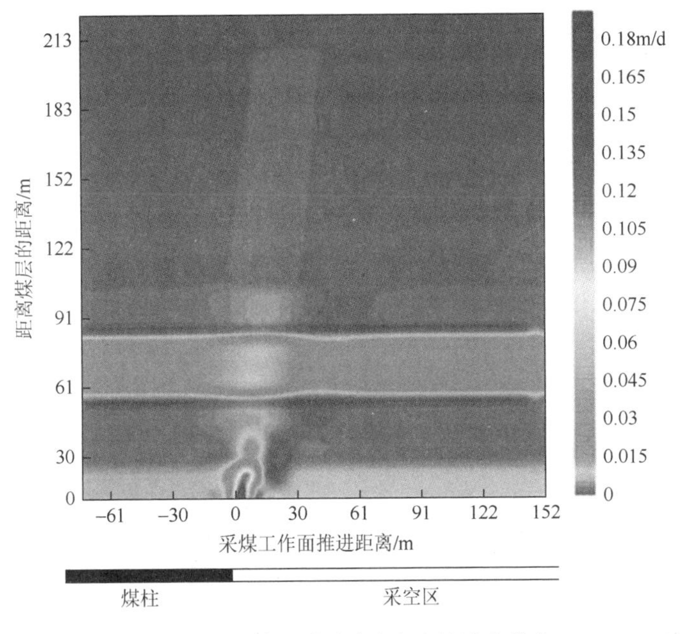

图 5-51　长壁开采后垂直水力渗透率分布

表 5-5 给出了在数值模拟中使用的煤系岩石的初始水力性质。基于预测的最终总应变分布计算开采后上覆岩层的水力渗透率，并将结果绘制在图 5-51 中。结果表明，高渗透带位于煤层上方 58～88m 的砂岩地层中。长壁沉陷在长壁边缘附近的区域内引起高应变和高渗透率。在该地区，高渗透率带在距煤层 106m 以内受到限制。在此水平之上，由于低得多的总应变及黏土岩层和储层底部厚粉土的低渗透率，沉陷对渗透率的影响不明显。采动后的最大垂直渗透率在长壁板边缘正上方的区域，达到 0.0549m/d。然而，大多数其他地区的垂直渗透率小于 0.0274m/d。

表 5-5　煤系岩石初始水力特性

岩石类型	渗透率/(m/d)		孔隙率
	水平	垂直	
土壤	2.74×10^{-4}	2.74×10^{-4}	0.15
黏土岩	5.48×10^{-4}	5.48×10^{-3}	0.10
页岩	2.74×10^{-3}	1.37×10^{-3}	0.05
煤	2.74×10^{-3}	2.74×10^{-3}	0.05
石灰岩	5.47×10^{-3}	5.47×10^{-3}	0.10
砂岩	2.74×10^{-2}	2.74×10^{-2}	0.15

图 5-52 绘制了模拟矿井开采后地下水压力头和长壁工作面上的流速分布。在

开采沉陷引起的渗透率和水流增加的区域，水头等高线向上弯曲，表明该点的水头已经从其原始水平下降。流速较高的区域位于工作面边缘很短的距离内，基于模拟结果，从水库地表到矿井井下沿着工作面纵向方向的水泄漏速率为 $0.132m^3/(m/d)$。从图 5-48 可知，沿着工作面纵向方向的储层水表面的等效平均宽度为 25.5m。从储层到地下采空区的泄漏量估计为 $3.4m^3/d$。对于地下采矿作业，从地表水库向矿井流入的水（$0.0024m^3/min$）对矿井抽水系统的影响微乎其微。因此，通过沉陷扰动覆岩层从水库泄漏到地下工作面的水不会引起安全隐患。

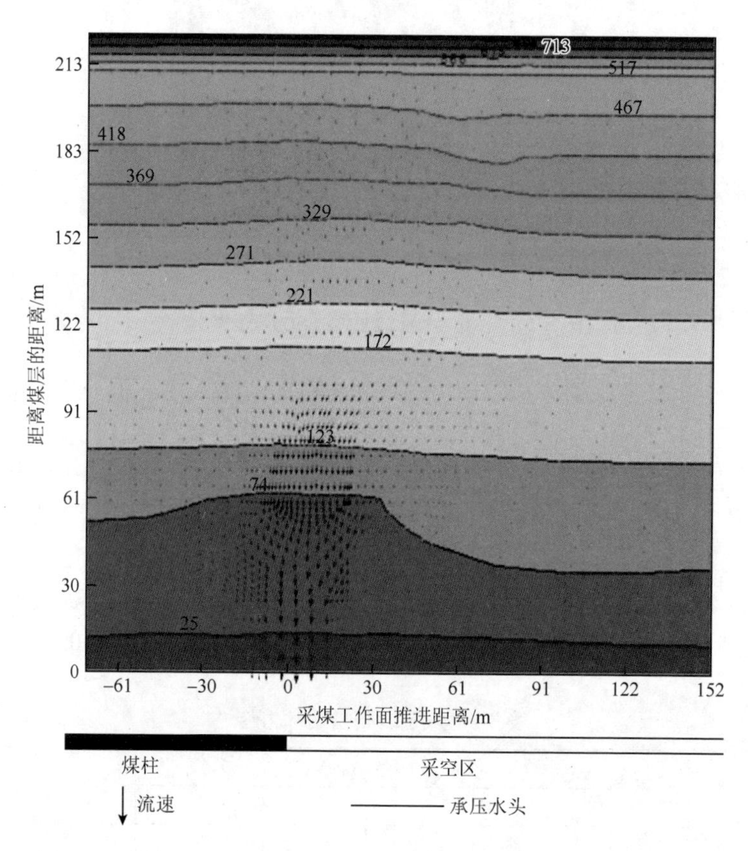

图 5-52　模拟矿井开采后地下水压力头和长壁工作面上的流速分布

如上一段的模拟结果所示，工作面沉陷引起的从水库中泄露的水对矿井抽水系统的影响微乎其微。剩下的问题就是岩层沉陷是否会降低水库的持水能力。我们可以对水库周围的矩形开采区域进行沉陷预测。根据在该区域内煤层开采后导致的地表沉陷预测值，可以将其从原始地表高程中减去得到新的高程。图 5-53 绘制了下沉前和下沉后的表面形貌轮廓线，矿山开采造成的沉陷使长壁工作面上方区域中地表轮廓线发生了变化，水库的位置发生了微小的改变，水体进行了重新分布。

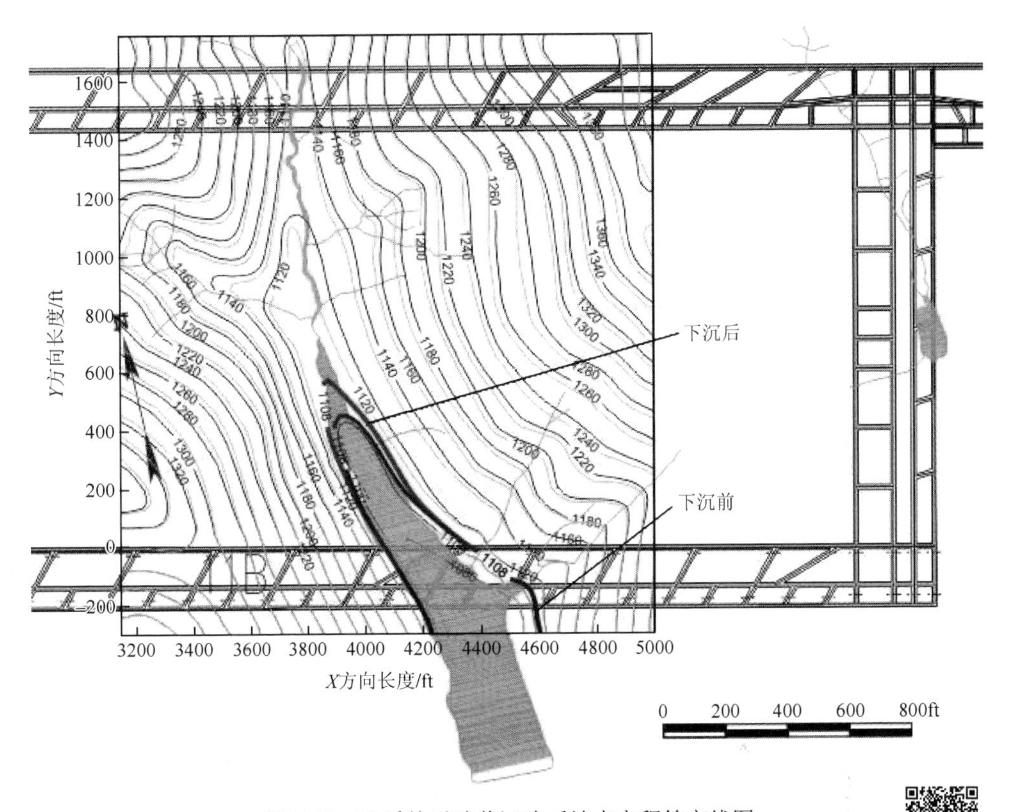

图 5-53　开采前后矿井沉陷后地表高程等高线图

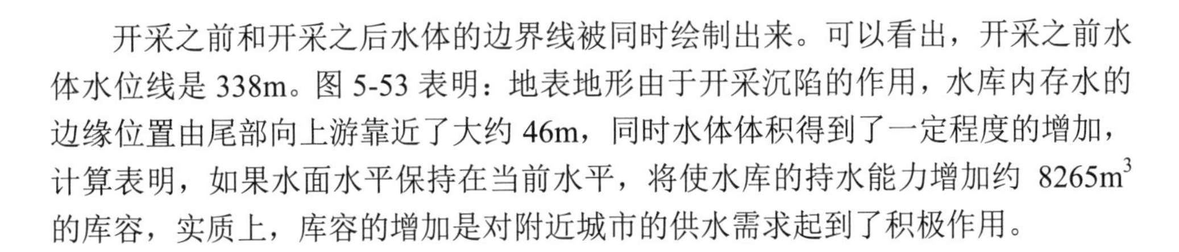

开采之前和开采之后水体的边界线被同时绘制出来。可以看出，开采之前水体水位线是 338m。图 5-53 表明：地表地形由于开采沉陷的作用，水库内存水的边缘位置由尾部向上游靠近了大约 46m，同时水体体积得到了一定程度的增加，计算表明，如果水面水平保持在当前水平，将使水库的持水能力增加约 8265m^3 的库容，实质上，库容的增加是对附近城市的供水需求起到了积极作用。

5.5　瓦斯抽采巷道优化

5.5.1　工作面瓦斯概况

晋东煤田某矿西北翼 8133 工作面主采 15#煤，煤层平均厚为 6.6m，吨煤瓦斯含量 1.05～11.4m^3/t，在 2014 年 2 月成面并构成全风压通风系统。尽管 15#煤本身瓦斯含量不高且压力不大，但是煤及围岩透气性差，在15#煤层掘进与回采面老顶垮落前，瓦斯涌出量基本来自本煤层，相对瓦斯涌出量一般在10m^3/t以下；但在工作面老顶垮落后，围岩瓦斯随采动裂隙大量涌向采煤工作面。目前，矿井绝对瓦斯涌出量达190m^3/min，相对瓦斯涌出量为72m^3/t。其中90%以上的瓦斯来自邻近煤层及围岩层。山西省安全生产监督管理局2008年度矿井瓦斯等级和二氧化碳涌出量鉴定结果表明，该矿井为高瓦斯矿井，因此必须采取有效的瓦斯控制措施使得工作面和回风巷道中的瓦斯浓度小于1%。总而言之，煤层瓦斯富集较为突出，严重制约着高产高效矿井的建设，给煤矿安全生产造成了重大隐患，查明瓦斯地质规律与控制因素亟待进行。

8133工作面走向长为1584m，采长为220m，工作面将采用一进三回通风系统。根据该矿回采工作面瓦斯和二氧化碳涌出量来看，瓦斯涌出量明显高于二氧化碳涌出量。按瓦斯涌出量进行计算，8133工作面平均瓦斯涌出总量为111.45m^3/min，其中平均风排瓦斯涌出量为7.13m^3/min，平均抽出瓦斯纯量为104.32m^3/min，瓦斯抽出率为92%。8133工作面回风平均瓦斯绝对涌出量为2.93m^3/min，内错尾巷平均瓦斯绝对涌出量为2.78m^3/min。该工作面回风巷最大绝对瓦斯涌出量为4.42m^3/min，内错尾巷最大绝对瓦斯涌出量为3.1m^3/min。该工作面回风瓦斯涌出不均衡系数为1.64；内错尾巷瓦斯涌出不均衡系数为1.11。

5.5.2 不同工作面推进长度下覆岩渗透率计算分析

结合已有沉陷模型并引入应变-孔隙率-渗透率关系，得到采空区覆岩渗透率分布模型，进而得到如图5-54～图5-57所示的不同工作面推进长度条件下上覆岩层渗透率K的分布预测云图。岩层原始孔隙率ϕ_0、原始渗透率K_0的取值如表5-6所示。

表5-6　岩层原始孔隙率、渗透率取值表

层号	岩性	原始孔隙率/%	原始渗透率/mD①
12	砂质泥岩	14	1.24
11	粗粒砂岩	10	1.20
10	泥岩、石灰岩	12	1.22
9	煤层	1	1.13
8	中、细粒砂岩、泥岩	13	1.23
7	煤层	3	1.13
6	泥岩、石灰岩、细粒砂岩	1	1.25
5	煤层	3	1.13

① $1D = 0.986923 \times 10^{-12} m^2$

续表

层号	岩性	原始孔隙率/%	原始渗透率/mD
4	细粒砂岩	14	1.24
3	泥岩	11	1.21
2	石灰岩、细粒砂岩	16	1.16
1	砂质泥岩	20	1.10

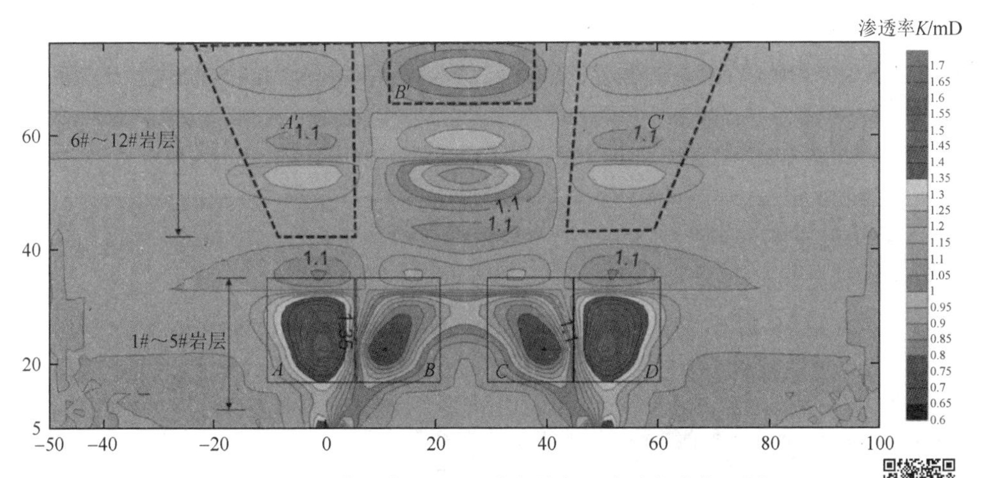

图 5-54　工作面推进 50m 时上覆岩层渗透率分布云图

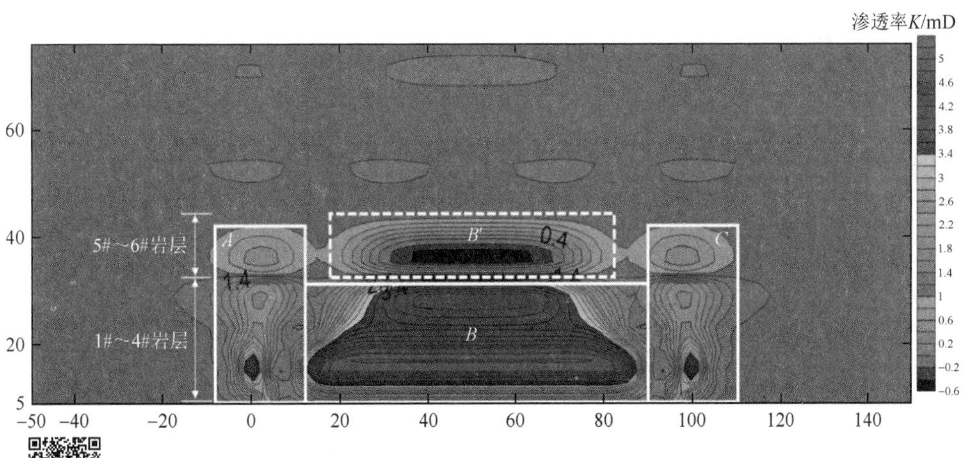

图 5-55　工作面推进 100m 时上覆岩层渗透率分布云图

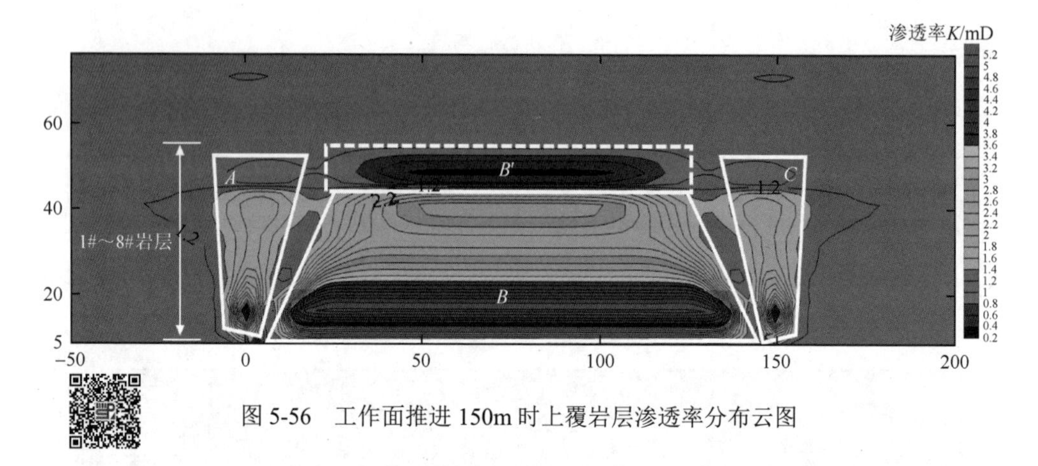

图 5-56　工作面推进 150m 时上覆岩层渗透率分布云图

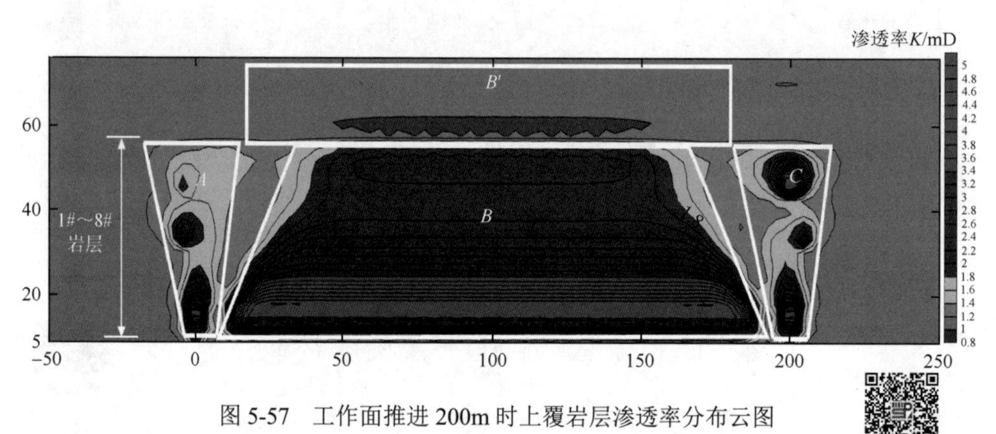

图 5-57　工作面推进 200m 时上覆岩层渗透率分布云图

根据气储层岩石物理相及测井曲线描述煤储层渗透率的相关研究成果，按照岩层的渗透率将岩层分为 3 种不同级别类型，即Ⅰ级高渗区，渗透率大于 1mD；Ⅱ级中渗区，渗透率为 0.1～1mD；Ⅲ级低渗区，渗透率小于 0.1mD，如表 5-7 所示。

表 5-7　岩层渗透率等级划分

等级	渗透率 *K*/mD	评价
Ⅰ级高渗区	＞1	岩层裂隙孔隙发育较好
Ⅱ级中渗区	0.1～1	岩层裂隙孔隙发育较差
Ⅲ级低渗区	＜0.1	多为致密型岩层，如砂岩

当工作面推进至 50m 时，上覆岩层渗透率分布云图如图 5-54 所示。因为处于裂隙带或弯曲下沉带，所以渗透率的变化范围也较小，为 0.6～1.7mD，从煤岩

层走向来看，只有靠近煤层的部分岩层的渗透率发生了较为显著的变化，如图 5-54 中 *A*、*B*、*C*、*D* 四个距煤层距离小于 32.1m 的岩层区域，也即 5#岩层以下的岩层，其中 *B*、*C* 区域为渗透率较岩体初始渗透率下降的区域，普遍小于对应岩层的原始渗透率，范围为 0.6～1mD，属于Ⅱ级中渗区；远离采空区中部的 *A*、*D* 区域为岩体渗透率增大的区域，范围为 1～1.7mD，属于Ⅰ级高渗区。5#岩层以上的其他岩层渗透率也有增大或减小，但是渗透率变化范围及受影响的岩体范围均较小，图 5-54 中 *A*′、*B*′、*C*′分别为 6#～12#岩层受到扰动的区域，该区域内的岩层渗透率略有增大或减小。

当工作面推进至 100m 时，上覆岩层渗透率分布云图如图 5-55 所示。因为此时 1#～4#岩层均发生了不同程度的破断，冒落带（*B* 区域）发育高度达到了 32.1m。在渗透率分布云图中可以看到明显的冒落带和裂隙带（或弯曲下沉带）之间的分界线，冒落带的岩层渗透率增大的现象十分明显，最高处达到了 5.4mD，属于Ⅰ级高渗区；分界线上方的岩层（*B*′区域）渗透率相比于岩层原始渗透率有所减小，这是岩层中间区域被压缩后产生的现象。*A*、*C* 区域分别位于开切眼后方及工作面前方岩层中，这两个区域内大部分岩层的体积发生膨胀，所以渗透率也有所增加，最大处为 4.4mD，属于Ⅰ级高渗区，尤其是 *C* 区域分布不稳定，会随着工作面的推进而发生移动。

当工作面推进至 150m 时，采空区上覆岩层渗透率分布云图如图 5-56 所示。此时，该工作面推进长度刚好达到覆岩垮落带发育完毕的长度（149.46m），垮落带最终发育高度为 55.37m，也即 1#～8#岩层的累积厚度。从图 5-56 整体来看，渗透率 *K* 值最大区域为靠近煤层的 1#～4#岩层（*B* 区域），其次为 7#～8#岩层（*B*′区域），较图 5-55 中的 *B*′区域在高度上提升了大约 12.45m。其中 1#～3#岩层的渗透率最大为 5.4mD，属于Ⅰ级高渗区；4#～8#岩层的最大渗透率为 3.2mD 左右，也属于Ⅰ级高渗区；8#～9#岩层属于Ⅱ级中渗区，渗透率介于 0.4～1mD。

当工作面推进至 200m 时，采空区上覆岩层渗透率分布云图如图 5-57 所示。较工作面推进至 150m 时相比较，8#岩层已经发生初次破断并经过了 5 次周期破断，垮落带 *B* 高度未发生变化，长度有所增加。因此对 8#岩层之上的岩层造成的影响在增大，对岩层渗透率的增加起到了促进的作用，如在距煤层 60m 以上的覆岩（*B*′区域）中渗透率可以达到 1mD 左右。由于垮落带已经发育完毕，所以距离煤层较近的岩层的渗透率与之前推进至 150m 时相比变化不大。从走向来看，*A*、*C* 两区域内的岩层总体上渗透率都大于 1mD，可以认为均属于Ⅰ级高渗区。

从以上分析中可以看出，当工作面在推进一段距离后，覆岩纵向分布的“竖三带”中的垮落带高度已经基本发育完毕，其渗透率最大，其次是其上方的裂隙带和弯曲下沉带。因此，在布置、挖掘沿工作面走向的高抽巷治理、抽放瓦斯时，可以选择将该巷道布置在距煤层 55.87m 之上的岩层中，这样可以有效地防止高抽巷遭受破坏而影响抽放瓦斯的效果，此时该区域内的岩层渗透率也比较理想。

5.5.3　晋东煤田某矿工作面高抽巷布置及瓦斯抽采效果评估

晋东煤田某矿 8133 工作面高抽巷巷道水平施工长度为 1056.73m，服务年限为 1 年。其层位高度的设置原则上根据“竖三带”理论，布置在工作面上方裂隙带中。一般来讲裂隙带位于开采层厚度的 6～8 倍之上和 35 倍之下的区间，目前 8133 工作面主采的 15#煤层平均厚度 6.6m，其裂隙带高度位于 15#煤层上方 39～230m。结合 15#煤与其邻近层的层间距及长期的现场经验来分析，8133 工作面高抽巷最终选择布置在工作面上方距 15#煤层 52m 的位置，方位与顺槽方向一致，其布置层位高度见图 5-58。

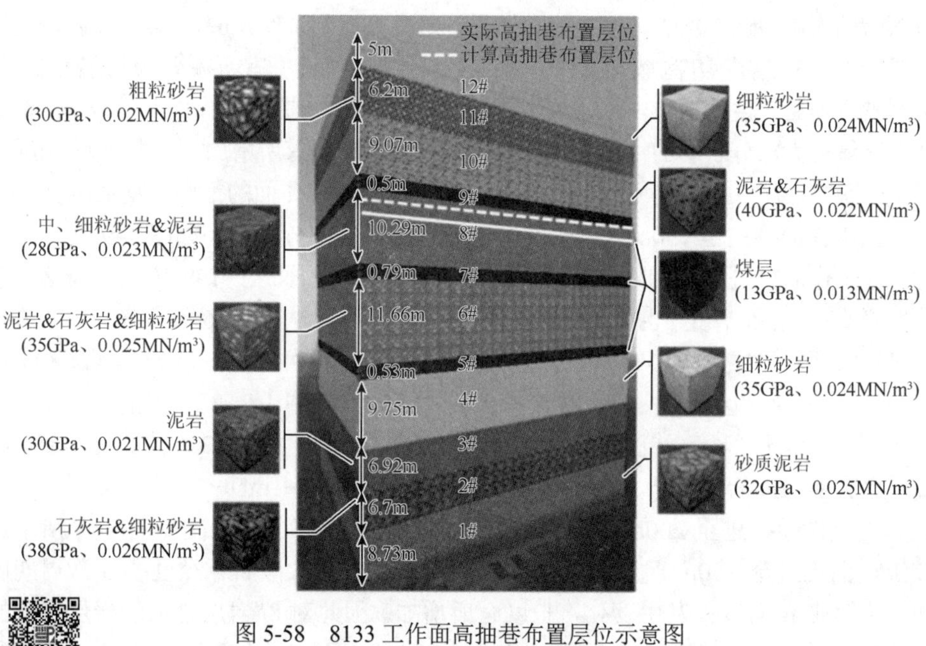

图 5-58　8133 工作面高抽巷布置层位示意图

*分别指对应岩体弹模、体积力

图 5-59 和图 5-60 分别是 8133 工作面高抽巷布置的平面示意图与剖面示意图。在高抽巷中布置的抽放管路连接到地面瓦斯抽放泵站，以方便分析瓦斯抽采浓度。瓦斯气体抽采途径依次为：高抽巷、回风巷、抽放泵站。高抽巷距回风巷水平距离 20m，在工作面上隅角形成负压区，有效抽采聚集瓦斯。

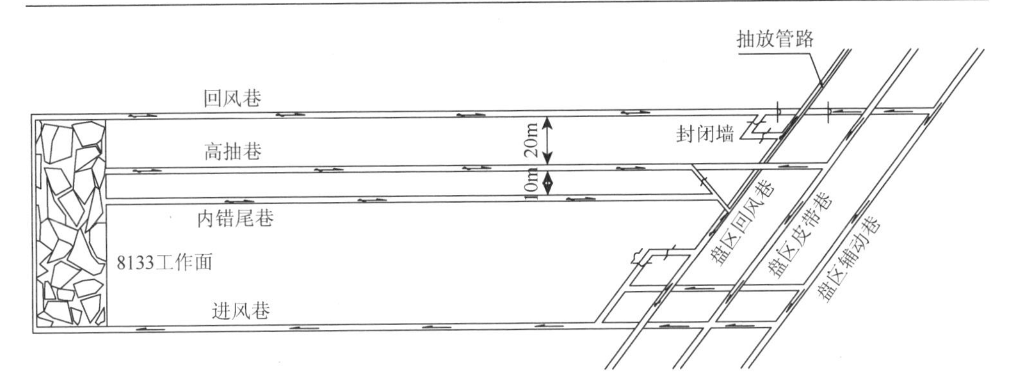

图 5-59 8133 工作面高抽巷布置平面示意图

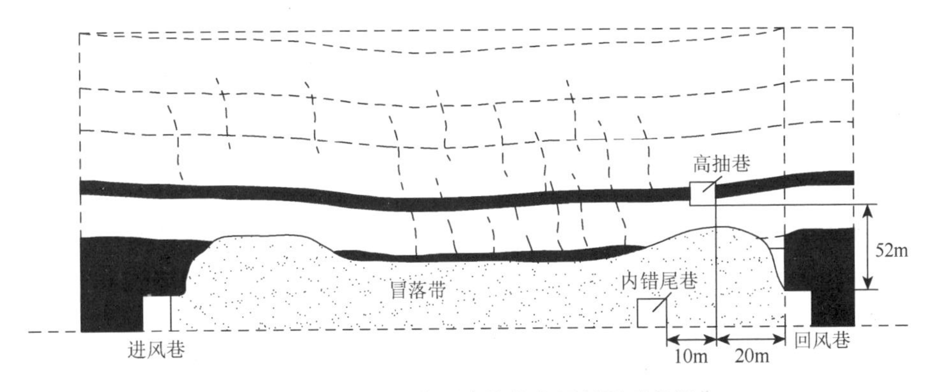

图 5-60 8133 工作面高抽巷布置剖面示意图

在高抽巷三岔口往里 5m 处构筑封闭墙，预埋 4 根抽放瓦斯管道，与抽放泵连接，密闭埋管见图 5-61。

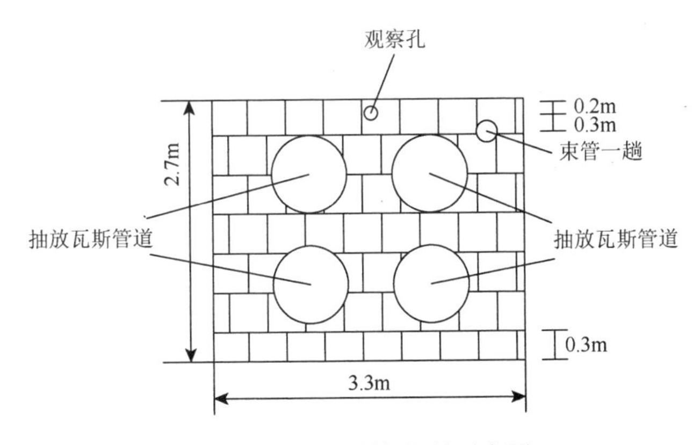

图 5-61 高抽巷封闭埋管示意图

根据 2017 年 2 月份 8133 工作面高抽巷瓦斯观测报表（表 5-8），可以看出，该回风巷、内错尾巷瓦斯量比较小，回风巷中瓦斯量最大为 1.14m³/min，内错尾巷瓦斯量范围为 0.08～0.1m³/min，高抽巷瓦斯量所占瓦斯排放总量比重非常大，高抽巷瓦斯量达到了 39.20～45.85m³/min，所占比重达到了 96.58%以上，由此可见 8133 工作面高抽巷是最主要的工作面瓦斯抽放渠道，能够有效地解决工作面的瓦斯超限问题。

表 5-8　8133 工作面高抽巷瓦斯观测报表

时间		2017.2.3	2017.2.6	2017.2.9	2017.2.12	2017.2.15	2017.2.18	2017.2.22	2017.2.25	2017.2.28
入风/(m³/min)		467	467	456	456	456	456	413	298	413
回风巷	风量/(m³/min)	317	317	317	317	308	308	285	160	285
	瓦斯/%	0.1	0.1	0.1	0.1	0.2	0.2	0.4	0.4	0.4
	瓦斯量/(m³/min)	0.32	0.32	0.32	0.32	0.62	0.62	1.14	0.64	1.14
内错尾巷	风量/(m³/min)	96	96	84	84	84	84	84	84	84
	瓦斯/%	0.1	0.1	0.1	0.1	0.1	0.1	0.1	0.1	0.1
	瓦斯量/(m³/min)	0.10	0.10	0.08	0.08	0.08	0.08	0.08	0.08	0.08
高抽巷	风量/(m³/min)	54	54	55	55	64	64	44	54	44
	瓦斯/%	0.76	0.85	0.80	0.77	0.61	0.61	0.83	0.74	0.91
	瓦斯量/(m³/min)	41.07	45.85	43.91	42.44	39.20	39.20	36.44	40.14	40.14
瓦斯总量/(m³/min)		41.49	46.27	44.31	42.54	39.28	39.90	37.66	40.86	41.56
高抽巷抽放百分比/%		98.99	99.09	99.10	99.76	99.80	98.25	96.76	98.24	96.58

5.6　本 章 小 结

将建立的岩体内部岩层移动变形模型进行应用，成功解决了以下生产过程中遇到的工程问题：①利用第 2 章开发地表沉陷预测模型，以补连塔煤矿为研究背景，进行了工作面开采参数对岩体内部移动变形破坏的敏感性研究；②利用 2.6 节开发的倾斜煤层开挖后二维地表终态移动与变形计算模型，选取乌鲁木齐矿区具有典型代表性的煤矿采煤工作面为数值模拟对象，模拟开采角度为 45°、55°、

65°这三种情况下的急倾斜煤层开采地表移动规律，分析了在煤层倾角不同的条件下进行急倾斜煤层开采时地表移动变形规律和特征；③水体下采煤工作面推进过程的安全性评定及对水体的影响；④浅埋藏矿井工作面间保护煤柱的留存对上覆岩层破坏影响范围的界定及漏风通道的确定；⑤以晋东煤田某矿 8133 工作面为研究背景，结合已有沉陷模型并引入应变-孔隙率-渗透率关系，得到采空区覆岩渗透率分布模型，研究覆岩采动影响的演化分级及对工作面瓦斯抽采系统优化。

参 考 文 献

[1] 中华人民共和国自然资源部. 2015 中国国土资源公报. http://www.mnr.gov.cn/zt/hd/dqr/47dqr/hd/201604/P020180709479531361261.pdf[2018-12-25].

[2] 郁钟铭，李奕樯. 煤矿井工开采技术现状问题及发展. 中国矿业，2005，14（9）：1-3.

[3] 杨伦. 矿山开采沉陷对环境的损害比地震严重. 科技导报，2001，（9）：53-55.

[4] 宋世杰. 基于关键地矿因子的开采沉陷分层传递预计方法研究. 西安：西安科技大学，2013.

[5] Gurtunca G. Studies of subsurface subsidence in the southern coalfield of New South Wales. New South Wales：Univeristy of New South Wales，1984.

[6] Holla L，Armstrong M. Measurement of subsurface strata movement by multiborehole instrumentation. Bulletin and Proceedings of the Australian Institute of Mining and Metallurgy，1986，291：65-72.

[7] Holla L，Hughson B. Strata movement associated with longwall mining. Proceedings of the 6th Australian Tunnelling Conference，Parkville，Melbourne，Australia，1987.

[8] Du X. The impacts of longwall mining on groundwater systems. Morgantown：West Virginia University，2010.

[9] Coulthard M A，Dutton A J. Numerical modelling of subsidence induced by underground coal mining. The 29th U. S. Symposium on Rock Mechanics（USRMS）（Minneapolis，Minnesota，13-15 June）ARMA-88 0529，1988.

[10] Xie H，Chen Z，Wang J. Three-dimensional numerical analysis of deformation and failureduring top coal caving. International Journal of Rock Mechanics and Mining Sciences，1999，36（5）：651-658.

[11] Shu D，Bhattacharyya A. Relationship between subsurface and surface subsidence——A theoretical model. Mining Science and Technology，1990，11（3）：307-319.

[12] Kratzsch H. Mining Subsidence Engineering. Berlin：Springer，1983.

[13] Peng S S. Surface subsidence engineering. Society for Mining，Metallurgy，and Exploration，1992.

[14] Suchowerska A M，Iwanec J，Carter J P，et al. Geomechanics of subsidence above single and multiseam coal mining. Journal of Rock Mechanics and Geotechnical Engineering，2016，8：304-313.

[15] Whittaker B N，Gaskell P，Reddish D J. Subsurface ground strain and fracture development associated with longwall mining. Mining Science and Technology，1990，10（1）：71-80.

[16] Chen S G，Hu W. A comprehensive study on subsidence control using COSFLOW. Geotechnical and Geological Engineering，2009，27（3）：305-314.

[17] Shen B，Poulsen B A，Qu Q. Overburden strata movement and stress change induced by

longwall mining. Journal of Geophysical Research，2011，116.

[18] Akinkugbe O O. A simple two-dimensional boundary element program for estimating multiple seam interaction. Morgantown：West Virginia University，2004.

[19] Akinkugbe O O，Heasley K A. The new two-dimensional lamodel program. 24th International Conference on Ground Control in Mining. Morgantown：West Virginia University，2004.

[20] Kwinta A. Prediction of strain in a shaft caused by underground mining. International Journal of Rock Mechanics and Mining Sciences，2012，55（55）：28-32.

[21] Sheorey P R，Loui J P，Singh K B，et al. Ground subsidence observations and a modified influence function method for complete subsidence prediction. International Journal of Rock Mechanics and Mining Sciences，2000，37（5）：801-818.

[22] Luo Y，Qiu B. Enhanced subsurface subsidence prediction model that considers overburden stratification. Mining Engineering，2012，64（10）：78-84.

[23] 段伟. 地表沉陷时间序列分析与预测. 青岛：山东科技大学，2008.

[24] 周国栓，崔继宪. 建筑物下采煤. 北京：北京煤炭工业出版社，1983.

[25] 王金庄. 开采沉陷若干理论与技术问题研究. 矿山测量，2003，（3）：1-5.

[26] 刘宝琛，廖国华. 煤矿地表移动的基本规律. 北京：中国工业出版社，1965.

[27] 谢和平，周宏伟，王金安，等. FLAC 在煤矿开采沉陷预测中的应用及对比分析. 岩石力学与工程学报，1999，18（4）：397-401.

[28] 赵洪亮. 综放开采地表移动变形规律 FLAC 数值模拟与实践. 煤炭工程，2009，4（4）：89-91.

[29] 武崇福，刘东彦，方志. $FLAC^{3D}$ 在采空区稳定性分析中的应用. 河南理工大学学报（自然科学版），2007，26（2）：136-140.

[30] 程东全，尹士献，李德海. 厚黄土覆盖层条带开采关键层的数值模拟. 矿冶工程，2008，28（6）：8-10.

[31] 李敏，胡奎，陈卓求，等. 南沱河堤下采煤地表沉陷预测的数值模拟研究. 安徽理工大学学报（自然科学版），2008，28（2）：6-9.

[32] 侯志鹰，王家臣. 大同矿区 “三硬”条件地表沉陷数值模拟. 煤炭学报，2007，32（3）：13-16.

[33] 钱鸣高，刘昕成. 矿山压力及其控制. 北京：煤炭工业出版社，1991.

[34] Mostofa A G，Quamruzzaman C，Howlader M F. Longwall stress distribution in 1101 coal face of the barapukuria coal mine，Dinajpur，Bangladesh. International Journal of Earth Sciences and Engineering，2009，2（1）：55-62.

[35] Schatzel S J，Karacan C O，Dougherty H，et al. An analysis of reservoir conditions and responses in longwall panel overburden during mining and its effect on gob gas well performance. Engineering Geology，2012，12（7）：65-74.

[36] 姜德义，张广洋，胡耀华，等. 有效应力对煤层气渗透率影响的研究. 重庆大学学报（自然科学版），1997，20（5）：22-25.

[37] Qiu B，Luo Y. Applications of subsurface subsidence model to study longwall subsidence influences on overburden hydrological system mining. Engineering，2013，65（12）：34-41.

[38] 薛东杰，周宏伟，唐咸力，等. 采动煤岩体瓦斯渗透率分布规律和演化过程. 煤炭学报，

2013，38（6）：930-931.

[39] 李祥春，郭勇义，吴世跃. 煤吸附膨胀变形与孔隙率、渗透率关系的分析. 太原理工大学学报，2005，36（3）：264-265.

[40] 王广荣，薛东杰，郜海莲，等. 煤岩全应力-应变过程中渗透特性的研究. 煤炭学报，2012，37（1）：107-112.

[41] National Coal Board. Subsidence Engineers Handbook. Great Britain：Production Department，1975.

[42] Sutherland H J. Program Review：Subsidence and Roof Stability Analysis for the Extraction and in Situ Processing of Fossil Fuels. Sandia：Sandia National Laboratories，1985.

[43] Beyer F. On Predicting Ground Deformations Due to Mining Flat Seams. Berlin：Technical University，1945.

[44] Knothe S. Observation of Surface Movements Under Influence of Mining and Their Theoretical Interpretation. Proc. European Congress on Ground Movement，Leeds，UK，1957.

[45] Luo L. Anintegrated computer model for predicting surface subsidence due to underground coal mining——CISPM. Morgantown：West Virginia University，1989.

[46] National Coal Board. Subsidence Engineers Handbook. Great Britain：Production Department，1975.

[47] Fengfeng Subsidence Research Group. Research findings on subsidence characteristics in Fengfeng mining district. Fengfeng Coal Science and Technology，1982.

[48] Rom H. A limit angle system. Mitt Markscheidew，1964，（71）：197-199.

[49] Peng S S，Luo Y. Comprehensive and integrated subsidence prediction model-CISPM（V2.0）//Johnson A M，Hodek R J，Frantti G E. Proc 3rd Workshop on Surface Subsidence Due to Underground Mining. Morgantown，1992：22-31.

[50] Luo Y，Peng S S. Prediction of subsurface subsidence for longwall mining operations//Peng S S，Mark C，Finfinger G. Proc 19th International Conference on Ground Control in Mining. Morgantown，2000：163-170.

[51] Peng S S，Luo Y，Zhang Z M. Subsidence parameters- their definitions and determination. AIME-SME Transactions，1995，（300）：60-65.

[52] 杜红兵，李子强，尹玉成. 浅谈阳泉五矿综放工作面的瓦斯涌出规律与防治. 煤炭科技，1999，18（4）：19-21.

[53] 蔡永乐，王瑛. 阳泉矿区综放工作面瓦斯综合治理探讨. 中州煤炭，2010，（1）：76-80.

[54] 邹友峰，邓喀中，马伟民. 矿山开采沉陷工程. 徐州：中国矿业大学出版社，2003，8-42.

[55] Whittaker B N，Reddish D J. Subsidence Occurrence，Prediction and Control. New York：Elsevier Science Rublisher，1989.

[56] Dai H，Lian X，Liu J，et al. Model study of deformation induced by fully mechanized caving below a thick loess layer. International Journal of Rock Mechanics and Mining Sciences，2010，47：1027-1033.

[57] Liu Y，Zhou F，Liu L，et al. An experimental and numerical investigation on the deformation of overlying coal seams above double-seam extraction for controlling coal mine methane emissions. International Journal of Coal Geology，2011，87（2）：139-149.

[58] Xie G X, Chang J C, Yang K. Investigations into stress shell characteristics of surrounding rock in fully mechanized topcoal caving face. International Journal of Rock Mechanics and Mining Sciences，2009，46：172-181.

[59] 李树刚，林海飞. 煤与瓦斯共采学导论. 北京：科学出版社，2014：57-74.

[60] 何国清，杨伦，凌赓娣，等. 矿山开采沉陷学. 徐州：中国矿业大学出版社，1991：84-92.

[61] Peng S S. Coal Mine Ground Control. Xuzhou：China University of Minging and Technology Press，2013：628-653.

[62] 于永江，张春会，赵全胜，等. 承载围岩渗透率演化模型及数值分析. 煤炭学报，2014，39（3）：841-848.

[63] 卢平，沈兆武，朱贵旺，等. 岩样应力应变全过程中的渗透率表征与试验研究. 中国科学技术大学学报，2012，32（6）：678-684.

[64] 关万里. 神东矿区浅埋煤层采空区煤炭自然发火防治关键技术. 徐州：中国矿业大学，2016.

[65] Singhal B B S，Gupta R P. Applied Hydrogeology of Fractured Rocks，Second Edition. Berlin：Springer，2010：408.

[66] Bai M，Elsworth D. Modeling of Subsidence and Stress-dependent Hydraulic Conductivity of Intact and Fractured Porous Media. Rock Mechanics and Rock Engineering，1994，27（4）：209-234.

[67] Hasenfus G J，Johnson K L，Su D W. Hydrogeomechanics Study of Overburden Aquifer Response to Longwall Mining. Proceedings 7th International Conference on Ground Control in Mining，1988：149-162.

[68] Esterhuizen G S，Karacan C O. Development of Numerical Models to Investigate Permeability Changes and Gas Emission around Longwall Mining Panel. The 38th U. S. Symposium on Rock Mechanics（USRMS），Anchorage，Alaska，2005.

[69] Peng S S. Coal Mine Ground Control，Third Edition. Morgantown：West Virginia University，2006.

[70] Kendorski F S. Effect of Full-Extraction Underground Mining on Ground and Surface Waters：A 25-Year Retrospective. 25th International Conference on Ground Control in Mining，2006：425-430.

编 后 记

《博士后文库》（以下简称《文库》）是汇集自然科学领域博士后研究人员优秀学术成果的系列丛书。《文库》致力于打造专属于博士后学术创新的旗舰品牌，营造博士后百花齐放的学术氛围，提升博士后优秀成果的学术和社会影响力。

《文库》出版资助工作开展以来，得到了全国博士后管委会办公室、中国博士后科学基金会、中国科学院、科学出版社等有关单位领导的大力支持，众多热心博士后事业的专家学者给予积极的建议，工作人员做了大量艰苦细致的工作。在此，我们一并表示感谢！

《博士后文库》编委会